大学数学教程（下）

张　涛　杜厚维　朱智慧　主编

科 学 出 版 社
北　京

内 容 简 介

本书根据编者多年来讲授大学数学课程的讲义编写而成，分上、下两册。上册内容为函数极限与连续、一元函数的导数和微分、一元函数微分学的应用、一元函数的积分学、定积分的应用、微分方程、常数项级数，共七章；下册内容为行列式、矩阵及其运算、矩阵的初等变换与线性方程组、向量组的线性相关性、方阵的特征值与对角化、概率论的基本概念、随机变量及其分布、随机变量的数字特征、大数定律与中心极限定理，共九章. 全套书中每章都配有习题，书末附有习题答案、附录.

本书适合普通高等院校数学少学时的专业，如农林、医学、文科等作为教材使用，也可供高职、中专院校相关专业选用.

图书在版编目（CIP）数据

大学数学教程.下/张涛，杜厚维，朱智慧主编. —北京：科学出版社，2023.8
ISBN 978-7-03-076128-6

Ⅰ.① 大…　Ⅱ.① 张…　②杜…　③朱…　Ⅲ. ① 高等数学-高等学校-教材
Ⅳ. ① O13

中国国家版本馆 CIP 数据核字（2023）第 147980 号

责任编辑：王　晶/责任校对：高　嵘
责任印制：彭　超/封面设计：苏　波

科学出版社 出版
北京东黄城根北街 16 号
邮政编码：100717
http://www.sciencep.com
武汉中科兴业印务有限公司印刷
科学出版社发行　各地新华书店经销
*
开本：787×1092　1/16
2023 年 8 月第　一　版　　印张：11 3/4
2023 年 8 月第一次印刷　　字数：273 000
定价：49.80 元
（如有印装质量问题，我社负责调换）

前　言

编者团队在长期的高等数学教学中，一直关注大学少学时数学课程建设和教材建设. 经过多年的教学实践，编者认为少学时的大学数学不同于理、工科的高等数学，其目的主要在于引导学生掌握一些现代科学所必备的数学基础，学习一种理性思维的方式，提高大学生的数学修养和综合素质. 基于这种认识，团队组织多年从事一线教学的骨干教师编写了这套教材.

本套教材的编写在保留传统高等数学教材结构严谨、逻辑清晰等风格的同时，积极吸取近年高校教材改革的成功经验，努力做到例证适当、通俗易懂.

由于本套教材以大学数学少学时学生为对象，对内容的深度与广度都进行了筛选，所以在编写中，我们一方面以学生易于接受的形式来展开各章节的内容，另一方面也尽量注重数学语言的逻辑性，保证教材的系统性和严谨性，便于教师的讲授和学生的学习.

本套教材分为上、下两册. 内容包括函数极限与连续、一元函数微分学、一元函数积分学、常微分方程、线性代数以及概率论基础，每章均配备了适量的习题. 数字化资源为学生拓展数学史知识、培养科学家精神提供相应的学习素材. 书中带有“*”部分为选学部分.

本套教材由张涛、杜厚维、朱智慧任主编，由朱建伟、陈岩、袁世雄、李平任副主编. 具体写作分工为：杜厚维（第一～三章，第七章）；朱智慧（第四～六章）；袁世雄（第八章）；陈岩（第九章）；张涛（第十～十二章）；李平（第十三章）；朱建伟（第十四～十六章）.

党的二十大报告首次把教育、科技、人才进行统筹安排、一体部署. 作为编者，我们坚守为党育人、为国育才的初心和使命，深入推进课程教育教学改革，努力践行一名“编者”的责任与担当.

由于编者水平有限，书中的疏漏和不足在所难免，恳请各位专家、同行和广大读者指正.

编　者

2022 年 4 月

目　录

第八章　行　列　式

线性代数是一门基础理论课，广泛应用于科学技术的各个领域．其中，求解线性方程组和介绍线性空间相关理论是本课程主要内容．行列式和矩阵是我们研究线性代数的重要工具．

本章主要介绍行列式的定义、性质，以及在求解线性方程组中的应用．

代数的发展史

第一节　二阶行列式的定义

对于二元线性方程组

$$\begin{cases} a_{11}x_1 + a_{12}x_2 = b_1, \\ a_{21}x_1 + a_{22}x_2 = b_2, \end{cases} \tag{8.1}$$

当 $a_{11}a_{22} - a_{12}a_{21} \neq 0$ 时，利用消元法可得方程组的唯一解为

$$x_1 = \frac{b_1a_{22} - a_{12}b_2}{a_{11}a_{22} - a_{12}a_{21}}, \quad x_2 = \frac{b_2a_{12} - b_1a_{21}}{a_{11}a_{22} - a_{21}a_{12}}.$$

为了便于表示解方程组，我们给出二阶行列式的定义．

定义 8.1　用记号 $\begin{vmatrix} a_{11} & a_{12} \\ a_{21} & a_{22} \end{vmatrix}$ 表示代数式 $a_{11}a_{22} - a_{12}a_{21}$，称为二阶行列式，即

$$\begin{vmatrix} a_{11} & a_{12} \\ a_{21} & a_{22} \end{vmatrix} = a_{11}a_{22} - a_{12}a_{21}.$$

注　二阶行列式等于主对角线两数之积 $a_{11}a_{22}$ 减去副对角线两数之积 $a_{12}a_{21}$.

利用二阶行列式，方程组（8.1）的解可表示为

$$x_1 = \frac{\begin{vmatrix} b_1 & a_{12} \\ b_2 & a_{22} \end{vmatrix}}{\begin{vmatrix} a_{11} & a_{12} \\ a_{21} & a_{22} \end{vmatrix}}, \qquad x_2 = \frac{\begin{vmatrix} a_{11} & b_1 \\ a_{21} & b_2 \end{vmatrix}}{\begin{vmatrix} a_{11} & a_{12} \\ a_{21} & a_{22} \end{vmatrix}}.$$

注意上式有共同点：分母 $D = \begin{vmatrix} a_{11} & a_{12} \\ a_{21} & a_{22} \end{vmatrix}$ 相同，是由方程组（8.1）未知数的四个系数所确定的二阶行列式，称为方程组的系数行列式；x_1 的分子是用方程组（8.1）右边常数项 b_1, b_2 替换系数行列式 D 中的第一列 a_{11}, a_{21} 得到的行列式，记作 $D_1 = \begin{vmatrix} b_1 & a_{12} \\ b_2 & a_{22} \end{vmatrix}$；$x_2$ 的分子是用方程组（8.1）右边常数项 b_1, b_2 替换系数行列式 D 中的第二列 a_{12}, a_{22} 得到的行列

式，记作 $D_2=\begin{vmatrix} a_{11} & b_1 \\ a_{21} & b_2 \end{vmatrix}$. 因此，方程组（8.1）的解可以表示为

$$x_1=\frac{D_1}{D},\quad x_1=\frac{D_2}{D}.$$

对三元线性方程组有类似的结论. 设三元线性方程组

$$\begin{cases} a_{11}x+a_{12}y+a_{13}z=b_1, \\ a_{21}x+a_{22}y+a_{23}z=b_2, \\ a_{31}x+a_{32}y+a_{33}z=b_3. \end{cases} \tag{8.2}$$

定义 8.2　用记号 $\begin{vmatrix} a_{11} & a_{12} & a_{13} \\ a_{21} & a_{22} & a_{23} \\ a_{31} & a_{32} & a_{33} \end{vmatrix}$ 表示代数式

$$a_{11}a_{22}a_{33}+a_{12}a_{23}a_{31}+a_{13}a_{21}a_{32}-a_{13}a_{22}a_{31}-a_{12}a_{21}a_{33}-a_{11}a_{23}a_{32}$$

称为三阶行列式，即

$$\begin{vmatrix} a_{11} & a_{12} & a_{13} \\ a_{21} & a_{22} & a_{23} \\ a_{31} & a_{32} & a_{33} \end{vmatrix}=a_{11}a_{22}a_{33}+a_{12}a_{23}a_{31}+a_{13}a_{21}a_{32}-a_{13}a_{22}a_{31}-a_{12}a_{21}a_{33}-a_{11}a_{23}a_{32}.$$

注意：三阶行列式也满足对接线法则，即三阶行列式等于主对角线之和

$$a_{11}a_{22}a_{33}+a_{12}a_{23}a_{31}+a_{13}a_{21}a_{32},$$

减去副对角线之和

$$a_{13}a_{22}a_{31}+a_{12}a_{21}a_{33}+a_{11}a_{23}a_{32},$$

如图 8.1 所示.

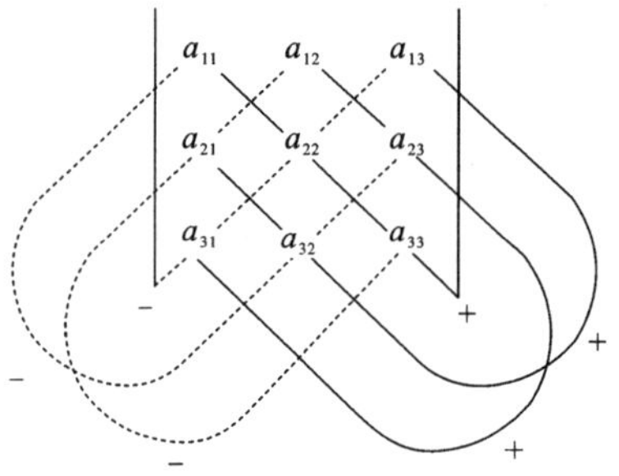

图 8.1

例 8.1　计算三阶行列式

$$D=\begin{vmatrix} 1 & 2 & -4 \\ -2 & 2 & 1 \\ -3 & 4 & -2 \end{vmatrix},\quad D_1=\begin{vmatrix} 1 & 2 & -4 \\ 2 & 2 & 1 \\ 3 & 4 & -2 \end{vmatrix},\quad D_2=\begin{vmatrix} 1 & 1 & -4 \\ -2 & 2 & 1 \\ -3 & 3 & -2 \end{vmatrix},\quad D_3=\begin{vmatrix} 1 & 2 & 1 \\ -2 & 2 & 2 \\ -3 & 4 & 3 \end{vmatrix}.$$

解　由对角线法则有

$$\begin{aligned}D&=1\times2\times(-2)+2\times1\times(-3)+(-4)\times(-2)\times4-(-4)\times2\times(-3)\\&\quad-2\times(-2)\times(-2)-1\times1\times4\\&=-14.\end{aligned}$$

同理可得 $D_1=-2$，$D_2=-14$，$D_3=-4$.

利用三阶行列式，当 $D=\begin{vmatrix}a_{11}&a_{12}&a_{13}\\a_{21}&a_{22}&a_{23}\\a_{31}&a_{32}&a_{33}\end{vmatrix}\neq0$ 时，上述方程组（8.2）的有唯一解，解为

$$x=\frac{D_1}{D},\quad y=\frac{D_2}{D},\quad z=\frac{D_3}{D}.$$

其中

$$D_1=\begin{vmatrix}b_1&a_{12}&a_{13}\\b_2&a_{22}&a_{23}\\b_3&a_{32}&a_{33}\end{vmatrix},\quad D_2=\begin{vmatrix}a_{11}&b_1&a_{13}\\a_{21}&b_2&a_{23}\\a_{31}&b_3&a_{33}\end{vmatrix},\quad D_3=\begin{vmatrix}a_{11}&a_{12}&b_1\\a_{21}&a_{22}&b_2\\a_{31}&a_{32}&b_3\end{vmatrix}.$$

本章 n 元线性方程组

$$\begin{cases}a_{11}x_1+a_{12}x_2+\cdots+a_{1n}x_n=b_1,\\a_{21}x_1+a_{22}x_2+\cdots+a_{2n}x_n=b_2,\\\qquad\cdots\cdots\\a_{n1}x_1+a_{n2}x_2+\cdots+a_{nn}x_n=b_n\end{cases}$$

的情形，我们需要引入 n 阶行列式的定义并讨论它的性质.

第二节　排　列

作为定义 n 阶行列式的准备，在此先讨论排列的性质.

定义 8.3　由 n 个自然数 $1,2,3,\cdots,n$ 按照某种次序排成的不重复有序数组称为一个 n 阶全排列，简称排列. 例如，2431 都是由自然数 2，4，3，1 构成的一个 4 阶排列，52134 都是由自然数 5，2，1，3，4 构成的是一个 5 阶排列. 易知，n 阶排列的总数是 $n!$ 种.

显然 $12\cdots n$ 也是一个 n 阶排列. 这个排列是按照递增的顺序排起来的，称为**自然顺序**，其他的排列或多或少地破坏自然顺序.

定义 8.4　在一个排列中，如果一对数的前后位置和大小顺序相反，即前面的数大于后面的数，那么它们就称为一个**逆序**，一个排列中逆序的总数就称为这个排列的**逆序数**；逆序数为偶数的排列称为**偶排列**，逆序数为奇数的排列称为**奇排列**.

例如：排列 2431 中，21，41，31，43，41，31 是逆序，所以排列 2431 的逆序数为 6，它是偶排列；排列 52134 中，52，51，53，54，21 是逆序，故排列 2431 的逆序数为 5，它是奇排列；排列 $12\cdots n$ 的逆序数是 0，它是偶排列.

定义 8.5　把一个排列中某两个元素的位置互换，而其余元素不动得到一个新的排列. 上述变换称为一个**对换**. 若对换的元素相邻，则称为**相邻对换**.

例如，排列 2431 中，经过 1，2 对换，排列 2431 就变成了 1432；排列 2134 经过 2，1 对换就变成了 1234. 显然，对一个排列连续施行两次相同的变换，那么排列就还原了.

定理 8.1 对换改变排列的奇偶性. 这就是说，经过一次对换，奇排列变成了偶排列，偶排列变成了奇排列.

证 （1）先证相邻对换的情形.

设排列为 $p_1,p_2,\cdots,p_i,p_{i+1},\cdots,p_n$，对换相邻元素 p_i,p_{i+1}，排列变为 $p_1,p_2,\cdots,p_{i+1},p_i,\cdots,p_n$. 比较这两个排列可发现，只有 p_i,p_{i+1} 的逆序发生了变化，当 $p_i<p_{i+1}$ 时，对换后逆序增加一个；当 $p_i>p_{i+1}$ 时，对换后逆序减少一个，即逆序数奇偶性发生改变.进一步可知，奇数次相邻变换改变逆序数的奇偶性，偶数次相邻变换不改变逆序数的奇偶性.

（2）再证一般对换的情形.

对排列 $p_1,p_2,\cdots,p_i,\cdots,p_j,\cdots,p_n$，$p_i,p_j$ 对换，变成 $p_1,p_2,\cdots,p_j,\cdots,p_i,\cdots,p_n$. 现在通过两组相邻变换来实现上述对换，进而研究逆序数的变化. 首先对 p_i,p_{i+1} 做一次相邻对换，再把 p_i,p_{i+2} 做一次相邻对换，重复上述步骤，直到把 p_i,p_j 做相邻变换，总共做了 $j-i$ 次相邻对换，此时排列变为

$$p_1,p_2,\cdots,p_{i-1},p_{i+1}\cdots,p_j,p_i,p_{j+1},\cdots,p_n;$$

然后针对上述排列，对 p_{j-1},p_j 做一次相邻变换，之后再对 p_{j-2},p_j 做相邻变换，以此类推，直到把 p_{i+1},p_j 做相邻变换，总共进行了 $j-i-1$ 次相邻对换，此时排列变成

$$p_1,p_2,\cdots,p_j,\cdots,p_i,\cdots,p_n.$$

这两组相邻变换总次数为 $2j-2i-1$ 次，根据奇数次相邻对换改变逆序数的奇偶性可知结论成立.

推论 8.1 在全部 n 阶排列中，奇、偶排列的个数相等，各有 $\dfrac{n!}{2}$ 个.

证 假设全部 n 阶排列中共有 s 个奇排列，t 个偶排列. 在 s 个奇排列中，将每个奇排列的前两个数字对换，得到了 s 个不同的偶排列，因此，$s\leqslant t$. 同样可证 $t\leqslant s$，于是 $s=t$，即奇、偶排列的总数相等，各有 $\dfrac{n!}{2}$ 个.

定理 8.2 任意一个 n 阶排列与排列 $1,2,\cdots,n$ 都可以经过一系列对换互变，并且所做对换的个数与这个 n 阶排列有相同的奇偶性.

第三节 n 阶行列式

一、n 阶行列式的定义

利用排列逆序数的性质，二阶行列式可以改写为

$$\begin{vmatrix} a_{11} & a_{12} \\ a_{21} & a_{22} \end{vmatrix}=a_{11}a_{22}-a_{12}a_{21}=\sum_{p_1p_2}(-1)^{\tau(p_1p_2)}a_{1p_1}a_{2p_2}=\sum_{p_1p_2}(-1)^{\tau(p_1p_2)}a_{p_11}a_{p_22},$$

式中：p_1p_2 是 1, 2 的排列；$\tau(p_1p_2)$ 是 p_1p_2 的逆序数；$\sum\limits_{p_1p_2}$ 是对 1, 2 的所有排列求和.

同样地，三阶行列式可以改写为

$$D=\begin{vmatrix} a_{11} & a_{12} & a_{13} \\ a_{21} & a_{22} & a_{23} \\ a_{31} & a_{32} & a_{33} \end{vmatrix}=a_{11}a_{22}a_{33}+a_{12}a_{23}a_{31}+a_{13}a_{21}a_{32}-a_{13}a_{22}a_{31}-a_{12}a_{21}a_{33}-a_{11}a_{23}a_{32}$$

$$=\sum_{p_1p_2p_3}(-1)^{\tau(p_1p_2p_3)}a_{1p_1}a_{2p_2}a_{3p_3}=\sum_{p_1p_2p_3}(-1)^{\tau(p_1p_2p_3)}a_{p_11}a_{p_22}a_{p_33},$$

式中：$p_1p_2p_3$ 是 1, 2, 3 的全排列；$\tau(p_1p_2p_3)$ 是 $p_1p_2p_3$ 的逆序数；$\sum\limits_{p_1p_2p_3}$ 是对 1, 2, 3 的所有排列求和.

用上述方式给出 n 阶行列式的定义.

定义 8.6 用记号

$$\begin{vmatrix} a_{11} & a_{12} & \cdots & a_{1n} \\ a_{21} & a_{22} & \cdots & a_{2n} \\ \vdots & \vdots & & \vdots \\ a_{n1} & a_{n2} & \cdots & a_{nn} \end{vmatrix}$$

表示所有取自不同行不同列的 n 个元素的乘积

$$a_{1q_1}a_{2q_2}\cdots a_{nq_n} \tag{8.3}$$

的代数和，称为 n 阶行列式. 这里 $q_1q_2\cdots q_n$ 是 $1,2,\cdots,n$ 的一个排列，元素（8.3）的符号按下面的规则添加：当 $q_1q_2\cdots q_n$ 是偶排列时，式（8.3）带有正号，当 $q_1q_2\cdots q_n$ 是奇排列时，式（8.3）带有负号. 根据该规则，上述 n 阶行列式可以写成

$$D=\begin{vmatrix} a_{11} & a_{12} & \cdots & a_{1n} \\ a_{21} & a_{22} & \cdots & a_{2n} \\ \vdots & \vdots & & \vdots \\ a_{n1} & a_{n2} & \cdots & a_{nn} \end{vmatrix}=\sum_{q_1q_2\cdots q_n}(-1)^{\tau(q_1q_2\cdots q_n)}a_{1q_1}a_{2q_2}\cdots a_{nq_n}, \tag{8.4}$$

式中：$\tau(q_1q_2\cdots q_n)$ 是 $q_1q_2\cdots q_n$ 的逆序数；$\sum\limits_{q_1q_2\cdots q_n}$ 是对所有这样的 n 阶排列求和.

例 8.2 计算 $D_1=\begin{vmatrix} a_{11} & a_{12} & \cdots & a_{1n} \\ & a_{22} & \cdots & a_{2n} \\ & & \ddots & \vdots \\ & & & a_{nn} \end{vmatrix}$，$D_2=\begin{vmatrix} a_{11} & \cdots & a_{1,n-1} & a_{1n} \\ a_{21} & \cdots & a_{2,n-1} & \\ \vdots & ⋰ & & \\ a_{n1} & & & \end{vmatrix}$.

解 D_1 中只有一项 $a_{11}a_{22}\cdots a_{nn}$ 不显含 0，且列标构成排列的逆序数为 0，故 $D_1=(-1)^{\tau(12\cdots n)}a_{11}a_{22}\cdots a_{nn}=a_{11}a_{22}\cdots a_{nn}$. D_2 中只有一项 $a_{1n}a_{2,n-1}\cdots a_{n1}$ 不显含 0，且列标构成排列的逆序数为

$$\tau(n\cdots 21)=1+2+\cdots+(n-1)=\frac{n(n-1)}{2}.$$

故 $D_2=(-1)^{\tau(n\cdots 21)}a_{1n}a_{2,n-1}\cdots a_{n1}=(-1)^{\frac{n(n-1)}{2}}a_{1n}a_{2,n-1}\cdots a_{n1}$.

注　D_1 以主对角线为分界线，上方（下方）的元素不全为 0，称为上（下）三角形行列式，其值等于主对角线上元素的乘积.

D_2 是以副对角线为分界线的上（下）三角形行列式，其值等于副对角线上元素的乘积，并冠以符号 $(-1)^{\frac{n(n-1)}{2}}$.

特别地，

$$\begin{vmatrix}\lambda_1 & & & \\ & \lambda_2 & & \\ & & \ddots & \\ & & & \lambda_n\end{vmatrix}=\lambda_1\lambda_2\cdots\lambda_n,\quad \begin{vmatrix} & & & \lambda_1\\ & & \lambda_2 & \\ & \iddots & & \\ \lambda_n & & & \end{vmatrix}=(-1)^{\frac{n(n-1)}{2}}\lambda_1\lambda_2\cdots\lambda_n.$$

引入记号 M_{ij} 表示 n 阶行列式

$$D=\begin{vmatrix}a_{11} & a_{12} & \cdots & a_{1n}\\ a_{21} & a_{22} & \cdots & a_{2n}\\ \vdots & \vdots & & \vdots\\ a_{n1} & a_{n2} & \cdots & a_{nn}\end{vmatrix},$$

去掉第 i 行和第 j 列（$i,j=1,2,\cdots,n$）后所剩下的 $n-1$ 阶行列式，称为元素 a_{ij} 的**余子式**，$A_{ij}=(-1)^{i+j}M_{ij}$ 称为元素 a_{ij} 的**代数余子式**，可以证明

$$D=\begin{vmatrix}a_{11} & a_{12} & \cdots & a_{1n}\\ a_{21} & a_{22} & \cdots & a_{2n}\\ \vdots & \vdots & & \vdots\\ a_{n1} & a_{n2} & \cdots & a_{nn}\end{vmatrix}=a_{11}A_{11}+a_{12}A_{12}+\cdots+a_{1n}A_{1n}=\sum_{k=1}^{n}a_{1k}A_{1k} \tag{8.5}$$

和

$$D=\begin{vmatrix}a_{11} & a_{12} & \cdots & a_{1n}\\ a_{21} & a_{22} & \cdots & a_{2n}\\ \vdots & \vdots & & \vdots\\ a_{n1} & a_{n2} & \cdots & a_{nn}\end{vmatrix}=a_{11}A_{11}+a_{21}A_{21}+\cdots+a_{n1}A_{n1}=\sum_{j=1}^{n}a_{j1}A_{j1}. \tag{8.6}$$

定理 8.3　拉普拉斯（Laplace）定理　设

$$D=\begin{vmatrix}a_{11} & a_{12} & \cdots & a_{1n}\\ a_{21} & a_{22} & \cdots & a_{2n}\\ \vdots & \vdots & & \vdots\\ a_{n1} & a_{n2} & \cdots & a_{nn}\end{vmatrix},$$

则

$$D = a_{1j}A_{1j} + a_{2j}A_{2j} + \cdots + a_{kj}A_{kj} = \sum_{k=1}^{n} a_{kj}A_{kj} \quad (j = 1,2,\cdots,n),$$

$$D = a_{k1}A_{k1} + a_{k2}A_{k2} + \cdots + a_{kn}A_{kn} = \sum_{j=1}^{n} a_{kj}A_{kj} \quad (k = 1,2,\cdots,n).$$

例 8.3 证明下三角形行列式

$$D = \begin{vmatrix} a_{11} & & & 0 \\ a_{21} & a_{22} & & \\ \vdots & \vdots & \ddots & \\ a_{n1} & a_{n2} & \cdots & a_{nn} \end{vmatrix} = a_{11}a_{22}\cdots a_{nn}.$$

证 由式（8.5）可得

$$D = a_{11}\begin{vmatrix} a_{22} & & & 0 \\ a_{32} & a_{33} & & \\ \vdots & \vdots & \ddots & \\ a_{n2} & a_{n3} & \cdots & a_{nn} \end{vmatrix} = a_{11}a_{22}\begin{vmatrix} a_{33} & & & 0 \\ a_{43} & a_{44} & & \\ \vdots & \vdots & \ddots & \\ a_{n3} & a_{n4} & \cdots & a_{nn} \end{vmatrix} = \cdots = a_{11}a_{22}\cdots a_{nn}.$$

例 8.4 计算行列式

$$D = \begin{vmatrix} 2 & -3 & 1 & 0 \\ 4 & -1 & 6 & 2 \\ 0 & 4 & 0 & 0 \\ 5 & 7 & -1 & 0 \end{vmatrix}.$$

解 按第 3 行展开，得

$$D = 4\cdot(-1)^{3+2}\begin{vmatrix} 2 & 1 & 0 \\ 4 & 6 & 2 \\ 5 & -1 & 0 \end{vmatrix} = -4\cdot 2(-1)^{2+3}\begin{vmatrix} 2 & 1 \\ 5 & -1 \end{vmatrix} = -56.$$

二、*n* 阶行列式的性质

记

$$D = \begin{vmatrix} a_{11} & a_{12} & \cdots & a_{1n} \\ a_{21} & a_{21} & \cdots & a_{2n} \\ \vdots & \vdots & & \vdots \\ a_{n1} & a_{n2} & \cdots & a_{nn} \end{vmatrix}, \quad D^{\mathrm{T}} = \begin{vmatrix} a_{11} & a_{21} & \cdots & a_{n1} \\ a_{12} & a_{22} & \cdots & a_{n2} \\ \vdots & \vdots & & \vdots \\ a_{1n} & a_{2n} & \cdots & a_{nn} \end{vmatrix}.$$

行列式 D^{T} 称为行列式 D 的**转置行列式**.

性质 8.1 行列式与它的转置行列式相等.

由性质 8.1 可知，行与列具有同等地位，行列式关于行的性质对列也同样成立，反之亦然. 如

$$D = \begin{vmatrix} a & b \\ c & d \end{vmatrix}, \quad D^{\mathrm{T}} = \begin{vmatrix} a & c \\ b & d \end{vmatrix}, \quad D = D^{\mathrm{T}}.$$

性质 8.2　互换行列式的两行（列），行列式变号.

例如

$$D=\begin{vmatrix} a & b \\ c & d \end{vmatrix}=ad-bc, \qquad \begin{vmatrix} c & d \\ a & b \end{vmatrix}=bc-ad=-D.$$

通常以 r_i 表示行列式的第 i 行，以 c_j 表示行列式的第 j 列. 交换 i,j 两行记作 $r_i \leftrightarrow r_j$，交换 i,j 两列记作 $c_i \leftrightarrow c_j$.

推论 8.2　如果行列式有两行（列）完全相同，则此行列式等于零.

证　把这两行互换，有 $D=-D$，故 $D=0$.

性质 8.3　行列式的某一行（列）中所有元素都乘以同一个数 k，等于用数 k 乘此行列式（第 i 行乘 k，记作 $r_i \times k$）.

推论 8.3　行列式中某一行（列）中所有元素的公因子可以提到行列式符号的外面.

性质 8.4　若行列式中有两行（列）元素成比例，则此行列式等于零.

性质 8.5　若行列式的某一列（行）的元素均为两数之和. 例如，第 i 列的元素都是两数之和：

$$D=\begin{vmatrix} a_{11} & a_{12} & \cdots & (a_{1i}+a'_{1i}) & \cdots & a_{1n} \\ a_{21} & a_{22} & \cdots & (a_{2i}+a'_{2i}) & \cdots & a_{2n} \\ \vdots & \vdots & & \vdots & & \vdots \\ a_{n1} & a_{n2} & \cdots & (a_{ni}+a'_{ni}) & \cdots & a_{nn} \end{vmatrix},$$

则

$$D=\begin{vmatrix} a_{11} & a_{12} & \cdots & a_{1i} & \cdots & a_{1n} \\ a_{21} & a_{22} & \cdots & a_{2i} & \cdots & a_{2n} \\ \vdots & \vdots & & \vdots & & \vdots \\ a_{n1} & a_{n2} & \cdots & a_{ni} & \cdots & a_{nn} \end{vmatrix}+\begin{vmatrix} a_{11} & a_{12} & \cdots & a'_{1i} & \cdots & a_{1n} \\ a_{21} & a_{22} & \cdots & a'_{2i} & \cdots & a_{2n} \\ \vdots & \vdots & & \vdots & & \vdots \\ a_{n1} & a_{n2} & \cdots & a'_{ni} & \cdots & a_{nn} \end{vmatrix}.$$

性质 8.6　把行列式的某一列（行）的各元素乘以同一数然后加到另一列（行）对应的元素上去，行列式的值不变.

例如以数 k 乘第 j 列加到第 i 列上，可记作 c_i+kc_j，即

$$D=\begin{vmatrix} a_{11} & a_{12} & \cdots & a_{1i} & \cdots & a_{1j} & \cdots & a_{1n} \\ a_{21} & a_{22} & \cdots & a_{2i} & \cdots & a_{2j} & \cdots & a_{2n} \\ \vdots & \vdots & & \vdots & & \vdots & & \vdots \\ a_{n1} & a_{n2} & \cdots & a_{ni} & \cdots & a_{nj} & \cdots & a_{nn} \end{vmatrix}$$

$$\overset{c_i+kc_j}{=\!=\!=}\begin{vmatrix} a_{11} & a_{12} & \cdots & (a_{1i}+ka_{1j}) & \cdots & a_{1j} & \cdots & a_{1n} \\ a_{21} & a_{22} & \cdots & (a_{2i}+ka_{2j}) & \cdots & a_{2j} & \cdots & a_{2n} \\ \vdots & \vdots & & \vdots & & \vdots & & \vdots \\ a_{n1} & a_{n2} & \cdots & (a_{ni}+ka_{nj}) & \cdots & a_{nj} & \cdots & a_{nn} \end{vmatrix} \quad (i \neq j).$$

性质 8.7　行列式的某一行（列）的元素与另一行（列）的对应元素的代数余子式乘积之和等于零，即

$$D = a_{i1}A_{j1} + a_{i2}A_{j2} + \cdots + a_{in}A_{jn} = 0 \quad (i \neq j)$$

或

$$D = a_{1i}A_{1j} + a_{2i}A_{2j} + \cdots + a_{ni}A_{nj} = 0 \quad (i \neq j).$$

将性质 8.7 与拉普拉斯定理合并为下列结论

$$\sum_{k=1}^{n} a_{ik}A_{jk} = \begin{cases} D, & i = j, \\ 0, & i \neq j \end{cases} \tag{8.7}$$

和

$$\sum_{k=1}^{n} a_{ki}A_{kj} = \begin{cases} D, & i = j, \\ 0, & i \neq j. \end{cases} \tag{8.8}$$

这些性质证明从略，利用这些性质可以简化行列式的计算.

例 8.5 计算行列式 $D = \begin{vmatrix} 0 & -1 & -1 & 2 \\ 1 & -1 & 0 & 2 \\ -1 & 2 & -1 & 0 \\ 2 & 1 & 1 & 0 \end{vmatrix}$.

解 $$D \xlongequal{r_1 \leftrightarrow r_2} -\begin{vmatrix} 1 & -1 & 0 & 2 \\ 0 & -1 & -1 & 2 \\ -1 & 2 & -1 & 0 \\ 2 & 1 & 1 & 0 \end{vmatrix} \xlongequal[r_3 + r_1]{r_4 + (-2)r_1} -\begin{vmatrix} 1 & -1 & 0 & 2 \\ 0 & -1 & -1 & 2 \\ 0 & 1 & -1 & 2 \\ 0 & 3 & 1 & -4 \end{vmatrix}$$

$$\xlongequal[r_3 + r_2]{r_4 + 3r_2} -\begin{vmatrix} 1 & -1 & 0 & 2 \\ 0 & -1 & -1 & 2 \\ 0 & 0 & -2 & 4 \\ 0 & 0 & -2 & 2 \end{vmatrix} \xlongequal{r_4 + (-2)r_3} -\begin{vmatrix} 1 & -1 & 0 & 2 \\ 0 & -1 & -1 & 2 \\ 0 & 0 & -2 & 4 \\ 0 & 0 & 0 & -2 \end{vmatrix}$$

$$= -1 \times (-1) \times (-2) \times (-2) = 4.$$

例 8.6 计算 $D = \begin{vmatrix} 1 & 1 & 1 & 1 \\ a & b & c & d \\ a^2 & b^2 & c^2 & d^2 \\ a^3 & b^3 & c^3 & d^3 \end{vmatrix}$.

解 $$D \xlongequal[\substack{r_3 - ar_2 \\ r_2 - ar_1}]{r_4 - ar_3} \begin{vmatrix} 1 & 1 & 1 & 1 \\ 0 & b-a & c-a & d-a \\ 0 & b^2-ab & c^2-ac & d^2-ad \\ 0 & b^3-ab^2 & c^3-ac^3 & d^3-ad^2 \end{vmatrix} = \begin{vmatrix} b-a & c-a & d-a \\ b^2-ab & c^2-ac & d^2-ad \\ b^3-ab^2 & c^3-ac^2 & d^3-ad^2 \end{vmatrix}$$

$$=(b-a)(c-a)(d-a)\begin{vmatrix} 1 & 1 & 1 \\ b & c & d \\ b^2 & c^2 & d^2 \end{vmatrix} = (b-a)(c-a)(d-a)\begin{vmatrix} 1 & 1 & 1 \\ 0 & c-b & d-b \\ 0 & c^2-bc & d^2-bd \end{vmatrix}$$

$$=(b-a)(c-a)(d-a)\begin{vmatrix} c-b & d-b \\ c^2-bc & d^2-bd \end{vmatrix} = (b-a)(c-a)(d-a)(c-b)(d-b)\begin{vmatrix} 1 & 1 \\ c & d \end{vmatrix}$$

$$= (b-a)(c-a)(d-a)(c-b)(d-b)(d-c).$$

例 8.7　计算 n 阶行列式 $D_n=\begin{vmatrix} x & a & \cdots & a \\ a & x & \cdots & a \\ \vdots & \vdots & & \vdots \\ a & a & \cdots & x \end{vmatrix}$.

解
$$D_n \xlongequal{r_1+(r_2+\cdots+r_n)} [x+(n-1)a]\begin{vmatrix} 1 & 1 & \cdots & 1 \\ a & x & \cdots & a \\ \vdots & \vdots & & \vdots \\ a & a & \cdots & x \end{vmatrix}$$
$$=[x+(n-1)a]\begin{vmatrix} 1 & 1 & \cdots & 1 \\ 0 & x-a & \cdots & 0 \\ \vdots & \vdots & & \vdots \\ 0 & 0 & \cdots & x-a \end{vmatrix}$$
$$=[x+(n-1)a](x-a)^{n-1}.$$

第四节　克拉默法则

对于 m 个方程 n 个未知数的线性方程组
$$\begin{cases} a_{11}x_1+a_{12}x_2+\cdots+a_{1n}x_n=b_1, \\ a_{21}x_1+a_{22}x_2+\cdots+a_{2n}x_n=b_2, \\ \cdots\cdots \\ a_{m1}x_1+a_{m2}x_2+\cdots+a_{mn}x_n=b_m. \end{cases}$$
如果 $b_1,b_2,\cdots,b_m$ 不全为 0，则上式称为**非齐次线性方程组**，反之称为**齐次线性方程组**.在此节主要讨论 n 个方程 n 个未知数的情形.

定理 8.4　对于 n 个方程 n 个未知数的线性方程组
$$\begin{cases} a_{11}x_1+a_{12}x_2+\cdots+a_{1n}x_n=b_1, \\ a_{21}x_1+a_{22}x_2+\cdots+a_{2n}x_n=b_2, \\ \cdots\cdots \\ a_{n1}x_1+a_{n2}x_2+\cdots+a_{nn}x_n=b_n. \end{cases} \tag{8.9}$$
如果系数行列式
$$D=\begin{vmatrix} a_{11} & a_{12} & \cdots & a_{1n} \\ a_{21} & a_{22} & \cdots & a_{2n} \\ \vdots & \vdots & & \vdots \\ a_{n1} & a_{n2} & \cdots & a_{nn} \end{vmatrix}\neq 0,$$
则方程组有唯一的解
$$x_1=\frac{D_1}{D},\quad x_2=\frac{D_2}{D},\quad \cdots,\quad x_n=\frac{D_n}{D}, \tag{8.10}$$

其中

$$D_1=\begin{vmatrix} b_1 & a_{12} & \cdots & a_{1n} \\ b_1 & a_{22} & \cdots & a_{2n} \\ \vdots & \vdots & & \vdots \\ b_1 & a_{n2} & \cdots & a_{nn} \end{vmatrix},\quad D_2=\begin{vmatrix} a_{11} & b_2 & \cdots & a_{1n} \\ a_{21} & b_2 & \cdots & a_{2n} \\ \vdots & \vdots & & \vdots \\ a_{n1} & b_2 & \cdots & a_{nn} \end{vmatrix},\quad \cdots,\quad D_n=\begin{vmatrix} a_{11} & a_{12} & \cdots & b_n \\ a_{21} & a_{22} & \cdots & b_n \\ \vdots & \vdots & & \vdots \\ a_{n1} & a_{n2} & \cdots & b_n \end{vmatrix}.$$

证 将方程组（8.9）简写为

$$\sum_{j=1}^{n} a_{ij}x_j = b_i \quad (i=1,2,\cdots,n).$$

把式（8.10）代入第 i 个方程，左端为

$$\sum_{j=1}^{n} a_{ij}\frac{D_j}{D}=\frac{1}{D}\sum_{j=1}^{n} a_{ij}D_j .$$

因为

$$D_j = b_1A_{1j}+b_2A_{2j}+\cdots+b_nA_{nj}=\sum_{s=1}^{n} b_sA_{sj},$$

所以

$$\begin{aligned}\frac{1}{D}\sum_{j=1}^{n} a_{ij}D_j &= \frac{1}{D}\sum_{j=1}^{n} a_{ij}\sum_{s=1}^{n} b_sA_{sj}=\frac{1}{D}\sum_{j=1}^{n}\sum_{s=1}^{n} a_{ij}A_{sj}b_s \\ &= \frac{1}{D}\sum_{s=1}^{n}\sum_{j=1}^{n} a_{ij}A_{sj}b_s=\frac{1}{D}\sum_{s=1}^{n}\Big(\sum_{j=1}^{n} a_{ij}A_{sj}\Big)b_s \\ &= \frac{1}{D}Db_i=b_i.\end{aligned}$$

这相当于把式（8.10）代入方程组（8.9）的每个方程使它们同时变成恒等式，因而式（8.10）确为方程组（8.9）的解.

用 D 中第 j 列元素的代数余子式 $A_{1j},A_{2j},\cdots,A_{nj}$ 依次乘方程组（8.9）的 n 个方程，再把它们相加，得

$$\left(\sum_{k=1}^{n} a_{k1}A_{kj}\right)x_1+\cdots+\left(\sum_{k=1}^{n} a_{kj}A_{kj}\right)x_j+\cdots+\left(\sum_{k=1}^{n} a_{kn}A_{kj}\right)x_n=\sum_{k=1}^{n} b_kA_{kj} .$$

于是有

$$Dx_j = D \qquad (j=1,2,\cdots,n).$$

当 $D\neq 0$ 时，所得解一定满足方程组（8.9）.

综上所述方程组（8.9）有唯一解.

定理 8.4 也称为克拉默法则，它是求解线性方程组的一种方法，但是计算量较大.在后面的章节中将介绍求解线性方程组的一般方法.

例 8.8 解线性方程组

$$\begin{cases} x_1+\ \ x_2-\ \ x_3=1, \\ x_1+2x_2+2x_3=2, \\ x_1+\ \ x_2 \qquad\ \ =1. \end{cases}$$

解　由题得

$$D=\begin{vmatrix}1&1&-1\\1&2&2\\1&1&0\end{vmatrix}=1,\quad D_1=\begin{vmatrix}1&1&-1\\2&2&2\\1&1&0\end{vmatrix}=0,$$

$$D_2=\begin{vmatrix}1&1&-1\\1&2&2\\1&1&0\end{vmatrix}=1,\quad D_3=\begin{vmatrix}1&1&1\\1&2&2\\1&1&1\end{vmatrix}=0.$$

由克拉默法则，方程组的解为

$$x_1=\frac{D_1}{D}=0,\quad x_2=\frac{D_2}{D}=1,\quad x_3=\frac{D_3}{D}=0.$$

根据克拉默法则，对于n个方程n个未知数的非齐次线性方程组

$$\begin{cases}a_{11}x_1+a_{12}x_2+\cdots+a_{1n}x_n=b_1,\\a_{21}x_1+a_{22}x_2+\cdots+a_{2n}x_n=b_2,\\\qquad\cdots\cdots\\a_{n1}x_1+a_{n2}x_2+\cdots+a_{nn}x_n=b_n.\end{cases}$$

如果系数行列式$D\neq0$，则方程组有唯一的解，因此，要使非齐次线性方程组无解或者有无穷组解，则系数行列式$D=0$.

对于n个方程n个未知数的齐次线性方程组

$$\begin{cases}a_{11}x_1+a_{12}x_2+\cdots+a_{1n}x_n=0,\\a_{21}x_1+a_{22}x_2+\cdots+a_{2n}x_n=0,\\\qquad\cdots\cdots\\a_{n1}x_1+a_{n2}x_2+\cdots+a_{nn}x_n=0.\end{cases}$$

将$x_1=0,x_2=0,\cdots,x_n=0$代入方程组，方程组成立，因此是方程组的解，称为零解.如果系数行列式$D\neq0$，根据克拉默法则，则齐次方程组只有零解.要使齐次方程组有非零解，则系数行列式$D=0$.

例 8.9　当k取何值时，下列齐次方程组有非零解？

$$\begin{cases}kx_1+x_2-x_3=0,\\x_1+kx_2+x_3=0,\\x_1+x_2-3x_3=0.\end{cases}$$

解　方程组的系数行列式为

$$|A|=\begin{vmatrix}k&1&-1\\1&k&1\\1&1&-3\end{vmatrix}=-3k^2+3,$$

要使齐次方程组有非零解，则$|A|=0$，于是

$$-3k^2+3=0,$$

则

$$k=\pm1.$$

习 题 八

1. 用定义计算下列各行列式的值：

（1）$\begin{vmatrix} 0 & 2 & 0 & 0 \\ 0 & 0 & 1 & 0 \\ 3 & 0 & 0 & 0 \\ 0 & 0 & 0 & 4 \end{vmatrix}$；　　（2）$\begin{vmatrix} 1 & 2 & 3 & 0 \\ 0 & 0 & 2 & 0 \\ 3 & 0 & 4 & 5 \\ 0 & 0 & 0 & 1 \end{vmatrix}$.

2. 计算下列各行列式的值：

（1）$\begin{vmatrix} 2 & 1 & 4 & -1 \\ 3 & -1 & 2 & -1 \\ 1 & 2 & 3 & -2 \\ 5 & 0 & 6 & -2 \end{vmatrix}$；　　（2）$\begin{vmatrix} ab & -ac & -ae \\ -bd & cd & -de \\ -bf & -cf & -ef \end{vmatrix}$；

（3）$\begin{vmatrix} a & -1 & 0 & 0 \\ 1 & b & -1 & 0 \\ 0 & 1 & c & -1 \\ 0 & 0 & 1 & d \end{vmatrix}$；　　（4）$\begin{vmatrix} 1 & 2 & 3 & 4 \\ 2 & 3 & 4 & 1 \\ 3 & 4 & 1 & 2 \\ 4 & 1 & 2 & 3 \end{vmatrix}$.

3. 证明下列各式：

（1）$\begin{vmatrix} a^2 & ab & b^2 \\ 2a & a+b & 2b \\ 1 & 1 & 1 \end{vmatrix} = (a-b)^3$；

（2）$\begin{vmatrix} a^2 & (a+1)^2 & (a+2)^2 & (a+3)^2 \\ b^2 & (b+1)^2 & (b+2)^2 & (b+3)^2 \\ c^2 & (c+1)^2 & (c+2)^2 & (c+3)^2 \\ d^2 & (d+1)^2 & (d+2)^2 & (d+3)^2 \end{vmatrix} = 0$；

（3）$\begin{vmatrix} 1 & a^2 & a^3 \\ 1 & b^2 & b^3 \\ 1 & c^2 & c^3 \end{vmatrix} = (ab+bc+ca)\begin{vmatrix} 1 & a & a^2 \\ 1 & b & b^2 \\ 1 & c & c^2 \end{vmatrix}$.

4. 计算下列 n 阶行列式：

（1）$D_n = \begin{vmatrix} x & 1 & \cdots & 1 \\ 1 & x & \cdots & 1 \\ \vdots & \vdots & & \vdots \\ 1 & 1 & \cdots & x \end{vmatrix}$；　　（2）$D_n = \begin{vmatrix} 1 & 2 & 2 & \cdots & 2 \\ 2 & 2 & 2 & \cdots & 2 \\ 2 & 2 & 3 & \cdots & 2 \\ \vdots & \vdots & \vdots & & \vdots \\ 2 & 2 & 2 & \cdots & n \end{vmatrix}$；

（3）$D_n=\begin{vmatrix} x & y & 0 & \cdots & 0 & 0 \\ 0 & x & y & \cdots & 0 & 0 \\ \vdots & \vdots & \vdots & & \vdots & \vdots \\ 0 & 0 & 0 & \cdots & x & y \\ y & 0 & 0 & \cdots & 0 & x \end{vmatrix}$.

5. 计算 n 阶行列式

$$D_n=\begin{vmatrix} a_1^{n-1} & a_2^{n-1} & a_3^{n-1} & \cdots & a_n^{n-1} \\ a_1^{n-2}b_1 & a_2^{n-2}b_2 & a_3^{n-2}b_3 & \cdots & a_n^{n-2}b_n \\ \vdots & \vdots & \vdots & & \vdots \\ a_1b_1^{n-2} & a_2b_2^{n-2} & a_3b_3^{n-2} & \cdots & a_nb_n^{n-2} \\ b_1^{n-1} & b_2^{n-1} & b_3^{n-1} & \cdots & b_n^{n-1} \end{vmatrix} \quad (a_i \neq 0, i=1,2,\cdots,n).$$

6. 已知四阶行列式

$$D_4=\begin{vmatrix} 1 & 2 & 3 & 4 \\ 3 & 3 & 4 & 4 \\ 1 & 5 & 6 & 7 \\ 1 & 1 & 2 & 2 \end{vmatrix},$$

试求 $A_{41}+A_{42}+A_{43}+A_{44}$，其中 A_{4j} 为行列式 D_4 的第 4 行第 j 个元素的代数余子式.

7. 用克拉默法则解方程组：

（1）$\begin{cases} x_1+x_2+x_3=5, \\ 2x_1+x_2-x_3+x_4=1, \\ x_1+2x_2-x_3+x_4=2, \\ x_2+2x_3+3x_4=3; \end{cases}$ （2）$\begin{cases} 5x_1+6x_2=1, \\ x_1+5x_2+6x_3=0, \\ x_2+5x_3+6x_4=0, \\ x_3+5x_4+6x_5=0, \\ x_4+5x_5=1. \end{cases}$

8. 当 λ 和 μ 取何值时，齐次线性方程组

$$\begin{cases} \lambda x_1+x_2+x_3=0, \\ x_1+\mu x_2+x_3=0, \\ x_1+2\mu x_2+x_3=0 \end{cases}$$

有非零解?

9. 试问：齐次线性方程组

$$\begin{cases} x_1+x_2+x_3+ax_4=0, \\ x_1+2x_2+x_3+x_4=0, \\ x_1+x_2-3x_3+x_4=0, \\ x_1+x_2+ax_3+bx_4=0 \end{cases}$$

有非零解时，a、b 必须满足什么条件？

第九章　矩阵及其运算

矩阵是研究线性代数的重要工具. 许多理论和实际问题都需要借助矩阵来处理. 本章介绍矩阵的定义、矩阵的运算、逆矩阵及分块矩阵.

第一节　矩阵的定义及运算

一、矩阵的定义

对于 m 个方程 n 个未知数的线性方程组

$$\begin{cases} a_{11}x_1 + a_{12}x_2 + \cdots + a_{1n}x_n = b_1, \\ a_{21}x_1 + a_{22}x_2 + \cdots + a_{2n}x_n = b_2, \\ \qquad\cdots\cdots \\ a_{m1}x_1 + a_{m2}x_2 + \cdots + a_{mn}x_n = b_m \end{cases} \tag{9.1}$$

的系数以及常数项可以排成 m 行 $n+1$ 列的数表

$$\begin{matrix} a_{11} & a_{12} & \cdots & a_{1n} & b_1 \\ a_{21} & a_{22} & \cdots & a_{2n} & b_2 \\ \vdots & \vdots & & \vdots & \vdots \\ a_{m1} & a_{m2} & \cdots & a_{mn} & b_m \end{matrix}$$

这个数表完全确定了这个线性方程组，于是对方程组的研究就可以转化成对这个数表的研究，因此可定义如下矩阵.

定义 9.1　由 $m \times n$ 个数 $a_{ij}\ (i=1,2,\cdots,m;\ j=1,2,\cdots,n)$，按照一定的次序排成 m 行 n 列的矩形有序数表

$$\begin{matrix} a_{11} & a_{12} & \cdots & a_{1n} \\ a_{21} & a_{22} & \cdots & a_{2n} \\ \vdots & \vdots & & \vdots \\ a_{m1} & a_{m2} & \cdots & a_{mn} \end{matrix}$$

称为 m 行 n 列的矩阵，简称 $m \times n$ 矩阵，并且用大写字母表示，即

$$\boldsymbol{A} = \begin{pmatrix} a_{11} & a_{12} & \cdots & a_{1n} \\ a_{21} & a_{22} & \cdots & a_{2n} \\ \vdots & \vdots & & \vdots \\ a_{m1} & a_{m2} & \cdots & a_{mn} \end{pmatrix}. \tag{9.2}$$

其中：a_{ij} 称为矩阵的第 i 行第 j 列位置的元素；i 称为这个位置的行标；j 称为列标. 我

们习惯用大写字母或黑体字母 $\boldsymbol{A}$，$\boldsymbol{B}$，$\boldsymbol{\alpha}$，$\boldsymbol{\beta}$等表示矩阵. 有时为了强调其行数 m 和列数 n，可简记为 $\boldsymbol{A}=(a_{ij})_{m\times n}$ 或 $\boldsymbol{A}_{m\times n}$，其中 a_{ij} 称为 $\boldsymbol{A}$ 的 (i,j) 元，它位于矩阵的第 i 行第 j 列.

下面将介绍一些特殊的矩阵.

（1）如果矩阵只有一行，这样的矩阵称为行矩阵，也称行向量. 记作

$$\boldsymbol{A}=(a_1\quad a_2\quad \cdots\quad a_n)\quad \text{或}\quad \boldsymbol{A}=(a_1,a_2,\cdots,a_n).$$

（2）如果矩阵只有一列，这样的矩阵称为列矩阵，也称列向量. 记作

$$\boldsymbol{A}=\begin{pmatrix} a_1 \\ a_2 \\ \vdots \\ a_m \end{pmatrix}.$$

（3）如果矩阵所有的元素都为零，这样的矩阵称为零矩阵，记作 $\boldsymbol{O}$.

（4）如果矩阵的行数与列数相同都为 n，这样的矩阵称为 n 阶方阵，记作

$$\boldsymbol{A}_n=\begin{pmatrix} a_{11} & a_{12} & \cdots & a_{1n} \\ a_{21} & a_{22} & \cdots & a_{2n} \\ \vdots & \vdots & & \vdots \\ a_{n1} & a_{n2} & \cdots & a_{nn} \end{pmatrix}.$$

（5）对于 n 阶方阵，如果不在主对角线上的元素全部为零，这样的矩阵称为对角矩阵，记作

$$\boldsymbol{\Lambda}=\begin{pmatrix} \lambda_1 & 0 & \cdots & 0 \\ 0 & \lambda_2 & \cdots & 0 \\ \vdots & \vdots & & \vdots \\ 0 & 0 & \cdots & \lambda_n \end{pmatrix}.$$

对角矩阵也可表示为　$\boldsymbol{\Lambda}=\operatorname{diag}(\lambda_1,\lambda_2,\cdots,\lambda_n)$.

特别说明，从左上角到右下角的直线，称为主对角线，从右上角到左下角的直线，称为次对角线.

（6）对于 n 阶方阵，如果主对角线上的元素全部为 1，其余的元素全部为 0. 这样的矩阵称为单位矩阵. 记作

$$\boldsymbol{E}=\begin{pmatrix} 1 & 0 & \cdots & 0 \\ 0 & 1 & \cdots & 0 \\ \vdots & \vdots & & \vdots \\ 0 & 0 & \cdots & 1 \end{pmatrix}.$$

定义 9.2　如果两个矩阵的行数与列数都相等，则称它们为同型矩阵.

定义 9.3　如果矩阵 $\boldsymbol{A}$ 与矩阵 $\boldsymbol{B}$ 为同型矩阵，并且对应的元素相等，则称 $\boldsymbol{A}$ 与 $\boldsymbol{B}$ 相等，记作

$$\boldsymbol{A}=\boldsymbol{B}.$$

思考：两个零矩阵一定相等吗？

二、矩阵的运算

1. 矩阵的线性运算

定义 9.4　设矩阵 $\boldsymbol{A}$ 与矩阵 $\boldsymbol{B}$ 都是 $m\times n$ 矩阵，则矩阵 $\boldsymbol{A}$ 与 $\boldsymbol{B}$ 的和记作 $\boldsymbol{A}+\boldsymbol{B}$，并且规定

$$\boldsymbol{A}+\boldsymbol{B}=(a_{ij}+b_{ij})_{m\times n}=\begin{pmatrix} a_{11}+b_{11} & a_{12}+b_{12} & \cdots & a_{1n}+b_{1n} \\ a_{21}+b_{21} & a_{22}+b_{22} & \cdots & a_{2n}+b_{2n} \\ \vdots & \vdots & & \vdots \\ a_{m1}+b_{m1} & a_{m2}+b_{m2} & \cdots & a_{mn}+b_{mn} \end{pmatrix}.$$

当且仅当 $\boldsymbol{A}$，$\boldsymbol{B}$ 两个矩阵是同型矩阵时才能求和.

设 $\boldsymbol{A}$，$\boldsymbol{B}$，$\boldsymbol{C}$ 均为同型矩阵，关于矩阵的和运算有以下运算规律.

（1）交换律：$\boldsymbol{A}+\boldsymbol{B}=\boldsymbol{B}+\boldsymbol{A}$.

（2）结合律：$(\boldsymbol{A}+\boldsymbol{B})+\boldsymbol{C}=\boldsymbol{A}+(\boldsymbol{B}+\boldsymbol{C})$.

例如，设矩阵 $\boldsymbol{A}=(a_{ij})_{m\times n}$，则负矩阵记作 $-\boldsymbol{A}$，并且规定

$$-\boldsymbol{A}=(-a_{ij})_{m\times n}.$$

因此，矩阵的减法规定为

$$\boldsymbol{A}-\boldsymbol{B}=\boldsymbol{A}+(-\boldsymbol{B})=(a_{ij}-b_{ij})_{m\times n}=\begin{pmatrix} a_{11}-b_{11} & a_{12}-b_{12} & \cdots & a_{1n}-b_{1n} \\ a_{21}-b_{21} & a_{22}-b_{22} & \cdots & a_{2n}-b_{2n} \\ \vdots & \vdots & & \vdots \\ a_{m1}-b_{m1} & a_{m2}-b_{m2} & \cdots & a_{mn}-b_{mn} \end{pmatrix}.$$

定义 9.5　数 k 与矩阵 $\boldsymbol{A}$ 的乘积记作 $k\boldsymbol{A}$，并且规定

$$k\boldsymbol{A}=(k\,a_{ij})_{m\times n}=\begin{pmatrix} ka_{11} & ka_{12} & \cdots & ka_{1n} \\ ka_{21} & ka_{22} & \cdots & ka_{2n} \\ \vdots & \vdots & & \vdots \\ ka_{m1} & ka_{m2} & \cdots & ka_{mn} \end{pmatrix}.$$

例如，设 $\boldsymbol{A}$，$\boldsymbol{B}$ 均为 $m\times n$ 矩阵，k，l 为任意数，关于数乘矩阵运算有以下运算规律.

（1）结合律：$(kl)\boldsymbol{A}=k(l\boldsymbol{A})$.

（2）分配律：$(k+l)\boldsymbol{A}=k\boldsymbol{A}+l\boldsymbol{A}$，$k(\boldsymbol{A}+\boldsymbol{B})=k\boldsymbol{A}+k\boldsymbol{B}$.

矩阵的加法运算与数乘运算统称为矩阵的线性运算.

2. 矩阵与矩阵的乘法

设 $\boldsymbol{A}=(a_{i1},a_{i2},\cdots,a_{is})$ 为行向量，$\boldsymbol{B}=\begin{pmatrix} b_{1j} \\ b_{2j} \\ \vdots \\ b_{sj} \end{pmatrix}$ 为列向量，则规定

$$AB=(a_{i1},a_{i2},\cdots,a_{is})\begin{pmatrix}b_{1j}\\b_{2j}\\\vdots\\b_{sj}\end{pmatrix}=a_{i1}b_{1j}+a_{i2}b_{2j}+\cdots+a_{is}b_{sj}.$$

定义 9.6　设 $\boldsymbol{A}=(a_{ij})_{m\times s},\boldsymbol{B}=(b_{ij})_{s\times n}$，则矩阵 $\boldsymbol{A}$ 与矩阵 $\boldsymbol{B}$ 的乘积记作 $\boldsymbol{C}=\boldsymbol{AB}$，并且规定

$$\boldsymbol{C}=\boldsymbol{AB}=(c_{ij})_{m\times n},$$

其中

$$c_{ij}=(a_{i1},a_{i2},\cdots,a_{is})\begin{pmatrix}b_{1j}\\b_{2j}\\\vdots\\b_{sj}\end{pmatrix}=a_{i1}b_{1j}+a_{i2}b_{2j}+\cdots+a_{is}b_{sj}\quad(i=1,2,\cdots,m;\ j=1,2,\cdots,n).$$

（1）矩阵 $\boldsymbol{A}$ 与 $\boldsymbol{B}$ 相乘的结果是一个矩阵.

（2）$\boldsymbol{A}$ 的列数与 $\boldsymbol{B}$ 的行数相等，$\boldsymbol{AB}$ 才有意义.

（3）$\boldsymbol{AB}$ 的行数为 $\boldsymbol{A}$ 的行数，$\boldsymbol{AB}$ 的列数为 $\boldsymbol{B}$ 的列数.

（4）$\boldsymbol{AB}$ 常称为 $\boldsymbol{A}$ 左乘 $\boldsymbol{B}$ 或 $\boldsymbol{B}$ 右乘 $\boldsymbol{A}$.

例 9.1　设 $\boldsymbol{A}=(a_1,a_2,\cdots,a_n),B=\begin{pmatrix}b_1\\b_2\\\vdots\\b_n\end{pmatrix}$，求 $\boldsymbol{AB}$ 和 $\boldsymbol{BA}$.

解　由题得

$$\boldsymbol{AB}=(a_1b_1+a_2b_2+\cdots+a_nb_n).$$

而

$$\boldsymbol{BA}=\begin{pmatrix}b_1a_1&b_1a_2&\cdots&b_1a_n\\b_2a_1&b_2a_2&\cdots&b_2a_n\\\vdots&\vdots&&\vdots\\b_na_1&b_na_2&\cdots&b_na_n\end{pmatrix}.$$

思考：假使 $\boldsymbol{AB}$ 与 $\boldsymbol{BA}$ 都存在，那么 $\boldsymbol{AB}=\boldsymbol{BA}$ 一定成立吗？

例 9.2　设 $\boldsymbol{A}=\begin{pmatrix}a_{11}&a_{12}\\a_{21}&a_{22}\\a_{31}&a_{32}\end{pmatrix},\boldsymbol{B}=\begin{pmatrix}b_{11}&b_{12}&b_{13}&b_{14}\\b_{21}&b_{22}&b_{23}&b_{24}\end{pmatrix}$，求 $\boldsymbol{AB}$.

解　由题得

$$\boldsymbol{AB}=\begin{pmatrix}a_{11}b_{11}+a_{12}b_{21}&a_{11}b_{12}+a_{12}b_{22}&a_{11}b_{13}+a_{12}b_{23}&a_{11}b_{14}+a_{12}b_{24}\\a_{21}b_{11}+a_{22}b_{21}&a_{21}b_{12}+a_{22}b_{22}&a_{21}b_{13}+a_{22}b_{23}&a_{21}b_{14}+a_{22}b_{24}\\a_{31}b_{11}+a_{32}b_{21}&a_{31}b_{12}+a_{32}b_{22}&a_{31}b_{13}+a_{32}b_{23}&a_{31}b_{14}+a_{32}b_{24}\end{pmatrix}.$$

思考：如果 $\boldsymbol{A}$ 能与 $\boldsymbol{B}$ 相乘，那么 $\boldsymbol{B}$ 与 $\boldsymbol{A}$ 一定能相乘吗？

例 9.3　设 $\boldsymbol{A}=\begin{pmatrix}1&2\\1&2\end{pmatrix}$，$\boldsymbol{B}=\begin{pmatrix}1&-1\\-1&1\end{pmatrix}$，求 $\boldsymbol{AB}$ 和 $\boldsymbol{BA}$.

解　由题得

$$\boldsymbol{AB}=\begin{pmatrix}-1&1\\-1&1\end{pmatrix},\qquad \boldsymbol{BA}=\begin{pmatrix}0&0\\0&0\end{pmatrix}.$$

思考：如果 $\boldsymbol{BA}=\boldsymbol{O}$，能够推出 $\boldsymbol{A}=\boldsymbol{O}$ 或者 $\boldsymbol{B}=\boldsymbol{O}$ 吗？

如果 $\boldsymbol{A}$ 与 $\boldsymbol{B}$ 为同阶方阵，且 $\boldsymbol{AB}=\boldsymbol{BA}$，则称 $\boldsymbol{A}$ 与 $\boldsymbol{B}$ 是可交换的.

很容易验证，对于同阶方阵 $\boldsymbol{A}$ 与单位矩阵 $\boldsymbol{E}$，有

$$\boldsymbol{AE}=\boldsymbol{EA}=\boldsymbol{E}.$$

因此单位矩阵 $\boldsymbol{E}$ 与任何同阶方阵 $\boldsymbol{A}$ 是可交换的.

在能相乘的前提条件下，关于矩阵的乘法运算满足下面的运算规律.

（1）结合律：$(\boldsymbol{AB})\boldsymbol{C}=\boldsymbol{A}(\boldsymbol{BC})$；$k(\boldsymbol{AB})=(k\boldsymbol{A})\boldsymbol{B}=\boldsymbol{A}(k\boldsymbol{B})$ (k 为数).

（2）分配律：$\boldsymbol{A}(\boldsymbol{B}+\boldsymbol{C})=\boldsymbol{AB}+\boldsymbol{AC}$；$(\boldsymbol{A}+\boldsymbol{B})\boldsymbol{C}=\boldsymbol{AC}+\boldsymbol{BC}$.

容易验证：$\boldsymbol{E}_m\boldsymbol{A}_{m\times n}=\boldsymbol{A}_{m\times n}\boldsymbol{E}_n=\boldsymbol{A}_{m\times n}$，简写成 $\boldsymbol{EA}=\boldsymbol{A}$，$\boldsymbol{AE}=\boldsymbol{A}$.

注　矩阵的乘法不满足交换律.

3. 方阵的幂

定义 9.7　设 $\boldsymbol{A}_{n\times n}$ 为 n 阶方阵，k 为正整数，则定义

$$\boldsymbol{A}^1=\boldsymbol{A},\boldsymbol{A}^2=\boldsymbol{A}^1\boldsymbol{A}^1,\cdots,\boldsymbol{A}^k=\boldsymbol{A}^{k-1}\boldsymbol{A},$$

$\boldsymbol{A}^k$ 称为 $\boldsymbol{A}$ 的 k 次幂.

方阵的幂满足下面的运算规律.

（1）$\boldsymbol{A}^k\boldsymbol{A}^l=\boldsymbol{A}^{k+l}$.

（2）$(\boldsymbol{A}^k)^l=\boldsymbol{A}^{kl}$.

但是，一般情形下

$$(\boldsymbol{AB})^k\neq\boldsymbol{A}^k\boldsymbol{B}^k,\quad (\boldsymbol{A}+\boldsymbol{B})^2\neq\boldsymbol{A}^2+2\boldsymbol{AB}+\boldsymbol{B}^2,\quad (\boldsymbol{A}-\boldsymbol{B})(\boldsymbol{A}+\boldsymbol{B})\neq\boldsymbol{A}^2-\boldsymbol{B}^2.$$

思考：上面三式什么情况下才成立.

例 9.4　设 $\boldsymbol{A}=\begin{pmatrix}1&0&1\\0&2&0\\0&0&1\end{pmatrix}$，求 $\boldsymbol{A}^k(k=2,3,\cdots)$.

解

$$\boldsymbol{A}^2=\boldsymbol{AA}=\begin{pmatrix}1&0&1\\0&2&0\\0&0&1\end{pmatrix}\begin{pmatrix}1&0&1\\0&2&0\\0&0&1\end{pmatrix}=\begin{pmatrix}1&0&2\\0&2^2&0\\0&0&1\end{pmatrix},$$

$$\boldsymbol{A}^3=\boldsymbol{A}^2\boldsymbol{A}=\begin{pmatrix}1&0&2\\0&2^2&0\\0&0&1\end{pmatrix}\begin{pmatrix}1&0&1\\0&2&0\\0&0&1\end{pmatrix}=\begin{pmatrix}1&0&3\\0&2^3&0\\0&0&1\end{pmatrix}.$$

于是通过数学归纳法得到

$$A^k=\begin{pmatrix}1&0&k\\0&2^k&0\\0&0&1\end{pmatrix}.$$

4. 矩阵的转置

定义 9.8　设

$$A=\begin{pmatrix}a_{11}&a_{12}&\cdots&a_{1n}\\a_{21}&a_{22}&\cdots&a_{2n}\\\vdots&\vdots&&\vdots\\a_{m1}&a_{m2}&\cdots&a_{mn}\end{pmatrix},$$

则将 A 的行换成同序数的列，得到新的矩阵就称为 A 的转置矩阵，记作 A^{T}，即

$$A^{\mathrm{T}}=\begin{pmatrix}a_{11}&a_{21}&\cdots&a_{m1}\\a_{12}&a_{22}&\cdots&a_{m2}\\\vdots&\vdots&&\vdots\\a_{1n}&a_{2n}&\cdots&a_{mn}\end{pmatrix}.$$

设矩阵 A，B 均可进行下列相关运算，关于矩阵的转置有以下运算规律.

（1）$(A^{\mathrm{T}})^{\mathrm{T}}=A$.

（2）$(kA)^{\mathrm{T}}=kA^{\mathrm{T}}$，$k$ 为数.

（3）$(A+B)^{\mathrm{T}}=A^{\mathrm{T}}+B^{\mathrm{T}}$.

（4）$(AB)^{\mathrm{T}}=B^{\mathrm{T}}A^{\mathrm{T}}$.

例 9.5　设

$$A=\begin{pmatrix}1&-1&2\\1&0&3\\-1&2&-1\end{pmatrix},\qquad B=\begin{pmatrix}1&1\\2&-1\\3&2\end{pmatrix},$$

求 $(AB)^{\mathrm{T}}$，$B^{\mathrm{T}}A^{\mathrm{T}}$.

解　因为

$$AB=\begin{pmatrix}5&6\\10&7\\0&-5\end{pmatrix},$$

$$A^{\mathrm{T}}=\begin{pmatrix}1&1&-1\\-1&0&2\\2&3&-1\end{pmatrix},\qquad B^{\mathrm{T}}=\begin{pmatrix}1&2&3\\1&-1&2\end{pmatrix},$$

所以

$$B^{\mathrm{T}}A^{\mathrm{T}}=\begin{pmatrix}5&10&0\\6&7&-5\end{pmatrix}=(AB)^{\mathrm{T}}.$$

设 n 阶方阵 A 满足 $A^{\mathrm{T}}=A$，则矩阵 A 称为**对称矩阵**，简称**对称阵**.

显然，对称阵的元素满足 $a_{ij}=a_{ji}$.

例 9.6　设 $\boldsymbol{A}$ 是 $m\times n$ 矩阵，证明 $\boldsymbol{A}^{\mathrm{T}}\boldsymbol{A}$ 是 n 阶对称阵，$\boldsymbol{A}\boldsymbol{A}^{\mathrm{T}}$ 是 m 阶对称阵.

证　因

$$(\boldsymbol{A}^{\mathrm{T}}\boldsymbol{A})^{\mathrm{T}}=\boldsymbol{A}^{\mathrm{T}}(\boldsymbol{A}^{\mathrm{T}})^{\mathrm{T}}=\boldsymbol{A}^{\mathrm{T}}\boldsymbol{A},$$

故 $\boldsymbol{A}^{\mathrm{T}}\boldsymbol{A}$ 是 n 阶对称阵。同理可证 $\boldsymbol{A}\boldsymbol{A}^{\mathrm{T}}$ 是 m 阶对称阵.

5. 方阵的行列式

定义 9.9　设 n 阶方阵 $\boldsymbol{A}$ 的各元素的位置不变，由这些元素构成的行列式称为方阵 $\boldsymbol{A}$ 的行列式，记作 $|\boldsymbol{A}|$，或者 $\det\boldsymbol{A}$.

方阵的行列式满足下面的运算规律（设 $\boldsymbol{A}$ 为 n 阶方阵）.

（1）$|\boldsymbol{A}^{\mathrm{T}}|=|\boldsymbol{A}|$.

（2）$|k\boldsymbol{A}|=k^n|\boldsymbol{A}|$.

（3）$|\boldsymbol{AB}|=|\boldsymbol{A}||\boldsymbol{B}|$.

（4）$|\boldsymbol{A}^k|=|\boldsymbol{A}|^k$.

注　矩阵是数表，而行列式是数值，两者是不同的概念. 一般情况下，$\boldsymbol{AB}\neq\boldsymbol{BA}$，但是 $|\boldsymbol{AB}|=|\boldsymbol{A}||\boldsymbol{B}|$.

三、矩阵与线性变换的关系

定义 9.10　设 m 个变量 $y_1,y_2,\cdots,y_m$ 与 n 个变量 $x_1,x_2,\cdots,x_n$ 两者之间存在如下关系

$$\begin{cases} y_1=a_{11}x_1+a_{12}x_2+\cdots+a_{1n}x_n, \\ y_2=a_{21}x_1+a_{22}x_2+\cdots+a_{2n}x_n, \\ \qquad\cdots\cdots \\ y_m=a_{m1}x_1+a_{m2}x_2+\cdots+a_{mn}x_n. \end{cases} \tag{9.3}$$

则称式（9.3）是从 $x_1,x_2,\cdots,x_n$ 到 $y_1,y_2,\cdots,y_m$ 的一个线性变换. 其中矩阵

$$\boldsymbol{A}=\begin{pmatrix} a_{11} & a_{12} & \cdots & a_{1n} \\ a_{21} & a_{22} & \cdots & a_{2n} \\ \vdots & \vdots & & \vdots \\ a_{m1} & a_{m2} & \cdots & a_{mn} \end{pmatrix}$$

叫作变换的系数矩阵.

如果令 $\boldsymbol{X}=\begin{pmatrix} x_1 \\ x_2 \\ \vdots \\ x_n \end{pmatrix}$，$\boldsymbol{Y}=\begin{pmatrix} y_1 \\ y_2 \\ \vdots \\ y_m \end{pmatrix}$，则上述线性变换就可以表示成

$$\boldsymbol{Y}=\boldsymbol{AX}.$$

系数矩阵与线性变换是一个一一对应的关系. 给定一个线性变换，就唯一确定了一个系数矩阵，反之，给定一个矩阵，就唯一确定了一个线性变换.

例如，线性变换

$$\begin{cases} y_1 = x_1 + x_2 + x_3, \\ y_2 = x_1 - x_2 - 3x_3, \\ y_3 = 3x_1 + 2x_2 - x_3. \end{cases}$$

所对应的系数矩阵为

$$\boldsymbol{A} = \begin{pmatrix} 1 & 1 & 1 \\ 1 & -1 & -3 \\ 3 & 2 & -1 \end{pmatrix}.$$

反之，如果给定一个矩阵

$$\boldsymbol{A} = \begin{pmatrix} 2 & 3 \\ 1 & -1 \end{pmatrix},$$

其所对应的线性变换为

$$\begin{cases} y_1 = 2x_1 + 3x_2, \\ y_2 = x_1 - x_2. \end{cases}$$

如果存在线性变换

$$\begin{cases} y_1 = a_{11}x_1 + a_{12}x_2 + \cdots + a_{1n}x_n, \\ y_2 = a_{21}x_1 + a_{22}x_2 + \cdots + a_{2n}x_n, \\ \qquad \cdots\cdots \\ y_m = a_{m1}x_1 + a_{m2}x_2 + \cdots + a_{mn}x_n. \end{cases}$$

即

$$\boldsymbol{Y} = \boldsymbol{AX},$$

以及线性变换

$$\begin{cases} z_1 = b_{11}y_1 + b_{12}y_2 + \cdots + b_{1m}y_m, \\ z_2 = b_{21}y_1 + b_{22}y_2 + \cdots + b_{2m}y_m, \\ \qquad \cdots\cdots \\ z_l = b_{l1}y_1 + b_{l2}y_2 + \cdots + b_{lm}y_m. \end{cases}$$

即

$$\boldsymbol{Z} = \boldsymbol{BY}.$$

则从 $x_1, x_2, \cdots, x_n$ 到 $z_1, z_2, \cdots, z_l$ 的线性变换就可以表示成

$$\boldsymbol{Z} = \boldsymbol{BY} = \boldsymbol{BAX}.$$

四、线性方程组的表示

对于 m 个方程 n 个未知数的线性方程组

$$\begin{cases} a_{11}x_1 + a_{12}x_2 + \cdots + a_{1n}x_n = b_1, \\ a_{21}x_1 + a_{22}x_2 + \cdots + a_{2n}x_n = b_2, \\ \qquad \cdots\cdots \\ a_{m1}x_1 + a_{m2}x_2 + \cdots + a_{mn}x_n = b_m. \end{cases}$$

令

$$
\boldsymbol{A}=\begin{pmatrix} a_{11} & a_{12} & \cdots & a_{1n} \\ a_{21} & a_{22} & \cdots & a_{2n} \\ \vdots & \vdots & & \vdots \\ a_{m1} & a_{m2} & \cdots & a_{mn} \end{pmatrix}, \quad \boldsymbol{X}=\begin{pmatrix} x_1 \\ x_2 \\ \vdots \\ x_n \end{pmatrix}, \quad \boldsymbol{B}=\begin{pmatrix} b_1 \\ b_2 \\ \vdots \\ b_m \end{pmatrix},
$$

则线性方程组可以表示成

$$\boldsymbol{AX}=\boldsymbol{B}.$$

我们把

$$
\tilde{\boldsymbol{B}}=(\boldsymbol{A}\vdots\boldsymbol{B})=\begin{pmatrix} a_{11} & a_{12} & \cdots & a_{1n} & b_1 \\ a_{21} & a_{22} & \cdots & a_{2n} & b_2 \\ \vdots & \vdots & & \vdots & \vdots \\ a_{m1} & a_{m2} & \cdots & a_{mn} & b_m \end{pmatrix}
$$

称为方程组的**增广矩阵**.

例如，对于方程组

$$
\begin{cases} x_1-2x_2-\ \ x_3=0, \\ x_1+\ \ x_2-3x_3=1, \\ 3x_1+2x_2-\ \ x_3=2. \end{cases}
$$

则方程组的系数矩阵与增广矩阵就可表示为

$$
\boldsymbol{A}=\begin{pmatrix} 1 & -2 & -1 \\ 1 & 1 & -3 \\ 3 & 2 & -1 \end{pmatrix},
$$

及

$$
\overline{\boldsymbol{A}}=(\boldsymbol{A}\vdots\boldsymbol{B})=\begin{pmatrix} 1 & -2 & -1 & 0 \\ 1 & 1 & -3 & 1 \\ 3 & 2 & -1 & 2 \end{pmatrix}.
$$

第二节　逆　矩　阵

一、逆矩阵的定义及性质

定义 9.11　对于 n 阶方阵 $\boldsymbol{A}$ 与 $\boldsymbol{B}$，如果满足

$$\boldsymbol{AB}=\boldsymbol{BA}=\boldsymbol{E},$$

则称 $\boldsymbol{A}$ 可逆，并且称 $\boldsymbol{B}$ 为 $\boldsymbol{A}$ 的逆矩阵，记作 $\boldsymbol{A}^{-1}=\boldsymbol{B}$. 如果 $\boldsymbol{B}$ 为 $\boldsymbol{A}$ 的逆矩阵，则 $\boldsymbol{A}$ 也为 $\boldsymbol{B}$ 的逆矩阵，并且 $\boldsymbol{B}^{-1}=\boldsymbol{A}$.

定理 9.1　如果方阵 $\boldsymbol{A}$ 可逆，则它的逆矩阵必唯一.

证　假设 $\boldsymbol{B}$ 与 $\boldsymbol{C}$ 都为 $\boldsymbol{A}$ 的逆矩阵，则

$$C = CE = C(AB) = (CA)B = EB = B,$$

因此方阵 A 的逆矩阵是唯一的.

规定，$A^0 = E$，$A^{-k} = (A^{-1})^k \ (k \in Z^+)$ 称为 A 的负幂.

定义 9.12　设 A 为 n 阶方阵，记

$$A^* = \begin{pmatrix} A_{11} & A_{21} & \cdots & A_{n1} \\ A_{12} & A_{22} & \cdots & A_{n2} \\ \vdots & \vdots & & \vdots \\ A_{1n} & A_{2n} & \cdots & A_{nn} \end{pmatrix}.$$

其中：A_{ij} 为 A 的元素 a_{ij} 的代数余子式；A^* 称为 A 的**伴随矩阵**.

定理 9.2　设 A^* 为 A 的伴随矩阵，则

$$AA^* = A^*A = |A|E,$$

证　因为

$$a_{i1}A_{j1} + a_{i2}A_{j2} + \cdots + a_{in}A_{jn} = \begin{cases} |A|, & i = j, \\ 0, & i \neq j. \end{cases}$$

所以

$$AA^* = \begin{pmatrix} a_{11} & a_{12} & \cdots & a_{1n} \\ a_{21} & a_{22} & \cdots & a_{2n} \\ \vdots & \vdots & & \vdots \\ a_{m1} & a_{m2} & \cdots & a_{mn} \end{pmatrix} \begin{pmatrix} A_{11} & A_{21} & \cdots & A_{n1} \\ A_{12} & A_{22} & \cdots & A_{n2} \\ \vdots & \vdots & & \vdots \\ A_{1n} & A_{2n} & \cdots & A_{nn} \end{pmatrix}$$

$$= \begin{pmatrix} |A| & 0 & \cdots & 0 \\ 0 & |A| & \cdots & 0 \\ \vdots & \vdots & & \vdots \\ 0 & 0 & \cdots & |A| \end{pmatrix} = |A|E.$$

同理

$$A^*A = |A|E.$$

于是

$$AA^* = A^*A = |A|E.$$

定理 9.3　矩阵 A 可逆的充要条件是 $|A| \neq 0$，并且

$$A^{-1} = \frac{1}{|A|}A^*,$$

其中，A^* 为 A 的伴随矩阵.

证　根据定理 9.2，有

$$AA^* = A^*A = |A|E.$$

又因为 $|A| \neq 0$，则

$$A\frac{1}{|A|}A^* = \frac{1}{|A|}A^*A = E.$$

根据逆矩阵的定义 9.11 知 A 可逆，并且

$$A^{-1}=\frac{1}{|A|}A^{*}.$$

说明：如果$|A|=0$，则A称为**奇异矩阵**；如果$|A|\neq 0$，则A称为**非奇异矩阵**.

根据逆矩阵可逆的定义，矩阵A可逆的条件是

$$AB=BA=E.$$

上述结果需要验证两个等式成立，但实际上还有下面的定理.

定理 9.4 如果$AB=E$，则A可逆，并且B为A的逆矩阵，即$A^{-1}=B$. 同理，如果$BA=E$，则A可逆，并且B为A的逆矩阵，即$A^{-1}=B$.

证 因为$AB=E$，则$|AB|=|E|=1$，于是得到$|A||B|=1$，因此$|A|\neq 0$，所以A可逆. 又

$$A^{-1}=A^{-1}E=A^{-1}AB=EB=B,$$

故

$$A^{-1}=B.$$

性质 9.1 如果A可逆，则A^{-1}也可逆，且$(A^{-1})^{-1}=A$.

性质 9.2 如果A可逆，数$\lambda\neq 0$，则λA也可逆，且$(\lambda A)^{-1}=\frac{1}{\lambda}A^{-1}$.

性质 9.3 如果A与B可逆，则AB也可逆，且$(AB)^{-1}=B^{-1}A^{-1}$.

证 因为

$$(AB)(B^{-1}A^{-1})=ABB^{-1}A^{-1}=AEA^{-1}=AA^{-1}=E.$$

所以根据定理 9.4 知AB可逆，且有

$$(AB)^{-1}=B^{-1}A^{-1}.$$

性质 9.4 如果A可逆，则A^{T}也可逆，且$(A^{\mathrm{T}})^{-1}=(A^{-1})^{\mathrm{T}}$.

证 因为

$$A^{\mathrm{T}}(A^{-1})^{\mathrm{T}}=(A^{-1}A)^{\mathrm{T}}=(E)^{\mathrm{T}}=E,$$

所以根据定理 9.4 知A^{T}可逆，且

$$(A^{\mathrm{T}})^{-1}=(A^{-1})^{\mathrm{T}}.$$

性质 9.5 如果A可逆，则$|A^{-1}|=\frac{1}{|A|}$.

证 因为A可逆，所以A^{-1}存在，且$|A|\neq 0$，又$AA^{-1}=E$，则$|AA^{-1}|=1$，所以

$$|A||A^{-1}|=1,$$

因此

$$|A^{-1}|=\frac{1}{|A|}.$$

性质 9.6 如果A与B为同阶可逆阵，则$A^{*}=|A|A^{-1}$，$B^{*}=|B|B^{-1}$，$(AB)^{*}=B^{*}A^{*}$.

证 $(AB)^{*}=|AB|(AB)^{-1}=|A||B|B^{-1}A^{-1}=(|B|B^{-1})(|A|A^{-1})=B^{*}A^{*}$.

例 9.7 设$A=\begin{pmatrix}a & b\\ c & d\end{pmatrix}$，且$|A|=ad-bc\neq 0$，求$A^{-1}$.

解　由 $|A| = ad - bc \neq 0$，知 A 可逆，又

$$A_{11} = d,\ A_{12} = -c,\ A_{21} = -b,\ A_{22} = a,$$

所以

$$A^{-1} = \frac{1}{ad - bc}\begin{pmatrix} d & -b \\ -c & a \end{pmatrix}.$$

例 9.8　求方阵

$$A = \begin{pmatrix} 2 & 2 & 2 \\ 1 & 2 & 3 \\ 1 & 3 & 6 \end{pmatrix}$$

的逆矩阵 A^{-1}.

解　因为 $|A| = 2 \neq 0$，所以 A^{-1} 存在，先求 A 的伴随矩阵 A^*.

$$A_{11} = 3,\quad A_{12} = -3,\quad A_{13} = 1,$$
$$A_{21} = -6,\quad A_{22} = 10,\quad A_{23} = -4,$$
$$A_{31} = 2,\quad A_{32} = -4,\quad A_{33} = 2,$$

$$A^* = \begin{pmatrix} 3 & -6 & 2 \\ -3 & 10 & -4 \\ 1 & -4 & 2 \end{pmatrix},$$

$$A^{-1} = \frac{1}{|A|}A^* = \frac{1}{2}\begin{pmatrix} 3 & -6 & 2 \\ -3 & 10 & -4 \\ 1 & -4 & 2 \end{pmatrix}.$$

例 9.9　设 A 满足 $A^2 - A - 3E = O$，求 $(A+E)^{-1}$.

解　由 $A^2 - A - 3E = O$，得 $A^2 - A - 2E = E$，所以

$$(A+E)(A-2E) = E,$$

则

$$(A+E)^{-1} = (A-2E).$$

二、用逆矩阵求线性方程组的解及逆变换

对于 n 个方程 n 个未知数的线性方程组

$$\begin{cases} a_{11}x_1 + a_{12}x_2 + \cdots + a_{1n}x_n = b_1, \\ a_{21}x_1 + a_{22}x_2 + \cdots + a_{2n}x_n = b_2, \\ \cdots\cdots \\ a_{n1}x_1 + a_{n2}x_2 + \cdots + a_{nn}x_n = b_n. \end{cases}$$

即

$$AX = B,$$

其中

$$A=\begin{pmatrix} a_{11} & a_{12} & \cdots & a_{1n} \\ a_{21} & a_{22} & \cdots & a_{2n} \\ \vdots & \vdots & & \vdots \\ a_{n1} & a_{n2} & \cdots & a_{nn} \end{pmatrix},\quad X=\begin{pmatrix} x_1 \\ x_2 \\ \vdots \\ x_n \end{pmatrix},\quad B=\begin{pmatrix} b_1 \\ b_2 \\ \vdots \\ b_n \end{pmatrix}.$$

如果$|\boldsymbol{A}|\neq 0$，则$\boldsymbol{A}$可逆，于是在$\boldsymbol{AX}=\boldsymbol{B}$两边左乘$\boldsymbol{A}^{-1}$，则

$$\boldsymbol{A}^{-1}\boldsymbol{AX}=\boldsymbol{A}^{-1}\boldsymbol{B},$$

即

$$\boldsymbol{X}=\boldsymbol{A}^{-1}\boldsymbol{B}.$$

设n个变量$y_1,y_2,\cdots,y_n$与n个变量$x_1,x_2,\cdots,x_n$两者之间存在如下的线性关系

$$\begin{cases} y_1=a_{11}x_1+a_{12}x_2+\cdots+a_{1n}x_n, \\ y_2=a_{21}x_1+a_{22}x_2+\cdots+a_{2n}x_n, \\ \qquad\cdots\cdots \\ y_n=a_{n1}x_1+a_{n2}x_2+\cdots+a_{nn}x_n. \end{cases}$$

即

$$\boldsymbol{Y}=\boldsymbol{AX}.$$

如果系数矩阵

$$\boldsymbol{A}=\begin{pmatrix} a_{11} & a_{12} & \cdots & a_{1n} \\ a_{21} & a_{22} & \cdots & a_{2n} \\ \vdots & \vdots & & \vdots \\ a_{n1} & a_{n2} & \cdots & a_{nn} \end{pmatrix},$$

的行列式不等于零，即$|\boldsymbol{A}|\neq 0$，则存在从$y_1,y_2,\cdots,y_n$到$x_1,x_2,\cdots,x_n$的逆变换，且

$$\boldsymbol{X}=\boldsymbol{A}^{-1}\boldsymbol{Y}.$$

例 9.10　解线性方程组

$$\begin{cases} x_1+\qquad\quad x_3=0, \\ 2x_1+\ x_2\qquad\ =1, \\ -3x_1+2x_2-5x_3=1. \end{cases}$$

解　由题得原方程就可以表示成$\boldsymbol{AX}=\boldsymbol{B}$，其中

$$\boldsymbol{A}=\begin{pmatrix} 1 & 0 & 1 \\ 2 & 1 & 0 \\ -3 & 2 & -5 \end{pmatrix},\quad \boldsymbol{B}=\begin{pmatrix} 0 \\ 1 \\ 1 \end{pmatrix},\quad \boldsymbol{X}=\begin{pmatrix} x_1 \\ x_2 \\ x_3 \end{pmatrix}.$$

又$|\boldsymbol{A}|=2\neq 0$，所以$\boldsymbol{A}$可逆，且

$$\boldsymbol{A}^{-1}=\frac{1}{2}\begin{pmatrix} -5 & 2 & -1 \\ 10 & -2 & 2 \\ 7 & -2 & 1 \end{pmatrix}.$$

因此，方程的解为

$$X = A^{-1}B = \frac{1}{2}\begin{pmatrix} -5 & 2 & -1 \\ 10 & -2 & 2 \\ 7 & -2 & 1 \end{pmatrix}\begin{pmatrix} 0 \\ 1 \\ 1 \end{pmatrix} = \begin{pmatrix} \frac{1}{2} \\ 0 \\ -\frac{1}{2} \end{pmatrix}.$$

例 9.11　设从 x_1, x_2, x_3 到 y_1, y_2, y_3 的线性变换为

$$\begin{cases} y_1 = x_1 + x_2 + x_3, \\ y_2 = 2x_1 + 2x_2 + x_3, \\ y_3 = 3x_1 + 2x_2 + x_3. \end{cases}$$

求从 y_1, y_2, y_3 到 x_1, x_2, x_3 的线性变换.

解　线性变换可以表示为

$$Y = AX,$$

其中

$$A = \begin{pmatrix} 1 & 1 & 1 \\ 2 & 2 & 1 \\ 3 & 2 & 1 \end{pmatrix},$$

又 $|A| \neq 0$，所以 A 可逆，且

$$A^{-1} = \begin{pmatrix} 0 & -1 & 1 \\ -1 & 2 & -1 \\ 2 & -1 & 0 \end{pmatrix}.$$

所以从 y_1, y_2, y_3 到 x_1, x_2, x_3 的线性变换为 $X = A^{-1}Y$，即

$$\begin{cases} x_1 = -y_2 + y_3, \\ x_2 = -y_1 + 2y_2 - y_3, \\ x_3 = 2y_1 - y_2. \end{cases}$$

三、矩阵方程

假设存在矩阵方程

$$AXB = Y,$$

其中：A, B, Y 为已知矩阵，X 为未知矩阵，并且 A, B 可逆，用 A^{-1}, B^{-1} 分别去左乘右乘上式，则有

$$X = A^{-1}YB^{-1}.$$

于是就求出未知矩阵.

例 9.12　解矩阵方程

$$\begin{pmatrix} 1 & 2 \\ 0 & 1 \end{pmatrix} X \begin{pmatrix} 2 & 1 \\ 3 & 2 \end{pmatrix} = \begin{pmatrix} 1 & 0 \\ 2 & -1 \end{pmatrix}.$$

解　令 $A = \begin{pmatrix} 1 & 2 \\ 0 & 1 \end{pmatrix}$，$B = \begin{pmatrix} 2 & 1 \\ 3 & 2 \end{pmatrix}$，$C = \begin{pmatrix} 1 & 0 \\ 2 & -1 \end{pmatrix}$，而 $|A| = 1, |B| = 1$，故 A, B 可逆，

于是

$$X = A^{-1}CB^{-1},$$

又

$$A^{-1}=\begin{pmatrix}1 & -2\\ 0 & 1\end{pmatrix},\quad B^{-1}=\begin{pmatrix}2 & -1\\ -3 & 2\end{pmatrix},$$

因此

$$X=\begin{pmatrix}1 & -2\\ 0 & 1\end{pmatrix}\begin{pmatrix}1 & 0\\ 2 & -1\end{pmatrix}\begin{pmatrix}2 & -1\\ -3 & 2\end{pmatrix}=\begin{pmatrix}-12 & 7\\ 7 & -4\end{pmatrix}.$$

第三节　分块矩阵

用若干条横线和纵线将矩阵 A 分成多个小矩阵，这些小矩阵称为矩阵 A 的子块，以这些子块为元素的形式上的矩阵称为分块矩阵. 对于阶数较高的矩阵，常常采用这种分块法，其目的是将高阶矩阵转化成低阶矩阵.

例如，

$$A=\begin{pmatrix}a_{11} & a_{12} & a_{13}\\ a_{21} & a_{22} & a_{23}\\ a_{31} & a_{32} & a_{33}\\ a_{41} & a_{42} & a_{43}\end{pmatrix}.$$

对于 A 可以采用多种分法，下面将介绍几种分法.

$$A=\left(\begin{array}{c:c:c}a_{11} & a_{12} & a_{13}\\ a_{21} & a_{22} & a_{23}\\ a_{31} & a_{32} & a_{33}\\ a_{41} & a_{42} & a_{43}\end{array}\right),\quad A=\left(\begin{array}{ccc}a_{11} & a_{12} & a_{13}\\ \hdashline a_{21} & a_{22} & a_{23}\\ \hdashline a_{31} & a_{32} & a_{33}\\ \hdashline a_{41} & a_{42} & a_{43}\end{array}\right),\quad A=\left(\begin{array}{cc:c}a_{11} & a_{12} & a_{13}\\ \hdashline a_{21} & a_{22} & a_{23}\\ a_{31} & a_{32} & a_{33}\\ \hdashline a_{41} & a_{42} & a_{43}\end{array}\right).$$

对于最后一种分法，可以记为

$$A=\begin{pmatrix}A_{11} & A_{12}\\ A_{21} & A_{22}\\ A_{31} & A_{32}\end{pmatrix},$$

其中

$$A_{11}=(a_{11}\quad a_{12}),\quad A_{12}=(a_{13}),\quad A_{21}=\begin{pmatrix}a_{21} & a_{22}\\ a_{31} & a_{32}\end{pmatrix},$$

$$A_{22}=\begin{pmatrix}a_{23}\\ a_{33}\end{pmatrix},\quad A_{31}=(a_{41}\quad a_{42}),\quad A_{32}=(a_{43}).$$

注　对于同一个矩阵，有不同的分法，要根据实际情况进行分块. 同行上的子块有相同的“行数”，同列上的子块有相同的“列数”.

对矩阵进行分块，有两种特别的分法比较重要，一种是按行分块，另一种是按列分块.

例如

$$A=\begin{pmatrix} a_{11} & a_{12} & \cdots & a_{1n} \\ a_{21} & a_{22} & \cdots & a_{2n} \\ \vdots & \vdots & & \vdots \\ a_{m1} & a_{m2} & \cdots & a_{mn} \end{pmatrix}.$$

如果记

$$\alpha_1^{\mathrm{T}}=(a_{11}\quad a_{12}\quad \cdots \quad a_{1n}),$$

$$\alpha_2^{\mathrm{T}}=(a_{21}\quad a_{22}\quad \cdots \quad a_{n2}),$$

$$\cdots\cdots$$

$$\alpha_m^{\mathrm{T}}=(a_{m1}\quad a_{m2}\quad \cdots \quad a_{mn}),$$

则矩阵 A 就可以表示成

$$A=\begin{pmatrix} \alpha_1^{\mathrm{T}} \\ \alpha_2^{\mathrm{T}} \\ \vdots \\ \alpha_m^{\mathrm{T}} \end{pmatrix}.$$

同样，如果记

$$\beta_1=\begin{pmatrix} a_{11} \\ a_{21} \\ \vdots \\ a_{m1} \end{pmatrix},\quad \beta_2=\begin{pmatrix} a_{12} \\ a_{22} \\ \vdots \\ a_{m2} \end{pmatrix},\quad \cdots,\quad \beta_n=\begin{pmatrix} a_{1n} \\ a_{2n} \\ \vdots \\ a_{mn} \end{pmatrix},$$

则矩阵 A 就可以表示成

$$A=(\beta_1,\ \beta_2,\cdots,\beta_n).$$

特别说明，本书用小写的黑体字母表示列向量，而行向量用列向量的转置来表示.

下面将介绍分块矩阵的运算法则.

（1）设

$$A_{m\times n}=\begin{pmatrix} A_{11} & \cdots & A_{1r} \\ \vdots & & \vdots \\ A_{s1} & \cdots & A_{sr} \end{pmatrix},\qquad B_{m\times n}=\begin{pmatrix} B_{11} & \cdots & B_{1r} \\ \vdots & & \vdots \\ B_{s1} & \cdots & B_{sr} \end{pmatrix},$$

则

$$A+B=\begin{pmatrix} A_{11}+B_{11} & \cdots & A_{1r}+B_{1r} \\ \vdots & & \vdots \\ A_{s1}+B_{s1} & \cdots & A_{sr}+B_{sr} \end{pmatrix}.$$

注　A 与 B 必须同阶，并且分法要相同.

（2）设

$$A_{m\times n}=\begin{pmatrix} A_{11} & \cdots & A_{1r} \\ \vdots & & \vdots \\ A_{s1} & \cdots & A_{sr} \end{pmatrix},$$

则

$$kA_{m\times n}=\begin{pmatrix} kA_{11} & \cdots & kA_{1r} \\ \vdots & & \vdots \\ kA_{s1} & \cdots & kA_{sr} \end{pmatrix}.$$

（3）设

$$A_{m\times l}=\begin{pmatrix} A_{11} & \cdots & A_{1t} \\ \vdots & & \vdots \\ A_{s1} & \cdots & A_{st} \end{pmatrix},\quad B_{l\times n}=\begin{pmatrix} B_{11} & \cdots & B_{1r} \\ \vdots & & \vdots \\ B_{t1} & \cdots & B_{tr} \end{pmatrix},$$

则

$$AB=\begin{pmatrix} C_{11} & \cdots & C_{1r} \\ \vdots & & \vdots \\ C_{s1} & \cdots & C_{sr} \end{pmatrix},$$

其中

$$C_{ij}=(A_{i1}\quad\cdots\quad A_{it})\begin{pmatrix} B_{1j} \\ \vdots \\ B_{tj} \end{pmatrix}=A_{i1}B_{1j}+\cdots+A_{it}B_{tj}.$$

注　A 的列划分方式与 B 的行划分方式相同.

（4）设

$$A_{m\times n}=\begin{pmatrix} A_{11} & \cdots & A_{1r} \\ \vdots & & \vdots \\ A_{s1} & \cdots & A_{sr} \end{pmatrix},$$

则

$$A^{\mathrm{T}}=\begin{pmatrix} A_{11}^{\mathrm{T}} & \cdots & A_{s1}^{\mathrm{T}} \\ \vdots & & \vdots \\ A_{1r}^{\mathrm{T}} & \cdots & A_{sr}^{\mathrm{T}} \end{pmatrix}.$$

注　要先“大转”再“小转”.

（5）设 A_1，A_2，$\cdots,A_s$ 都是方阵，记

$$A=\mathrm{diag}(A_1,A_2,\cdots,A_s)=\begin{pmatrix} A_1 & & & \\ & A_2 & & \\ & & \ddots & \\ & & & A_s \end{pmatrix},$$

则称 A 为分块对角矩阵.

分块对角矩阵具有以下性质：

（1）$|\boldsymbol{A}|=|\boldsymbol{A}_1||\boldsymbol{A}_2|\cdots|\boldsymbol{A}_s|$；

（2）如果$|\boldsymbol{A}_i|\neq 0\ (i=1,2,\cdots,s)$，则$|\boldsymbol{A}|\neq 0$，且

$$\boldsymbol{A}^{-1}=\begin{pmatrix}\boldsymbol{A}_1^{-1} & & & \\ & \boldsymbol{A}_2^{-1} & & \\ & & \ddots & \\ & & & \boldsymbol{A}_s^{-1}\end{pmatrix}.$$

例 9.13　设$\boldsymbol{A}=\begin{pmatrix}2 & 0 & 0\\ 0 & 1 & 2\\ 0 & 1 & 1\end{pmatrix}$，求$|\boldsymbol{A}|$及$\boldsymbol{A}^{-1}$.

解　将$\boldsymbol{A}$进行分块，则

$$\boldsymbol{A}=\begin{pmatrix}\boldsymbol{A}_1 & \boldsymbol{O}\\ \boldsymbol{O} & \boldsymbol{A}_2\end{pmatrix},$$

其中

$$\boldsymbol{A}_1=(2),\qquad \boldsymbol{A}_2=\begin{pmatrix}1 & 2\\ 1 & 1\end{pmatrix},$$

且

$$|\boldsymbol{A}_1|=2,\qquad |\boldsymbol{A}_2|=-1,$$

$$\boldsymbol{A}_1^{-1}=\left(\frac{1}{2}\right),\qquad \boldsymbol{A}_2^{-1}=\begin{pmatrix}-1 & 2\\ 1 & -1\end{pmatrix}.$$

因此

$$|\boldsymbol{A}|=|\boldsymbol{A}_1||\boldsymbol{A}_2|=-2,$$

则

$$\boldsymbol{A}^{-1}=\begin{pmatrix}\boldsymbol{A}_1^{-1} & \boldsymbol{O}\\ \boldsymbol{O} & \boldsymbol{A}_2^{-1}\end{pmatrix}=\begin{pmatrix}\frac{1}{2} & 0 & 0\\ 0 & -1 & 2\\ 0 & 1 & -1\end{pmatrix}.$$

例 9.14　设$\boldsymbol{A}_{m\times m}$与$\boldsymbol{B}_{n\times n}$都可逆，且$\boldsymbol{M}=\begin{pmatrix}\boldsymbol{A} & \boldsymbol{O}\\ \boldsymbol{C} & \boldsymbol{B}\end{pmatrix}$，求$\boldsymbol{M}^{-1}$.

解　由$|\boldsymbol{M}|=|\boldsymbol{A}||\boldsymbol{B}|\neq 0$，得$\boldsymbol{M}$可逆. 于是设

$$\boldsymbol{M}^{-1}=\begin{pmatrix}\boldsymbol{X}_1 & \boldsymbol{X}_2\\ \boldsymbol{X}_3 & \boldsymbol{X}_4\end{pmatrix},$$

由$\boldsymbol{M}\boldsymbol{M}^{-1}=\boldsymbol{E}$得

$$\begin{pmatrix}\boldsymbol{A} & \boldsymbol{O}\\ \boldsymbol{C} & \boldsymbol{B}\end{pmatrix}\begin{pmatrix}\boldsymbol{X}_1 & \boldsymbol{X}_2\\ \boldsymbol{X}_3 & \boldsymbol{X}_4\end{pmatrix}=\begin{pmatrix}\boldsymbol{E}_m & \boldsymbol{O}\\ \boldsymbol{O} & \boldsymbol{E}_n\end{pmatrix},$$

则

$$\begin{cases} \boldsymbol{AX}_1 = \boldsymbol{E}_m, \\ \boldsymbol{AX}_2 = \boldsymbol{O}, \\ \boldsymbol{CX}_1 + \boldsymbol{BX}_3 = \boldsymbol{O}, \\ \boldsymbol{CX}_2 + \boldsymbol{BX}_4 = \boldsymbol{E}_n, \end{cases}$$

即

$$\begin{cases} \boldsymbol{X}_1 = \boldsymbol{A}^{-1}, \\ \boldsymbol{X}_2 = \boldsymbol{O}, \\ \boldsymbol{X}_3 = -\boldsymbol{B}^{-1}\boldsymbol{C}\boldsymbol{A}^{-1}, \\ \boldsymbol{X}_4 = \boldsymbol{B}^{-1}. \end{cases}$$

因此

$$\boldsymbol{M}^{-1} = \begin{pmatrix} \boldsymbol{A}^{-1} & \boldsymbol{O} \\ -\boldsymbol{B}^{-1}\boldsymbol{C}\boldsymbol{A}^{-1} & \boldsymbol{B}^{-1} \end{pmatrix}.$$

思考：如何求$\begin{pmatrix} 1 & 2 & 0 & 0 \\ 1 & 1 & 0 & 0 \\ 3 & -1 & 2 & 0 \\ 2 & 1 & 1 & 1 \end{pmatrix}$的逆矩阵？

习　题　九

1. 计算：

（1）$\begin{pmatrix} 1 \\ -1 \\ 2 \\ 3 \end{pmatrix}(3,2,-1,0)$；　　（2）$\begin{pmatrix} 5 & 0 & 0 \\ 0 & 3 & 1 \\ 0 & 2 & 1 \end{pmatrix}\begin{pmatrix} 1 \\ -2 \\ 3 \end{pmatrix}$；

（3）$(1,2,3,4)\begin{pmatrix} 3 \\ 2 \\ 1 \\ 0 \end{pmatrix}$；　　（4）$(x_1,x_2,x_3)\begin{pmatrix} a_{11} & a_{12} & a_{13} \\ a_{21} & a_{22} & a_{23} \\ a_{31} & a_{32} & a_{33} \end{pmatrix}\begin{pmatrix} x_1 \\ x_2 \\ x_3 \end{pmatrix}$.

2. 设$\boldsymbol{A} = \begin{pmatrix} 0 & 0 & 1 \\ 0 & 1 & 0 \\ 1 & 0 & 0 \end{pmatrix}, \boldsymbol{B} = \begin{pmatrix} 1 & 2 \\ 2 & 3 \\ 1 & -1 \end{pmatrix}, \boldsymbol{C} = \begin{pmatrix} 3 & 1 & 0 \\ 1 & 2 & 1 \end{pmatrix}$，求：

（1）$2\boldsymbol{A} + \boldsymbol{BC}$；　（2）$\boldsymbol{C}^{\mathrm{T}}\boldsymbol{B}^{\mathrm{T}}$；　（3）$\boldsymbol{A} - 4\boldsymbol{BC}$；　（4）$(\boldsymbol{A} - 4\boldsymbol{BC})^{\mathrm{T}}$.

3. 举例说明下列命题是错误的.

（1）若$\boldsymbol{A}^2 = \boldsymbol{O}$，则$\boldsymbol{A} = \boldsymbol{O}$.

（2）若$\boldsymbol{A}^2 = \boldsymbol{A}$，则$\boldsymbol{A} = \boldsymbol{O}$或$\boldsymbol{A} = \boldsymbol{E}$.

（3）若$\boldsymbol{AX} = \boldsymbol{AY}$，且$\boldsymbol{A} \neq \boldsymbol{O}$，则$\boldsymbol{X} = \boldsymbol{Y}$.

4. 设 $\boldsymbol{A}=\begin{pmatrix}1 & \lambda \\ 0 & 1\end{pmatrix}$，求 $\boldsymbol{A}^k$.

5. 设 $\boldsymbol{A},\boldsymbol{B}$ 为 n 阶对称方阵，证明 $\boldsymbol{AB}$ 为对称阵的充分必要条件是 $\boldsymbol{AB}=\boldsymbol{BA}$.

6. 设 $\boldsymbol{A}$ 为 n 阶对称矩阵，$\boldsymbol{B}$ 为 n 阶反对称矩阵（如果 $\boldsymbol{B}^{\mathrm{T}}=-\boldsymbol{B}$，则称方阵 $\boldsymbol{B}$ 为反对称矩阵），证明 $\boldsymbol{AB}-\boldsymbol{BA}$ 是对称矩阵，$\boldsymbol{AB}+\boldsymbol{BA}$ 是反对称矩阵.

7. 求下列矩阵的逆矩阵：

（1）$\begin{pmatrix}1 & 2 \\ 3 & 1\end{pmatrix}$；　（2）$\begin{pmatrix}1 & -1 & -1 \\ 2 & -1 & -3 \\ 3 & 2 & -5\end{pmatrix}$；　（3）$\begin{pmatrix}1 & 0 & 0 & 0 \\ 1 & 2 & 0 & 0 \\ 2 & 1 & 3 & 0 \\ 1 & 2 & 1 & 4\end{pmatrix}$.

8. 解下列矩阵方程：

（1）$\begin{pmatrix}1 & -1 \\ 0 & 1\end{pmatrix}\boldsymbol{X}=\begin{pmatrix}1 & 4 \\ -1 & 2\end{pmatrix}$；

（2）$\begin{pmatrix}1 & 4 \\ -1 & 2\end{pmatrix}\boldsymbol{X}\begin{pmatrix}2 & 0 \\ -1 & 1\end{pmatrix}=\begin{pmatrix}3 & 1 \\ 0 & -1\end{pmatrix}$.

9. 利用逆矩阵求方程组的解

$$\begin{cases}x_1+2x_2+x_3=2, \\ 2x_1-x_2+2x_3=1, \\ x_1+x_2=0.\end{cases}$$

10. 已知从 x_1,x_2,x_3 到 y_1,y_2,y_3 的线性变换为

$$\begin{cases}y_1=2x_1+x_2+x_3, \\ y_2=-x_1+x_2+x_3, \\ y_3=x_1-x_2+2x_3.\end{cases}$$

求从 y_1,y_2,y_3 到 x_1,x_2,x_3 的线性变换.

11. 已知矩阵 $\boldsymbol{X}$ 满足关系式 $\boldsymbol{XA}=\boldsymbol{B}^{\mathrm{T}}+3\boldsymbol{X}$，其中

$$\boldsymbol{A}=\begin{pmatrix}4 & -3 \\ 2 & 1\end{pmatrix},\quad \boldsymbol{B}=\begin{pmatrix}2 & 3 & 0 \\ 0 & -1 & 4\end{pmatrix},$$

求 $\boldsymbol{X}$.

12. 设 $\boldsymbol{A}$ 为三阶方阵，且 $|\boldsymbol{A}|=2$，求 $|3\boldsymbol{A}^*-2\boldsymbol{A}^{-1}|$ 的值.

13. 已知三阶矩阵 $\boldsymbol{B}$ 满足关系式 $\boldsymbol{AB}=\boldsymbol{A}+2\boldsymbol{B}$，其中

$$\boldsymbol{A}=\begin{pmatrix}4 & 2 & 3 \\ 1 & 1 & 0 \\ -1 & 2 & 3\end{pmatrix},$$

求 $\boldsymbol{B}$.

14. 设方阵 $\boldsymbol{A}$ 满足 $\boldsymbol{A}^2-\boldsymbol{A}-2\boldsymbol{E}=0$，证明 $\boldsymbol{A}$ 及 $\boldsymbol{A}+2\boldsymbol{E}$ 都可逆，并求 $\boldsymbol{A}^{-1}$ 及 $(\boldsymbol{A}+2\boldsymbol{E})^{-1}$.

15. 设 m 次多项式 $f(x)=a_0+a_1x+\cdots+a_mx^m$，令 $\boldsymbol{A}=\begin{pmatrix}\lambda_1 & \\ & \lambda_2\end{pmatrix}$，记

$$f(\boldsymbol{A})=a_0\boldsymbol{E}+a_1\boldsymbol{A}+\cdots+a_n\boldsymbol{A}^m,$$

$f(\boldsymbol{A})$ 称为方阵 $\boldsymbol{A}$ 的 m 次多项式，证明：

$$\boldsymbol{A}^k=\begin{pmatrix}\lambda_1^k & \\ & \lambda_2^k\end{pmatrix},\quad f(\boldsymbol{A})=\begin{pmatrix}f(\lambda_1) & \\ & f(\lambda_2)\end{pmatrix}.$$

16. 已知 $\boldsymbol{A}=\begin{pmatrix}1 & 0\\ 3 & -1\end{pmatrix}$，证明：

（1） $\boldsymbol{A}^2=\boldsymbol{E}$；

（2）利用分块矩阵证明 $\boldsymbol{M}^2=\boldsymbol{E}$，其中

$$\boldsymbol{M}=\begin{pmatrix}1 & 0 & 0 & 0\\ 3 & -1 & 0 & 0\\ 1 & 0 & -1 & 0\\ 0 & 1 & -3 & 1\end{pmatrix}.$$

17. 设 $\boldsymbol{A}=\begin{pmatrix}3 & 0 & 0\\ 0 & 1 & -2\\ 0 & 4 & 2\end{pmatrix}$，求 $|\boldsymbol{A}|$ 及 $\boldsymbol{A}^{-1}$.

第十章　矩阵的初等变换与线性方程组

求解线性方程组是线性代数的主要内容，在实际生活和生产实践中有广泛的应用. 本章首先由线性方程组的同解变形引入矩阵的初等变换，进而介绍初等矩阵，讨论矩阵初等变换与初等矩阵的关系；建立矩阵秩的概念，并利用矩阵初等变换研究矩阵秩的特性；最后重点讲解用矩阵的初等行变换求解线性方程组的具体方法、步骤，并利用矩阵的秩讨论线性方程组无解、有唯一解及有无穷多解的充分必要条件.

第一节　矩阵的初等变换

在上册第七章中介绍了用克拉默法则求解线性方程组，给出了线性方程组有解的判别方法及求解的一般规则，然而这一法则只针对方程组中方程的个数与未知数的个数相等的情形，并且未知量个数较多时需要计算多个高阶行列式，计算较为烦琐. 从本节开始，引进矩阵的一种非常重要的运算，即矩阵的初等变换，它在求解线性方程组、求矩阵的逆、矩阵的秩及矩阵的理论研究中都具有十分重要的作用.

一、矩阵的初等变换的定义

我们知道，一个线性方程组经过以下变换.

（1）变换方程组中方程的顺序.

（2）用一个非零数乘某个或某些个方程.

（3）某个方程乘以一个数后加到另一个方程上.

变为另一个方程组，变换前后的这两个方程组具有同样的解，称为**同解方程组**. 下面通过具体例子引入矩阵初等变换的定义.

引例 10.1　求解线性方程组

$$\begin{cases} 2x_1+2x_2+3x_3=3, \\ -2x_1+4x_2+5x_3=-7, \\ 4x_1+7x_2+7x_3=1. \end{cases} \tag{10.1}$$

解　将第一个方程加到第二个方程，再将第一个方程乘以 -2 加到第三个方程得

$$\begin{cases} 2x_1+2x_2+3x_3=3, \\ \qquad 6x_2+8x_3=-4, \\ \qquad 3x_2+\ \ x_3=-5. \end{cases}$$

在上式中交换第二个和第三个方程，然后把第二个方程乘以 −2 加到第三个方程得

$$\begin{cases} 2x_1 + 2x_2 + 3x_3 = 3, \\ \qquad 3x_2 + \ x_3 = -5, \\ \qquad\qquad 6x_3 = 6. \end{cases}$$

再回代，得

$$x_3 = 1,\ \ x_2 = -2,\ \ x_1 = 2 .$$

分析上述消元法的过程，对方程组采用了三种变换，而线性方程组的解完全由增广矩阵决定，因此上述三种变换都可以归结为增广矩阵相应的变换.

定义 10.1　把下面三种对矩阵行的变换叫作矩阵的初等行变换.

（1）对调矩阵的两行（列），（对调 i,j 两行记作 $r_i \leftrightarrow r_j$，对调 i,j 两列记作 $c_i \leftrightarrow c_j$）.

（2）以数 $k \neq 0$ 乘某一行（列）的所有元素（第 i 行乘以 k 记作 $r_i \times k$，第 i 列乘 k 记作 $c_i \times k$）.

（3）把某一行（列）所有元素乘以一个数 k 后加到另一行（列）对应的元素上去（第 j 行乘以 k 加到第 i 行记作 $r_i + kr_j$，第 j 列的 k 倍加到 i 列上记作 $c_i + kc_j$）.

矩阵的初等行变换与初等列变换合称为矩阵的**初等变换**.

明显地，矩阵的三种初等变换都是可逆的，且其逆变换也是同一种类型的初等变换. 具体情形为：变换 $r_i \leftrightarrow r_j$ 的逆变换为其本身；变换 $r_i \times k$（$k \neq 0$）的逆变换为 $r_i \times \dfrac{1}{k}$；变换 $r_i + kr_j$ 的逆变换为 $r_i + (-k)r_j$. 类似地可写出列初等变换的逆变换.

由于增广矩阵与方程组的一一对应关系，矩阵的初等行变换过程对应方程组的同解变换过程. 下面给出矩阵等价的定义.

定义 10.2　若矩阵 $\boldsymbol{A}$ 经过有限次初等行变换变为矩阵 $\boldsymbol{B}$，则称矩阵 $\boldsymbol{A}$ 与矩阵 $\boldsymbol{B}$ 行等价，记作 $\boldsymbol{A} \overset{r}{\sim} \boldsymbol{B}$. 若矩阵 $\boldsymbol{A}$ 经过有限次初等列变换变为矩阵 $\boldsymbol{B}$，则称矩阵 $\boldsymbol{A}$ 与矩阵 $\boldsymbol{B}$ 列等价，记作 $\boldsymbol{A} \overset{c}{\sim} \boldsymbol{B}$. 若矩阵 $\boldsymbol{A}$ 经过有限次初等变换变为矩阵 $\boldsymbol{B}$，则称矩阵 $\boldsymbol{A}$ 与矩阵 $\boldsymbol{B}$ 等价，记作 $\boldsymbol{A} \sim \boldsymbol{B}$.

由矩阵的初等变换的可逆性可以知道，矩阵之间的等价关系具有下列性质.

（1）反身性：$\boldsymbol{A} \sim \boldsymbol{A}$.

（2）对称性：若 $\boldsymbol{A} \sim \boldsymbol{B}$，则 $\boldsymbol{B} \sim \boldsymbol{A}$.

（3）传递性：若 $\boldsymbol{A} \sim \boldsymbol{B}$，$\boldsymbol{B} \sim \boldsymbol{C}$，则 $\boldsymbol{A} \sim \boldsymbol{C}$.

明显地，若线性方程组 $\boldsymbol{A}x = b$ 的增广矩阵 $\boldsymbol{B} = (\boldsymbol{A}, b) \overset{r}{\sim} (\boldsymbol{D}, d)$，则方程组 $\boldsymbol{A}x = b$ 与 $\boldsymbol{D}x = d$ 同解. 这正是高斯消元法的矩阵表示，也是我们以后解线性方程组的常用方法.

下面用矩阵的初等行变换的方法来反映线性方程组（10.1）的解的过程：

$$\boldsymbol{A} = (\boldsymbol{A}, b) = \begin{pmatrix} 2 & 2 & 3 & 3 \\ -2 & 4 & 5 & -7 \\ 4 & 7 & 7 & 1 \end{pmatrix} \xrightarrow[r_3 + r_1 \times (-2)]{r_2 + r_1} \begin{pmatrix} 2 & 2 & 3 & 3 \\ 0 & 6 & 8 & -4 \\ 0 & 3 & 1 & -5 \end{pmatrix}$$

$$\xrightarrow{r_1\leftrightarrow r_2}\begin{pmatrix}2&2&3&3\\0&3&1&-5\\0&6&8&-4\end{pmatrix}\xrightarrow{r_3+r_2\times(-2)}\begin{pmatrix}2&2&3&3\\0&3&1&-5\\0&0&6&6\end{pmatrix},$$

进一步有

$$\begin{pmatrix}2&2&3&3\\0&3&1&-5\\0&0&6&6\end{pmatrix}\xrightarrow{r_3\times\frac{1}{6}}\begin{pmatrix}2&2&3&3\\0&3&1&-5\\0&0&1&1\end{pmatrix}\xrightarrow[r_2+r_3\times(-1)]{r_1+r_3\times(-3)}\begin{pmatrix}2&2&0&0\\0&3&0&-6\\0&0&1&1\end{pmatrix}$$

$$\xrightarrow{r_2\times\frac{1}{3}}\begin{pmatrix}2&2&0&0\\0&1&0&-2\\0&0&1&1\end{pmatrix}\xrightarrow{r_1+r_2\times(-2)}\begin{pmatrix}2&0&0&4\\0&1&0&-2\\0&0&1&1\end{pmatrix}$$

$$\xrightarrow{r_1\times\frac{1}{2}}\begin{pmatrix}1&0&0&2\\0&1&0&-2\\0&0&1&1\end{pmatrix}.$$

此时相应的同解方程组为

$$\begin{cases}x_1=2,\\x_2=-2,\\x_3=1,\end{cases}$$

即为原方程组的解.

二、矩阵的行阶梯形、行最简形与矩阵的标准形

在上述对线性方程组(10.1)的增广矩阵 $\boldsymbol{A}$ 进行初等行变换过程中，矩阵 $\begin{pmatrix}2&2&3&3\\0&3&1&-5\\0&0&6&6\end{pmatrix}$ 及其后面的矩阵具有一个共同点：可画一条阶梯线，线下方的元素全为零；每个台阶只有一行，台阶数就是非零行的行数；阶梯线的竖线后面的第一个元素非零（称非零行的第一个非零元素）. 这样的矩阵称为**行阶梯形矩阵**.

另外行阶梯形矩阵 $\begin{pmatrix}1&0&0&2\\0&1&0&-2\\0&0&1&1\end{pmatrix}$ 还具有以下特点：非零行的第一个非零元素为 1，且该列的其他元素都为零，把这样的矩阵称为**行最简形矩阵**.

类似可以给出矩阵的列阶梯形和列最简形的表述. 由于求解线性方程组用到的是初等行变换，所以对矩阵的列阶梯形和列最简形不重点要求.

注　任何矩阵总可以经过有限次初等行变换化为行阶梯形矩阵和行最简形矩阵，并且每个矩阵的行最简形矩阵是唯一的.

利用矩阵的初等行变换，把一个矩阵化为行阶梯形和行最简形矩阵是一种非常重要的运算，也是解线性方程组的主要方法之一.

对行最简形矩阵可以再施行初等列变换，变为形状更简单的形式. 例如对上述的行最简形矩阵有

$$\begin{pmatrix}1&0&0&2\\0&1&0&-2\\0&0&1&1\end{pmatrix}\xrightarrow[\substack{c_4+c_2\times(-2)\\c_4+c_3\times(-1)}]{c_4+c_1\times(-2)}\begin{pmatrix}1&0&0&0\\0&1&0&0\\0&0&1&0\end{pmatrix}.$$

矩阵$\begin{pmatrix}1&0&0&0\\0&1&0&0\\0&0&1&0\end{pmatrix}$具有特点：左上角是一个单位矩阵，其余元素全为零，称矩阵

$$\begin{pmatrix}1&0&0&0\\0&1&0&0\\0&0&1&0\end{pmatrix}$$

为矩阵 $\boldsymbol{A}$ 的标准形.

对于任何矩阵 $\boldsymbol{A}_{m\times n}$，总可以经过有限次初等变换把它化为标准形

$$\boldsymbol{F}=\begin{pmatrix}\boldsymbol{E}_r&0\\0&0\end{pmatrix}_{m\times n},$$

其中：数 r 是 $\boldsymbol{A}_{m\times n}$ 的行阶梯形中非零行的行数是完全确定的，以后还会知道 r 有其他的意义.

特别地，若 $\boldsymbol{A}\sim\boldsymbol{B}$，则 $\boldsymbol{A}$ 与 $\boldsymbol{B}$ 有一样的标准形，且它们都与标准形等价.

例 10.1　设 $\boldsymbol{A}=\begin{pmatrix}2&2&3\\1&-1&0\\-1&2&1\end{pmatrix}$，将矩阵 $(\boldsymbol{A},\boldsymbol{E})$ 化为行最简形.

解　$$(\boldsymbol{A},\boldsymbol{E})=\begin{pmatrix}2&2&3&1&0&0\\1&-1&0&0&1&0\\-1&2&1&0&0&1\end{pmatrix}\xrightarrow{r_1\leftrightarrow r_2}\begin{pmatrix}1&-1&0&0&1&0\\2&2&3&1&0&0\\-1&2&1&0&0&1\end{pmatrix}$$

$$\xrightarrow[r_3+r_1]{r_2-2r_1}\begin{pmatrix}1&-1&0&0&1&0\\0&4&3&1&-2&0\\0&1&1&0&1&1\end{pmatrix}\xrightarrow{r_3\leftrightarrow r_2}\begin{pmatrix}1&-1&0&0&1&0\\0&1&1&0&1&1\\0&4&3&1&-2&0\end{pmatrix}$$

$$\xrightarrow{r_3-4r_2}\begin{pmatrix}1&-1&0&0&1&0\\0&1&1&0&1&1\\0&0&-1&1&-6&-4\end{pmatrix}\xrightarrow[r_2+r_3]{\substack{r_1+r_2\\r_1+r_3}}\begin{pmatrix}1&0&0&1&-4&-3\\0&1&0&1&-5&-3\\0&0&-1&1&-6&-4\end{pmatrix}$$

$$\xrightarrow{r_3\times(-1)}\begin{pmatrix}1&0&0&1&-4&-3\\0&1&0&1&-5&-3\\0&0&1&-1&6&4\end{pmatrix}.$$

即为 $(\boldsymbol{A},\boldsymbol{E})$ 的行最简形.

此例告诉我们，对方阵 $\boldsymbol{A}$，若 $(\boldsymbol{A},\boldsymbol{E})$ 的行最简形为 $(\boldsymbol{E},\boldsymbol{X})$，则 $\boldsymbol{A}$ 的行最简形为 $\boldsymbol{E}$，即 $\boldsymbol{A}\overset{r}{\sim}\boldsymbol{E}$，并可以验证 $\boldsymbol{AX}=\boldsymbol{E}$，从而 $\boldsymbol{A}^{-1}=\boldsymbol{X}$. 这也是求方阵逆的一种有效的方法.

例 10.2　设 $\boldsymbol{A}=\begin{pmatrix}1&-1&2&1\\1&1&-1&0\\2&0&1&1\end{pmatrix}$，求 $\boldsymbol{A}$ 的标准形.

解　对 $\boldsymbol{A}$ 进行初等行变换再进行初等列变换如下

$$\boldsymbol{A}=\begin{pmatrix}1&-1&2&1\\1&1&-1&0\\2&0&1&1\end{pmatrix}\xrightarrow[r_3-2r_1]{r_2-r_1}\begin{pmatrix}1&-1&2&1\\0&2&-3&-1\\0&2&-3&-1\end{pmatrix}$$

$$\xrightarrow{r_3-r_2}\begin{pmatrix}1&-1&2&1\\0&2&-3&-1\\0&0&0&0\end{pmatrix}\xrightarrow{r_2\times\frac{1}{2}}\begin{pmatrix}1&-1&2&1\\0&1&-\dfrac{3}{2}&-\dfrac{1}{2}\\0&0&0&0\end{pmatrix}$$

$$\xrightarrow{r_1+r_2}\begin{pmatrix}1&0&\dfrac{1}{2}&\dfrac{1}{2}\\0&1&-\dfrac{3}{2}&-\dfrac{1}{2}\\0&0&0&0\end{pmatrix}\xrightarrow[c_4-\frac{1}{2}c_1+\frac{1}{2}c_2]{c_3-\frac{1}{2}c_1+\frac{3}{2}c_2}\begin{pmatrix}1&0&0&0\\0&1&0&0\\0&0&0&0\end{pmatrix}$$

故 $\boldsymbol{A}$ 的标准形为

$$\begin{pmatrix}1&0&0&0\\0&1&0&0\\0&0&0&0\end{pmatrix}.$$

第二节　初 等 矩 阵

第一节介绍了矩阵的三种初等变换，本节主要介绍三种初等矩阵. 矩阵的初等变换不仅在求解线性方程组中非常有效，在矩阵的理论证明中也十分有用，本节对初等矩阵及其性质进行相关介绍.

一、初等矩阵的定义

定义 10.3　由单位矩阵 $\boldsymbol{E}$ 经过一次初等变换得到的矩阵叫作初等矩阵. 下面介绍三种初等变换对应的三种初等矩阵.

1. 对调单位矩阵的两行或两列

把单位矩阵 $\boldsymbol{E}$ 中的第 i 行与 j 行对调（或第 i 列与 j 列对调），得到初等矩阵

$$\boldsymbol{E}(i,j)=\begin{pmatrix} 1 &&&&&&&&& \\ & \ddots &&&&&&&& \\ && 1 &&&&&&& \\ &&& 0 & & \cdots & 1 &&& \\ &&&& 1 &&&&& \\ &&& \vdots && \ddots & \vdots &&& \\ &&&&&& 1 &&& \\ &&& 1 && \cdots & 0 &&& \\ &&&&&&& 1 && \\ &&&&&&&& \ddots & \\ &&&&&&&&& 1 \end{pmatrix}\begin{matrix} \\ \\ \\ \leftarrow \text{第}\, i\, \text{行} \\ \\ \\ \\ \leftarrow \text{第}\, j\, \text{行.} \\ \\ \\ \\ \end{matrix}$$

其中：$\boldsymbol{E}(i,j)$ 也可看成是将单位矩阵的第 i 列与第 j 列对调而得到的初等矩阵.

2. 用数 $k\neq 0$ 乘以单位矩阵的某行或某列

用数 $k\neq 0$ 乘以单位矩阵 $\boldsymbol{E}$ 的第 i 行（或第 i 列）,得到初等矩阵

$$\boldsymbol{E}(i(k))=\begin{pmatrix} 1 &&&&&& \\ & \ddots &&&&& \\ && 1 &&&& \\ &&& k &&& \\ &&&& 1 && \\ &&&&& \ddots & \\ &&&&&& 1 \end{pmatrix}\begin{matrix} \\ \\ \\ \leftarrow \text{第}\, i\, \text{行.} \\ \\ \\ \\ \end{matrix}$$

其中：$\boldsymbol{E}(i(k))$ 也可以看成是将单位矩阵 $\boldsymbol{E}$ 的第 i 列乘非零数 k 而得到的初等矩阵.

3. 用数 k 乘以单位矩阵的某行（列）加到另一行（列）

用数 k 乘以单位矩阵 $\boldsymbol{E}$ 的第 j 行加到第 i 行，得到初等矩阵

$$\boldsymbol{E}(i,j(k))=\begin{pmatrix} 1 &&&&&& \\ & \ddots &&&&& \\ && 1 & \cdots & k && \\ &&& \ddots & \vdots && \\ &&&& 1 && \\ &&&&& \ddots & \\ &&&&&& 1 \end{pmatrix}\begin{matrix} \\ \\ \leftarrow \text{第}\, i\, \text{行} \\ \\ \leftarrow \text{第}\, j\, \text{行.} \\ \\ \\ \end{matrix}$$

其中：$\boldsymbol{E}(i,j(k))$ 也可以看成是将单位矩阵 $\boldsymbol{E}$ 的第 i 列的 k 倍加到第 j 列上而得到的初等矩阵.

二、初等矩阵的基本性质

容易验证 $\boldsymbol{E}(i,j)^{\mathrm{T}}=\boldsymbol{E}(i,j),\boldsymbol{E}(i(k))^{\mathrm{T}}=\boldsymbol{E}(i(k)),\boldsymbol{E}(ij(k))^{\mathrm{T}}=\boldsymbol{E}(ji(k))$，且值得注意的是，若 $\boldsymbol{A}=(a_{ij})_{m\times n}$，则用 m 阶初等矩阵 $\boldsymbol{E}_m(i,j)$ 左乘矩阵 $\boldsymbol{A}$ 得到

$$\boldsymbol{E}_m(i,j)\boldsymbol{A}=\begin{pmatrix} a_{11} & a_{12} & \cdots & a_{1n} \\ \vdots & \vdots & & \vdots \\ a_{j1} & a_{j2} & \cdots & a_{jn} \\ \vdots & \vdots & & \vdots \\ a_{i1} & a_{i2} & \cdots & a_{in} \\ \vdots & \vdots & & \vdots \\ a_{m1} & a_{m2} & \cdots & a_{mn} \end{pmatrix}\begin{matrix} \\ \\ \leftarrow \text{第 } i \text{ 行} \\ \\ \leftarrow \text{第 } j \text{ 行.} \\ \\ \\ \end{matrix}$$

其结果等价于对矩阵 $\boldsymbol{A}$ 施行一次初等行变换，即把矩阵 $\boldsymbol{A}$ 的第 i 行与第 j 行进行对调. 类似可以验证，用 n 阶初等矩阵 $\boldsymbol{E}_n(i,j)$ 右乘矩阵 $\boldsymbol{A}$，其结果等价于对矩阵 $\boldsymbol{A}$ 施行一次初等列变换，即把矩阵 $\boldsymbol{A}$ 的第 i 列与第 j 列进行对调.

还可以验证：用 m 阶初等矩阵 $\boldsymbol{E}_m(i(k))$ 左乘矩阵 $\boldsymbol{A}=(a_{ij})_{m\times n}$，其结果等价于用数 $k\neq 0$ 乘以矩阵 $\boldsymbol{A}$ 的第 i 行；用 n 阶初等矩阵 $\boldsymbol{E}_n(i(k))$ 右乘矩阵 $\boldsymbol{A}$，其结果等价于用数 $k\neq 0$ 乘以矩阵 $\boldsymbol{A}$ 的第 i 列；用 m 阶初等矩阵 $\boldsymbol{E}_m(ij(k))$ 左乘矩阵 $\boldsymbol{A}=(a_{ij})_{m\times n}$，其结果等价于用数 $k\neq 0$ 乘以矩阵 $\boldsymbol{A}$ 的第 j 行加到矩阵 $\boldsymbol{A}$ 第 i 行上去；用 n 阶初等矩阵 $\boldsymbol{E}_n(ij(k))$ 右乘矩阵 $\boldsymbol{A}$，其结果等价于用数 k 乘以矩阵 $\boldsymbol{A}$ 的第 i 列加到矩阵 $\boldsymbol{A}$ 的第 j 列上去.

综上所述，可得以下定理.

定理 10.1　设 $\boldsymbol{A}$ 是一个 $m\times n$ 矩阵，对 $\boldsymbol{A}$ 施行一次初等行变换，其结果等价于在 $\boldsymbol{A}$ 的左边乘以相应的 m 阶初等矩阵；对 $\boldsymbol{A}$ 施行一次初等列变换，其结果等价于在 $\boldsymbol{A}$ 的右边乘以相应的 n 阶初等矩阵，反之亦然.

例 10.3　设 $\boldsymbol{A}$ 为 3 阶方阵，将 $\boldsymbol{A}$ 的第一列与第二列交换得到 $\boldsymbol{B}$，再将 $\boldsymbol{B}$ 的第 2 列加到第 3 列上去得到 $\boldsymbol{C}$. 求满足 $\boldsymbol{AQ}=\boldsymbol{C}$ 的可逆矩阵 $\boldsymbol{Q}$.

解　由定理 10.1 可知

$$\boldsymbol{A}\begin{pmatrix} 0 & 1 & 0 \\ 1 & 0 & 0 \\ 0 & 0 & 1 \end{pmatrix}=\boldsymbol{B},\qquad \boldsymbol{B}\begin{pmatrix} 1 & 0 & 0 \\ 0 & 1 & 1 \\ 0 & 0 & 1 \end{pmatrix}=\boldsymbol{C},$$

则

$$\boldsymbol{A}\begin{pmatrix} 0 & 1 & 0 \\ 1 & 0 & 0 \\ 0 & 0 & 1 \end{pmatrix}\begin{pmatrix} 1 & 0 & 0 \\ 0 & 1 & 1 \\ 0 & 0 & 1 \end{pmatrix}=\boldsymbol{C},$$

所以

$$Q=\begin{pmatrix}0&1&0\\1&0&0\\0&0&1\end{pmatrix}\begin{pmatrix}1&0&0\\0&1&1\\0&0&1\end{pmatrix}=\begin{pmatrix}0&1&1\\1&0&0\\0&0&1\end{pmatrix}.$$

另外，由于矩阵的初等变换可逆，而初等变换对应初等矩阵，且初等变换的逆变换仍然是初等变换，容易验证初等矩阵也可逆，且初等矩阵的逆矩阵是对应初等变换的逆变换所对应的初等矩阵. 即

$$\boldsymbol{E}(i,j)^{-1}=\boldsymbol{E}(i,j);\quad \boldsymbol{E}(i(k))^{-1}=\boldsymbol{E}\left(i\left(\frac{1}{k}\right)\right)\ (k\neq 0);\ \boldsymbol{E}(ij(k))^{-1}=\boldsymbol{E}(ij(-k)).$$

初等矩阵是可逆矩阵，那么方阵可逆与初等矩阵的关系如何呢？

定理 10.2 方阵 $\boldsymbol{A}$ 可逆的充分必要条件是存在有限个初等矩阵 $\boldsymbol{P}_1,\boldsymbol{P}_2,\cdots,\boldsymbol{P}_s$，使得

$$\boldsymbol{A}=\boldsymbol{P}_1\boldsymbol{P}_2\cdots\boldsymbol{P}_s.$$

若可逆矩阵的标准形为单位矩阵，可以把定理 10.2 的结果改写成

$$\boldsymbol{A}=\boldsymbol{P}_1\boldsymbol{P}_2\cdots\boldsymbol{P}_s\boldsymbol{E}\quad \text{或}\quad \boldsymbol{A}=\boldsymbol{E}\boldsymbol{P}_1\boldsymbol{P}_2\cdots\boldsymbol{P}_s,$$

再结合定理 10.1 可以得到以下推论.

推论 10.1 方阵 $\boldsymbol{A}$ 可逆的充分必要条件是 $\boldsymbol{A}\overset{r}{\sim}\boldsymbol{E}$ 或 $\boldsymbol{A}\overset{c}{\sim}\boldsymbol{E}$.

推论 10.2 $m\times n$ 矩阵 $\boldsymbol{A}$ 与 $\boldsymbol{B}$ 等价当且仅当存在 m 阶可逆矩阵 $\boldsymbol{P}$ 与 n 阶可逆矩阵 $\boldsymbol{Q}$ 使得 $\boldsymbol{B}=\boldsymbol{PAQ}$.

推论 10.3 对于方阵 $\boldsymbol{A}$，若 $(\boldsymbol{A},\boldsymbol{E})\overset{r}{\sim}(\boldsymbol{E},\boldsymbol{X})$，则 $\boldsymbol{A}$ 可逆，且 $\boldsymbol{A}^{-1}=\boldsymbol{X}$.

由推论 10.3 可知，例 10.1 中 $\boldsymbol{A}$ 可逆，且

$$\boldsymbol{A}^{-1}=\begin{pmatrix}1&-4&-3\\1&-5&-3\\-1&6&4\end{pmatrix}.$$

推论 10.4 对于 n 阶矩阵 $\boldsymbol{A}$ 及 $n\times l$ 矩阵 $\boldsymbol{B}$，若增广矩阵

$$(\boldsymbol{A},\boldsymbol{E})\overset{r}{\sim}(\boldsymbol{E},\boldsymbol{X})$$

则 $\boldsymbol{A}$ 可逆，且 $\boldsymbol{A}^{-1}\boldsymbol{B}=\boldsymbol{X}$. 特别地，对于 n 个未知数的 n 个方程的线性方程组 $\boldsymbol{A}x=b$，如果增广矩阵 $\boldsymbol{B}=(\boldsymbol{A},b)\overset{r}{\sim}(\boldsymbol{E},\boldsymbol{X})$，则 $\boldsymbol{A}$ 可逆，且 $x=\boldsymbol{A}^{-1}b$ 为方程组的唯一解.

例 10.4 设 $\boldsymbol{A}=\begin{pmatrix}1&2&3\\2&1&2\\1&3&4\end{pmatrix}$，用初等变换法判断 $\boldsymbol{A}$ 是否可逆，若可逆求 $\boldsymbol{A}^{-1}$.

解 因为 $(\boldsymbol{A},\boldsymbol{E})=\begin{pmatrix}1&2&3&1&0&0\\2&1&2&0&1&0\\1&3&4&0&0&1\end{pmatrix}\xrightarrow[r_3-r_1]{r_2-2r_1}\begin{pmatrix}1&2&3&1&0&0\\0&-3&-4&-2&1&0\\0&1&1&-1&0&1\end{pmatrix}$

$$\xrightarrow{r_2\leftrightarrow r_3}\begin{pmatrix}1&2&3&1&0&0\\0&1&1&-1&0&1\\0&-3&-4&-2&1&0\end{pmatrix}\xrightarrow[r_1-2r_2]{r_3+3r_2}\begin{pmatrix}1&0&1&3&0&-2\\0&1&1&-1&0&1\\0&0&-1&-5&1&3\end{pmatrix}$$

$$\xrightarrow[r_2+r_3]{r_1+r_3}\begin{pmatrix}1&0&0&-2&1&1\\0&1&0&-6&1&4\\0&0&-1&-5&1&3\end{pmatrix}\xrightarrow{r_3\times(-1)}\begin{pmatrix}1&0&0&-2&1&1\\0&1&0&-6&1&4\\0&0&1&5&-1&-3\end{pmatrix},$$

所以 $\boldsymbol{A}$ 可逆，且

$$\boldsymbol{A}^{-1}=\begin{pmatrix}-2&1&1\\-6&1&4\\5&-1&-3\end{pmatrix}.$$

例 10.5　设 $\boldsymbol{A}=\begin{pmatrix}2&1&-3\\1&2&-2\\-1&3&2\end{pmatrix}$，$\boldsymbol{B}=\begin{pmatrix}1&-1\\2&0\\-2&5\end{pmatrix}$，求解矩阵方程 $\boldsymbol{AX}=\boldsymbol{B}$.

解　因为

$$(\boldsymbol{A},\boldsymbol{B})=\begin{pmatrix}2&1&-3&1&-1\\1&2&-2&2&0\\-1&3&2&-2&5\end{pmatrix}\xrightarrow[r_3-r_1]{r_2-2r_1}\begin{pmatrix}1&2&-2&2&0\\0&-3&1&-3&-1\\0&5&0&0&5\end{pmatrix}$$

$$\xrightarrow{r_3\times\frac{1}{5}}\begin{pmatrix}1&2&-2&2&0\\0&-3&1&-3&-1\\0&1&0&0&1\end{pmatrix}\xrightarrow{r_2\leftrightarrow r_3}\begin{pmatrix}1&2&-2&2&0\\0&1&0&0&1\\0&-3&1&-3&-1\end{pmatrix}$$

$$\xrightarrow[r_1+r_2\times(-2)]{r_3+3r_2}\begin{pmatrix}1&0&-2&2&-2\\0&1&0&0&1\\0&0&1&-3&2\end{pmatrix}\xrightarrow{r_1+2r_3}\begin{pmatrix}1&0&0&-4&2\\0&1&0&0&1\\0&0&1&-3&2\end{pmatrix},$$

所以 $\boldsymbol{A}$ 可逆，由推论 10.4 可知

$$\boldsymbol{X}=\boldsymbol{A}^{-1}\boldsymbol{B}=\begin{pmatrix}-4&2\\0&1\\-3&2\end{pmatrix}.$$

第三节　矩 阵 的 秩

矩阵的秩是一个很重要的概念，其理论非常丰富、应用极其广泛. 在第一节引入了矩阵的标准形的概念，即任意一个 $m\times n$ 矩阵 $\boldsymbol{A}$ ，它经过有限次初等变换后化为标准形

$$\boldsymbol{F}=\begin{pmatrix}\boldsymbol{E}_r&0\\0&0\end{pmatrix}_{m\times n},$$

其标准形的左上角单位矩阵的阶数 r 决定了标准形的形式，这个数 r 也就是矩阵 $\boldsymbol{A}$ 的行阶梯形中非零行的行数，我们也把这个数称为矩阵 $\boldsymbol{A}$ 的秩. 这个数的唯一性并没有证明，且对于阶数较高的矩阵，得到其的标准形的过程也较为复杂. 为了更加完整地体现线性代数的各个方面知识，下面将用另一种方法给出矩阵秩的定义.

一、矩阵秩的概念

定义 10.4　在 $m\times n$ 矩阵 $\boldsymbol{A}$ 中，任取 k 行 k 列（$k\leqslant\min\{m,n\}$），位于这些行与列的交叉处的 k^2 个元素，按照在矩阵 $\boldsymbol{A}$ 中所处的行与列的位置次序构成一个 k 阶行列式，称为矩阵 $\boldsymbol{A}$ 的一个 k 阶子式.

由排列组合知识可以知道，$m\times n$ 矩阵 $\boldsymbol{A}$ 的 k 阶子式共有 $C_m^k C_n^k$ 个.

定义 10.5　若在矩阵 $\boldsymbol{A}$ 中有一个不等于 0 的 r 阶子式 D_r，且所有 $r+1$ 阶子式（若存在）全部为 0，则称 D_r 为矩阵 $\boldsymbol{A}$ 的一个最高阶非零子式，数 r 称为矩阵 $\boldsymbol{A}$ 的秩，矩阵 $\boldsymbol{A}$ 的秩记作 $R(\boldsymbol{A})$. 规定零矩阵的秩等于 0.

注　(1) 在定义 10.4 中，若矩阵 $\boldsymbol{A}$ 的所有 $r+1$ 阶子式全部为 0，那么由行列式的性质可知，矩阵 $\boldsymbol{A}$ 的所有高于 $r+1$ 阶的子式也必定为 0，因此 r 阶非零子式便是矩阵 $\boldsymbol{A}$ 的最高阶非零子式. 从而矩阵 $\boldsymbol{A}$ 的秩就是矩阵 $\boldsymbol{A}$ 中非零子式的最高阶数.

(2) 若矩阵 $\boldsymbol{A}$ 中存在某个 r 阶子式不为零，则 $R(\boldsymbol{A})\geqslant r$；若所有 t 阶子式全为零，则 $R(\boldsymbol{A})<t$.

(3) 对任意 $m\times n$ 矩阵 $\boldsymbol{A}$，$0\leqslant R(\boldsymbol{A})\leqslant\min\{m,n\}$.

(4) 由于行列式与其转置行列式相等，所以对任意 $m\times n$ 矩阵 $\boldsymbol{A}$，$R(\boldsymbol{A})=R(\boldsymbol{A}^{\mathrm{T}})$.

(5) 对 n 阶方阵 $\boldsymbol{A}$，若 $|\boldsymbol{A}|\neq 0$，则 $R(\boldsymbol{A})=n$，此时方阵 $\boldsymbol{A}$ 可逆，所以可逆矩阵又称为满秩矩阵；若 $|\boldsymbol{A}|=0$，则 $R(\boldsymbol{A})<n$，此时方阵 $\boldsymbol{A}$ 不可逆，因此不可逆矩阵又称为降秩矩阵（或奇异矩阵）.

例 10.6　求下列矩阵的秩

$$\boldsymbol{A}=\begin{pmatrix}1&2&3\\2&3&4\\4&6&8\end{pmatrix},\quad \boldsymbol{B}=\begin{pmatrix}3&4&0&0&1\\0&2&1&2&0\\0&0&0&4&3\\0&0&0&0&0\end{pmatrix}.$$

解　$\boldsymbol{A}$ 为方阵，在矩阵 $\boldsymbol{A}$ 中，容易看出有一个二阶子式 $\begin{vmatrix}1&2\\2&3\end{vmatrix}=-1\neq 0$，而 $\boldsymbol{A}$ 中第 2 行与第 3 行对应元素成比例，所以 $|\boldsymbol{A}|=0$. 因此 $R(\boldsymbol{A})=2$.

$\boldsymbol{B}$ 是一个行阶梯形矩阵，非零行的行数为 3，因此 $\boldsymbol{B}$ 的所有四阶子式全为 0；而以 3 个非零行的第一非零元为对角线的三阶子式

$$\begin{vmatrix}3&4&0\\0&2&2\\0&0&4\end{vmatrix}$$

是一个上三角形行列式，其值为对角线上元素的乘积，显然不为 0，因此 $R(\boldsymbol{B})=3$. 即行阶梯形矩阵的秩等于非零行的行数.

二、矩阵的秩与矩阵的初等变换

对于一般矩阵，当矩阵的行数与列数较高时，用定义求矩阵的秩是一件烦琐的事. 从例 10.6 可知，当矩阵是行阶梯形矩阵时，它的秩等于非零行的行数. 因此自然联想到用矩阵的初等行变换把一般矩阵化为行阶梯形矩阵. 但进行初等变换后，矩阵的秩是否会发生变化呢？这是我们首先要解决的问题.

定理 10.3　若矩阵 $\boldsymbol{A}$ 与 $\boldsymbol{B}$ 等价，则 $R(\boldsymbol{A})=R(\boldsymbol{B})$，反之不成立.

根据定理 10.3 可知，为求矩阵的秩，只需对矩阵进行初等行变换，把它化为行阶梯形矩阵，行阶梯形矩阵中非零行的行数即为该矩阵的秩，这是求矩阵秩的非常有效的方法.

例 10.7　已知 $\boldsymbol{A}=\begin{pmatrix}2&1&8&3&7\\2&-3&0&7&-5\\3&-2&5&8&0\\1&0&3&2&0\end{pmatrix}$，求矩阵 $\boldsymbol{A}$ 的秩，并求其一个最高阶非零子式.

解　先求矩阵 $\boldsymbol{A}$ 的秩. 对矩阵 $\boldsymbol{A}$ 进行初等行变换化为行阶梯形

$$\boldsymbol{A}=\begin{pmatrix}2&1&8&3&7\\2&-3&0&7&-5\\3&-2&5&8&0\\1&0&3&2&0\end{pmatrix}\xrightarrow{r_1\leftrightarrow r_4}\begin{pmatrix}1&0&3&2&0\\2&-3&0&7&-5\\3&-2&5&8&0\\2&1&8&3&7\end{pmatrix}$$

$$\xrightarrow[r_4-2r_1]{\substack{r_2-2r_1\\r_3-3r_1}}\begin{pmatrix}1&0&3&2&0\\0&-3&-6&3&-5\\0&-2&-4&2&0\\0&1&2&-1&7\end{pmatrix}\xrightarrow{r_2\leftrightarrow r_4}\begin{pmatrix}1&0&3&2&0\\0&1&2&-1&7\\0&-2&-4&2&0\\0&-3&-6&3&-5\end{pmatrix}$$

$$\xrightarrow[r_4+3r_2]{r_3+2r_2}\begin{pmatrix}1&0&3&2&0\\0&1&2&-1&7\\0&0&0&0&14\\0&0&0&0&16\end{pmatrix}\xrightarrow{\cdots}\begin{pmatrix}1&0&3&2&0\\0&1&2&-1&7\\0&0&0&0&1\\0&0&0&0&0\end{pmatrix}.$$

由行阶梯形矩阵有三个非零行可知

$$R(\boldsymbol{A})=3.$$

再求 $\boldsymbol{A}$ 的一个最高阶非零子式，因为 $R(\boldsymbol{A})=3$，所以 $\boldsymbol{A}$ 的最高阶非零子式为三阶，而三阶子式共有 $C_4^3C_5^3=40$ 个，从 40 个子式中找一个非零子式并不是一件轻松的事情. 由于矩阵的初等行变换不改变元素所处的列的位置，把矩阵按列分块，记

$$\boldsymbol{A}=(\boldsymbol{a}_1,\boldsymbol{a}_2,\boldsymbol{a}_3,\boldsymbol{a}_4,\boldsymbol{a}_5),$$

由于矩阵 $\boldsymbol{A}_0=(\boldsymbol{a}_1,\boldsymbol{a}_2,\boldsymbol{a}_5)$ 的行阶梯形矩阵为

$$\begin{pmatrix} 1 & 0 & 0 \\ 0 & 1 & 7 \\ 0 & 0 & 1 \\ 0 & 0 & 0 \end{pmatrix},$$

所以 $R(\boldsymbol{A}_0)=3$，故 $\boldsymbol{A}_0$ 中必有三阶非零子式. 而 $\boldsymbol{A}_0$ 的三阶子式共有 4 个，取 $\boldsymbol{A}_0$ 的后 3 行构成的子式

$$\begin{vmatrix} 2 & -3 & -5 \\ 3 & -2 & 0 \\ 1 & 0 & 0 \end{vmatrix} = -10 \neq 0,$$

因此这个子式就是 $\boldsymbol{A}$ 的一个最高阶非零子式.

例 10.8　设 $\boldsymbol{A}=\begin{pmatrix} 1 & -2 & 2 & 1 \\ 1 & 2 & -4 & 0 \\ 2 & -4 & 2 & -3 \\ -3 & 6 & 0 & 6 \end{pmatrix}$，$\boldsymbol{b}=\begin{pmatrix} 1 \\ 1 \\ 3 \\ 4 \end{pmatrix}$，$\boldsymbol{B}=(\boldsymbol{A},\boldsymbol{b})$，求矩阵 $\boldsymbol{A}$ 与 $\boldsymbol{B}$ 的秩.

解　对矩阵 $\boldsymbol{B}$ 进行初等行变换，$\boldsymbol{B}$ 的行阶梯形矩阵的前 4 列就是 $\boldsymbol{A}$ 的行阶梯形矩阵.

$$\boldsymbol{B}=(\boldsymbol{A},\boldsymbol{b})=\begin{pmatrix} 1 & -2 & 2 & -1 & 1 \\ 1 & 2 & -4 & 0 & 1 \\ 2 & -4 & 2 & -3 & 3 \\ -3 & 6 & 0 & 6 & 4 \end{pmatrix} \xrightarrow[r_4+3r_1]{\substack{r_2-r_1 \\ r_3-2r_1}} \begin{pmatrix} 1 & -2 & 2 & -1 & 1 \\ 0 & 4 & -6 & 1 & 0 \\ 0 & 0 & -2 & -1 & 1 \\ 0 & 0 & 6 & 3 & 7 \end{pmatrix}$$

$$\xrightarrow{r_4+3r_3} \begin{pmatrix} 1 & -2 & 2 & -1 & 1 \\ 0 & 4 & -6 & 1 & 0 \\ 0 & 0 & -2 & -1 & 1 \\ 0 & 0 & 0 & 0 & 10 \end{pmatrix}.$$

所以 $R(\boldsymbol{A})=3$，$R(\boldsymbol{B})=4$.

另外，从矩阵 $\boldsymbol{B}$ 的行阶梯形矩阵可知，本例中 $\boldsymbol{A},\boldsymbol{b}$ 所对应的线性方程组 $\boldsymbol{A}x=\boldsymbol{b}$ 是无解的，这是因为矩阵 $\boldsymbol{B}$ 的行阶梯形矩阵的最后一行对应的方程为 $0=10$，x 取任何值都不成立.

例 10.9　设 $\boldsymbol{A}=\begin{pmatrix} 1 & -2 & 3k \\ -1 & 2k & -3 \\ k & -2 & 3 \end{pmatrix}$，试问 k 为何值时可使：（1）$R(\boldsymbol{A})=1$；（2）$R(\boldsymbol{A})=2$；（3）$R(\boldsymbol{A})=3$.

解　对矩阵 $\boldsymbol{A}$ 进行初等行变换，化为行阶梯形矩阵

$$\boldsymbol{A}=\begin{pmatrix} 1 & -2 & 3k \\ -1 & 2k & -3 \\ k & -2 & 3 \end{pmatrix} \xrightarrow[r_3r_1\times(-k)]{r_2+r_1} \begin{pmatrix} 1 & -2 & 3k \\ 0 & 2(k-1) & 3(k-1) \\ 0 & 2(k-1) & -3(k^2-1) \end{pmatrix}$$

$$\xrightarrow[r_3r_1\times(-k)]{r_3+r_2\times(-1)} \begin{pmatrix} 1 & -2 & 3k \\ 0 & 2(k-1) & 3(k-1) \\ 0 & 0 & 3(1-k)(2+k) \end{pmatrix},$$

因此：

（1）当 $k=1$ 时，$R(\boldsymbol{A})=1$；

（2）当 $k=-2$ 时，$R(\boldsymbol{A})=2$；

（3）当 $k\neq 1$ 且 $k\neq -2$ 时，$R(\boldsymbol{A})=3$.

三、矩阵的秩的基本性质

前面我们利用矩阵的定义及矩阵的初等行变换讨论矩阵秩的一些性质，类似也可用矩阵的初等列变换讨论矩阵的秩的性质. 现把这些性质归纳如下.

（1）$0\leqslant R(\boldsymbol{A}_{m\times n})\leqslant \min\{m,n\}$，且 $R(\boldsymbol{A})=0$ 的充分必要条件是 $\boldsymbol{A}=0$.

（2）$R(\boldsymbol{A})=R(\boldsymbol{A}^{\mathrm{T}})$.

（3）$R(\boldsymbol{A})=R(k\boldsymbol{A})\ (k\neq 0, k\in R)$.

（4）若 $\boldsymbol{A}\sim\boldsymbol{B}$，则 $R(\boldsymbol{A})=R(\boldsymbol{B})$.

（5）若 $\boldsymbol{P},\boldsymbol{Q}$ 可逆，则 $R(\boldsymbol{PAQ})=R(\boldsymbol{A})$.

（6）$\max\{R(\boldsymbol{A}),R(\boldsymbol{B})\}\leqslant R(\boldsymbol{A},\boldsymbol{B})\leqslant R(\boldsymbol{A})+R(\boldsymbol{B})$；特别地，当 $\boldsymbol{B}=\boldsymbol{b}$ 为列向量时有 $R(\boldsymbol{A})\leqslant R(\boldsymbol{A},\boldsymbol{b})\leqslant R(\boldsymbol{A})+1$.

（7）$R(\boldsymbol{A}\pm\boldsymbol{B})\leqslant R(\boldsymbol{A})+R(\boldsymbol{B})$.

（8）$R(\boldsymbol{AB})\leqslant \min\{R(\boldsymbol{A}),R(\boldsymbol{B})\}$.

（9）若 $\boldsymbol{A}_{m\times n}\boldsymbol{B}_{n\times l}=0$，则 $R(\boldsymbol{A})+R(\boldsymbol{B})\leqslant n$.

例 10.10　设 $\boldsymbol{A}$ 为 n 阶方阵，证明 $R(\boldsymbol{A}+3\boldsymbol{E})+R(\boldsymbol{A}-3\boldsymbol{E})\geqslant n$.

证　因为

$$(\boldsymbol{A}+3\boldsymbol{E})+(3\boldsymbol{E}-\boldsymbol{A})=6\boldsymbol{E},$$

所以

$$R(\boldsymbol{A}+3\boldsymbol{E})+R(3\boldsymbol{E}-\boldsymbol{A})\geqslant R(6\boldsymbol{E})=n.$$

而

$$R(3\boldsymbol{E}-\boldsymbol{A})=R(\boldsymbol{A}-3\boldsymbol{E}),$$

因此

$$R(\boldsymbol{A}+3\boldsymbol{E})+R(\boldsymbol{A}-3\boldsymbol{E})\geqslant n.$$

第四节　线性方程组的解

在本章开始时我们用一个引例介绍了利用矩阵的初等行变换解线性方程组的步骤. 从引例中不难发现，利用矩阵的初等行变换不仅可以求出线性方程组的所有解，还可以根据线性方程组的增广矩阵的行阶梯形矩阵判断线性方程组是否有解. 然而对一般线性方程组解的情况没有给出普遍性的结论. 本节将结合矩阵的秩与矩阵的初等行变换给出线性方程组解的一般结论.

一、线性方程组的解的定理

为讨论方便，设含 n 个未知数 m 个方程的线性方程组的一般形式为

$$\begin{cases} a_{11}x_1+a_{12}x_2+\cdots+a_{1n}x_n=b_1, \\ a_{21}x_1+a_{22}x_2+\cdots+a_{2n}x_n=b_2, \\ \quad\cdots\cdots \\ a_{m1}x_1+a_{m2}x_2+\cdots+a_{mn}x_n=b_m, \end{cases} \tag{10.2}$$

它的向量形式为

$$\boldsymbol{Ax}=\boldsymbol{b}, \tag{10.3}$$

其中

$$\boldsymbol{A}=\begin{pmatrix} a_{11} & a_{12} & \cdots & a_{1n} \\ a_{21} & a_{22} & \cdots & a_{2n} \\ \vdots & \vdots & & \vdots \\ a_{m1} & a_{m2} & \cdots & a_{mn} \end{pmatrix}, \quad \boldsymbol{x}=\begin{pmatrix} x_1 \\ x_2 \\ \vdots \\ x_n \end{pmatrix}, \quad \boldsymbol{b}=\begin{pmatrix} b_1 \\ b_2 \\ \vdots \\ b_m \end{pmatrix},$$

方程组（10.2）的解对应向量方程（10.3）的解向量，反之亦然；可以将方程组（10.2）与其向量方程（10.3）视为相同的，方程组的解与其向量方程的解向量不加区别.

结合矩阵的秩与矩阵的初等行变换，可以得到线性方程组解的一般结论.

定理 10.4　对于含 n 个未知数的线性方程组 $\boldsymbol{Ax}=\boldsymbol{b}$，有以下结论.

（1）无解的充分必要条件是 $R(\boldsymbol{A})<R(\boldsymbol{A},\boldsymbol{b})$.

（2）有唯一解的充分必要条件是 $R(\boldsymbol{A})=R(\boldsymbol{A},\boldsymbol{b})=n$.

（3）有无穷多解的充分必要条件是 $R(\boldsymbol{A})=R(\boldsymbol{A},\boldsymbol{b})<n$.

证　在此只证明条件（1），（2），（3）的充分性.

设 $R(\boldsymbol{A})=r$，则 $r\leqslant R(\boldsymbol{A},\boldsymbol{b})\leqslant r+1$. 利用矩阵的初等行变换与矩阵的秩的性质，为方便讨论，不妨设矩阵 $\boldsymbol{A}$ 的左上角的 r 阶子式不为 0，从而增广矩阵 $\boldsymbol{B}=(\boldsymbol{A},\boldsymbol{b})$ 的行最简形为

$$\boldsymbol{B}=\begin{pmatrix} 1 & 0 & \cdots & 0 & b_{11} & \cdots & b_{1,n-r} & d_1 \\ 0 & 1 & \cdots & 0 & b_{21} & \cdots & b_{2,n-r} & d_2 \\ \vdots & \vdots & & \vdots & \vdots & & \vdots & \vdots \\ 0 & 0 & \cdots & 1 & b_{r1} & \cdots & b_{r,n-r} & d_r \\ 0 & 0 & \cdots & 0 & 0 & \cdots & 0 & d_{r+1} \\ 0 & 0 & \cdots & 0 & 0 & \cdots & 0 & 0 \\ \vdots & \vdots & & \vdots & \vdots & & \vdots & \vdots \\ 0 & 0 & \cdots & 0 & 0 & \cdots & 0 & 0 \end{pmatrix}.$$

（1）若 $R(\boldsymbol{A})<R(\boldsymbol{A},\boldsymbol{b})$，则 $R(\boldsymbol{A},\boldsymbol{b})=r+1$. 从而 $\boldsymbol{B}$ 中的 $d_{r+1}=1$，于是与 $\boldsymbol{B}$ 对应的线性方程组的第 $r+1$ 个方程为 $0=1$，是矛盾方程，从而线性方程组（10.2）无解.

（2）若 $R(\boldsymbol{A})=R(\boldsymbol{A},\boldsymbol{b})=n$，则 $\boldsymbol{B}$ 中的 $d_{r+1}=0$ [或不出现（$m=n$ 时）]，又矩阵 $\boldsymbol{A}$ 只有 n 列，从而 b_{ij} 都不出现. 于是与 $\boldsymbol{B}$ 对应的线性方程组为

$$\begin{cases} x_1 = d_1, \\ x_2 = d_2, \\ \quad\vdots \\ x_n = d_n, \end{cases}$$

故方程组（10.3）有唯一解.

（3）若 $R(\boldsymbol{A}) = R(\boldsymbol{A}, \boldsymbol{b}) = r < n$，则 $\boldsymbol{B}$ 中的 $d_{r+1} = 0$［或不出现（$m = r$ 时）］，于是 $\boldsymbol{B}$ 对应的与原线性方程组同解的线性方程组为

$$\begin{cases} x_1 = -b_{11}x_{r+1} - \cdots - b_{1,n-r}x_n + d_1, \\ x_2 = -b_{21}x_{r+1} - \cdots - b_{2,n-r}x_n + d_2, \\ \qquad\cdots\cdots \\ x_r = -b_{r1}x_{r+1} - \cdots - b_{r,n-r}x_n + d_r, \end{cases} \tag{10.4}$$

上述方程组中未知数的个数多于方程的个数，因此有些未知数可以作为自由未知数. 在线性方程组（10.4）中 $x_{r+1},\cdots,x_n$ 可以作为自由未知数，令 $x_{r+1} = c_1,\cdots,x_n = c_{n-r}$ 得到方程组的解为

$$\begin{pmatrix} x_1 \\ \vdots \\ x_r \\ x_{r+1} \\ \vdots \\ x_n \end{pmatrix} = \begin{pmatrix} -b_{11}c_1 - \cdots - b_{1,n-r}c_{n-r} + d_1 \\ \vdots \\ -b_{r1}c_1 - \cdots - b_{r,n-r}c_{n-r} + d_r \\ c_1 \\ \vdots \\ c_{n-r} \end{pmatrix},$$

写成向量线性组合形式表示为

$$\begin{pmatrix} x_1 \\ \vdots \\ x_r \\ x_{r+1} \\ \vdots \\ x_n \end{pmatrix} = c_1\begin{pmatrix} -b_{11} \\ \vdots \\ -b_{r1} \\ 1 \\ \vdots \\ 0 \end{pmatrix} + \cdots + c_{n-r}\begin{pmatrix} -b_{1,n-r} \\ \vdots \\ -b_{r,n-r} \\ 0 \\ \vdots \\ 1 \end{pmatrix} + \begin{pmatrix} d_1 \\ \vdots \\ d_r \\ 0 \\ \vdots \\ 0 \end{pmatrix}, \tag{10.5}$$

其中：$c_1,\cdots,c_{n-r}$ 为任意常数. 这就是原方程组的解，由于参数 $c_1,\cdots,c_{n-r}$ 可任意取值，所以原方程组有无穷多解. 由于方程组（10.5）表示了方程组（10.4）的所有解，所以它也表示原方程组的所有解，也称方程组（10.5）是线性方程组（10.2）的通解.

注 当 $R(\boldsymbol{A}) = R(\boldsymbol{A}, \boldsymbol{b}) = r < n$，对应线性方程组 $\boldsymbol{Ax} = \boldsymbol{b}$ 中有 $n - r$ 个自由未知数.

二、求解线性方程组

把定理 10.4 的证明过程进行归纳，可以得到求解线性方程组的步骤，具体如下.

（1）对非齐次线性方程组 $\boldsymbol{Ax} = \boldsymbol{b}$，写出其增广矩阵 $\boldsymbol{B} = (\boldsymbol{A}, \boldsymbol{b})$，然后对其进行初等

行变换，化 $\boldsymbol{B}=(\boldsymbol{A},\boldsymbol{b})$ 为行阶梯形矩阵 $\overline{\boldsymbol{B}}$.

（2）根据 $\boldsymbol{B}=(\boldsymbol{A},\boldsymbol{b})$ 的行阶梯形矩阵 $\overline{\boldsymbol{B}}$ 可以看出 $R(\boldsymbol{A}),R(\boldsymbol{B})$ ，若 $R(\boldsymbol{A})\neq R(\boldsymbol{B})$ （即 $R(\boldsymbol{A})<R(\boldsymbol{B})$ ），则方程组无解.

（3）若 $R(\boldsymbol{A})=R(\boldsymbol{B})$ ，再把 $\boldsymbol{B}=(\boldsymbol{A},\boldsymbol{b})$ 的行阶梯形 $\overline{\boldsymbol{B}}$ 进一步化为行最简形；若 $R(\boldsymbol{A})=R(\boldsymbol{B})=n$ （n 为未知数的个数），则由行最简形立即可以写出方程组的唯一解；若 $R(\boldsymbol{A})=R(\boldsymbol{A},\boldsymbol{b})=r<n$ ，一般把 $\boldsymbol{A}$ 的行最简形中 r 个非零行的第一个非零元所对应的未知数作为非自由未知数（也可取其他非零元对应的未知数为非自由未知数），其余 $n-r$ 个未知数作为自由未知数，令这 $n-r$ 个自由未知数分别为任意常数 $c_1,\cdots,c_{n-r}$ ，即可得方程组的通解.

特别地，对齐次线性方程组 $\boldsymbol{Ax}=0$ ，只需把系数矩阵 $\boldsymbol{A}$ 化为行最简形即可得到它的解或通解.

例 10.11　求解齐次线性方程组

$$\begin{cases} x_1+\ \ x_2+2x_3-\ x_4=0, \\ 2x_1+\ \ x_2+\ \ x_3-\ x_4=0, \\ 2x_1+2x_2+\ \ x_3+2x_4=0. \end{cases}$$

解　把系数矩阵 $\boldsymbol{A}$ 化为行最简形：

$$\boldsymbol{A}=\begin{pmatrix} 1 & 1 & 2 & -1 \\ 2 & 1 & 1 & -1 \\ 2 & 2 & 1 & 2 \end{pmatrix} \xrightarrow[r_3-2r_1]{r_2-2r_1} \begin{pmatrix} 1 & 1 & 2 & -1 \\ 0 & -1 & -3 & 1 \\ 0 & 0 & -3 & 4 \end{pmatrix}$$

$$\xrightarrow[r_3\times(-\frac{1}{3})]{r_2\times(-1)r_1} \begin{pmatrix} 1 & 1 & 2 & -1 \\ 0 & 1 & 3 & -1 \\ 0 & 0 & 1 & -\frac{4}{3} \end{pmatrix} \xrightarrow[r_2+r_3\times(-3)]{r_1+r_2\times(-1)} \begin{pmatrix} 1 & 0 & -1 & 0 \\ 0 & 1 & 0 & 3 \\ 0 & 0 & 1 & -\frac{4}{3} \end{pmatrix}$$

$$\xrightarrow{r_1+r_3} \begin{pmatrix} 1 & 0 & 0 & -\frac{4}{3} \\ 0 & 1 & 0 & 3 \\ 0 & 0 & 1 & -\frac{4}{3} \end{pmatrix}.$$

易知可取 x_4 为自由未知数，令 $x_4=c$ 即得方程组的通解为

$$\begin{cases} x_1=\dfrac{4c}{3}, \\ x_2=-3c, \\ x_3=\dfrac{4c}{3}, \\ x_4=\ \ c. \end{cases}$$

其中：c 为任意常数，写成向量形式为

$$\begin{pmatrix} x_1 \\ x_2 \\ x_3 \\ x_4 \end{pmatrix} = c\begin{pmatrix} \frac{4}{3} \\ -3 \\ \frac{4}{3} \\ 1 \end{pmatrix}.$$

例 10.12　求解非齐次线性方程组

$$\begin{cases} x_1 - x_2 + 3x_3 - x_4 = 1, \\ 2x_1 - x_2 - x_3 + 4x_4 = 2, \\ 3x_1 - 2x_2 + 2x_3 + 3x_4 = 3, \\ x_1 - 4x_3 + 5x_4 = -1. \end{cases}$$

解　写出增广矩阵

$$\boldsymbol{A} = \begin{pmatrix} 1 & -1 & 3 & -1 & 1 \\ 2 & -1 & -1 & 4 & 2 \\ 3 & -2 & 2 & 3 & 3 \\ 1 & 0 & -4 & 5 & -1 \end{pmatrix},$$

对 $\boldsymbol{A}$ 进行初等行变换可化为

$$\begin{pmatrix} 1 & -1 & 3 & -1 & 1 \\ 0 & 1 & -7 & 6 & 0 \\ 0 & 0 & 0 & 0 & 0 \\ 0 & 0 & 0 & 0 & -2 \end{pmatrix}.$$

由此断定系数矩阵的秩为 2，与增广矩阵的秩为 3 不相等，所以方程组无解.

例 10.13　求解非齐次线性方程组

$$\begin{cases} 2x_1 + x_2 - x_3 + x_4 = 1, \\ 4x_1 + 2x_2 - 2x_3 + x_4 = 2, \\ 2x_1 + x_2 - x_3 - x_4 = 1. \end{cases}$$

解　对方程组的增广矩阵 $\boldsymbol{B} = (\boldsymbol{A}, \boldsymbol{b})$ 进行初等行变换，

$$\boldsymbol{B} = (\boldsymbol{A}, \boldsymbol{b}) = \begin{pmatrix} 2 & 1 & -1 & 1 & 1 \\ 4 & 2 & -2 & 1 & 2 \\ 2 & 1 & -1 & -1 & 1 \end{pmatrix} \xrightarrow[r_3 - r_1]{r_2 - 2r} \begin{pmatrix} 2 & 1 & -1 & 1 & 1 \\ 0 & 0 & 0 & -1 & 0 \\ 0 & 0 & 0 & -2 & 0 \end{pmatrix}$$

$$\xrightarrow[r_2 \times (-1)]{r_3 - 2r_2,\, r_1 + r_2} \begin{pmatrix} 2 & 1 & -1 & 0 & 1 \\ 0 & 0 & 0 & 1 & 0 \\ 0 & 0 & 0 & 0 & 0 \end{pmatrix},$$

因 $R(\boldsymbol{A}) = R(\boldsymbol{B}) = R(\boldsymbol{A}, \boldsymbol{b}) = 2 < 4$，所以方程组有无穷多解. 原方程组等价于方程组

$$\begin{cases} 2x_1 + x_2 - x_3 = 1, \\ x_4 = 0. \end{cases}$$

取 x_1, x_3 为自由未知数，令 $x_1 = c_1, x_3 = c_2$，得方程组的通解为

$$\begin{pmatrix} x_1 \\ x_2 \\ x_3 \\ x_4 \end{pmatrix} = \begin{pmatrix} c_1 \\ 1-2c_1+c_2 \\ c_2 \\ 0 \end{pmatrix} = c_1\begin{pmatrix} 1 \\ -2 \\ 0 \\ 0 \end{pmatrix} + c_2\begin{pmatrix} 0 \\ 1 \\ 1 \\ 0 \end{pmatrix} + \begin{pmatrix} 0 \\ 1 \\ 0 \\ 0 \end{pmatrix},$$

其中：c_1, c_2 为任意常数.

例 10.14　试问 λ 为何值时，非齐次线性方程组

$$\begin{cases} \lambda x_1 + x_2 + x_3 = 1, \\ x_1 + \lambda x_2 + x_3 = \lambda, \\ x_1 + x_2 + \lambda x_3 = \lambda^2. \end{cases}$$

（1）有唯一解；（2）无解；（3）有无穷多解，并在有无穷多解时求其通解.

解法一　对方程组的增广矩阵 $\boldsymbol{B} = (\boldsymbol{A}, \boldsymbol{b})$ 进行初等行变换化为行阶梯形，

$$\boldsymbol{B} = (\boldsymbol{A}, \boldsymbol{b}) = \begin{pmatrix} \lambda & 1 & 1 & 1 \\ 1 & \lambda & 1 & \lambda \\ 1 & 1 & \lambda & \lambda^2 \end{pmatrix} \xrightarrow{r_3 \leftrightarrow r} \begin{pmatrix} 1 & 1 & \lambda & \lambda^2 \\ 1 & \lambda & 1 & \lambda \\ \lambda & 1 & 1 & 1 \end{pmatrix}$$

$$\xrightarrow[r_3-\lambda r]{r_2-r_1} \begin{pmatrix} 1 & 1 & \lambda & \lambda^2 \\ 0 & \lambda-1 & 1-\lambda & \lambda(1-\lambda) \\ 0 & 1-\lambda & 1-\lambda^2 & 1-\lambda^3 \end{pmatrix}$$

$$\xrightarrow{r_3+r_2} \begin{pmatrix} 1 & 1 & \lambda & \lambda^2 \\ 0 & \lambda-1 & 1-\lambda & \lambda(1-\lambda) \\ 0 & 0 & (1-\lambda)(2+\lambda) & (1-\lambda)(1+\lambda)^2 \end{pmatrix},$$

因此，由定理 10.4 可知：

（1）当 $\lambda \neq 1$ 且 $\lambda \neq -2$ 时，$R(\boldsymbol{A}) = R(\boldsymbol{B}) = R(\boldsymbol{A}, \boldsymbol{b}) = 3$，方程组有唯一解；

（2）当 $\lambda = -2$ 时，$R(\boldsymbol{A}) = 2 < R(\boldsymbol{B}) = R(\boldsymbol{A}, \boldsymbol{b}) = 3$，方程组无解；

（3）当 $\lambda = 1$ 时，$R(\boldsymbol{A}) = R(\boldsymbol{B}) = R(\boldsymbol{A}, \boldsymbol{b}) = 1 < 3$，方程组有无穷多解，此时

$$\boldsymbol{B} \xleftrightarrow{r} \begin{pmatrix} 1 & 1 & 1 & 1 \\ 0 & 0 & 0 & 0 \\ 0 & 0 & 0 & 0 \end{pmatrix},$$

与之对应的方程组为 $x_1 = 1 - x_2 - x_3$，取 x_2, x_3 为自由未知数，令 $x_2 = c_1, x_3 = c_2$，得方程组的通解为

$$\begin{pmatrix} x_1 \\ x_2 \\ x_3 \end{pmatrix} = \begin{pmatrix} 1-c_1-c_2 \\ c_1 \\ c_2 \end{pmatrix} = c_1\begin{pmatrix} -1 \\ 1 \\ 0 \end{pmatrix} + c_2\begin{pmatrix} -1 \\ 0 \\ 1 \end{pmatrix} + \begin{pmatrix} 1 \\ 0 \\ 0 \end{pmatrix},$$

其中：c_1, c_2 为任意常数.

解法二　由于该题方程组中方程的个数与未知数的个数相等，所以也可以考虑系数矩阵的行列式，具体为

$$D=\begin{vmatrix}\lambda & 1 & 1\\ 1 & \lambda & 1\\ 1 & 1 & \lambda\end{vmatrix}=(\lambda-1)^2(\lambda+2),$$

（1）当 $\lambda\neq 1$ 且 $\lambda\neq -2$ 时，$\boldsymbol{D}\neq 0$，由克拉默法则，方程组有唯一解；

（2）当 $\lambda=-2$ 时，

$$\boldsymbol{B}=(\boldsymbol{A},\boldsymbol{b})=\begin{pmatrix}-2 & 1 & 1 & 1\\ 1 & -2 & 1 & -2\\ 1 & 1 & -2 & 4\end{pmatrix}\xrightarrow{r}\begin{pmatrix}1 & 1 & -2 & 4\\ 0 & -3 & 3 & -6\\ 0 & 0 & 0 & 3\end{pmatrix},$$

$R(\boldsymbol{A})=2<R(\boldsymbol{B})=R(\boldsymbol{A},\boldsymbol{b})=3$，方程组无解；

（3）当 $\lambda=1$ 时，

$$\boldsymbol{B}=(\boldsymbol{A},\boldsymbol{b})=\begin{pmatrix}1 & 1 & 1 & 1\\ 1 & 1 & 1 & 1\\ 1 & 1 & 1 & 1\end{pmatrix}\xrightarrow{r}\begin{pmatrix}1 & 1 & 1 & 1\\ 0 & 0 & 0 & 0\\ 0 & 0 & 0 & 0\end{pmatrix},$$

$R(\boldsymbol{A})=R(\boldsymbol{B})=R(\boldsymbol{A},\boldsymbol{b})=1<3$，方程组有无穷多解，且通解为

$$\begin{pmatrix}x_1\\ x_2\\ x_3\end{pmatrix}=\begin{pmatrix}1-c_1-c_2\\ c_1\\ c_2\end{pmatrix}=c_1\begin{pmatrix}-1\\ 1\\ 0\end{pmatrix}+c_2\begin{pmatrix}-1\\ 0\\ 1\end{pmatrix}+\begin{pmatrix}1\\ 0\\ 0\end{pmatrix},$$

其中：c_1,c_2 为任意常数.

习　题　十

1. 把下列矩阵化为行最简形矩阵：

（1）$\begin{pmatrix}1 & 2 & -1 & -2\\ 2 & -1 & -1 & 1\\ 3 & 1 & -2 & -1\end{pmatrix}$；　（2）$\begin{pmatrix}2 & 4 & -1 & 1\\ 1 & -3 & 2 & 3\\ 3 & 1 & 1 & 4\end{pmatrix}$；

（3）$\begin{pmatrix}1 & 3 & 1 & 5\\ 2 & 1 & 1 & 2\\ 1 & 1 & 5 & -7\end{pmatrix}$；　（4）$\begin{pmatrix}3 & 6 & -9 & 7 & 9\\ 2 & 4 & -6 & 4 & 8\\ 1 & 1 & -2 & 1 & 4\\ 8 & -12 & 4 & -4 & 8\end{pmatrix}$.

2. 利用矩阵的初等行变换求下列方阵的逆：

（1）$\begin{pmatrix}1 & 2 & -1\\ 3 & 1 & 0\\ -1 & 0 & -2\end{pmatrix}$；　（2）$\begin{pmatrix}3 & -2 & 0 & -1\\ 0 & 2 & 2 & 1\\ 1 & -2 & -3 & -2\\ 0 & 1 & 2 & 1\end{pmatrix}$.

3. 利用矩阵的初等行变换求解下列矩阵方程.

（1）$A=\begin{pmatrix}4&1&-2\\2&2&1\\3&1&-1\end{pmatrix}$，$B=\begin{pmatrix}1&-3\\2&2\\3&-1\end{pmatrix}$，求矩阵 X 使得 $AX=B$.

（2）$A=\begin{pmatrix}0&2&1\\2&-1&3\\-3&3&-4\end{pmatrix}$，$B=\begin{pmatrix}1&2&3\\2&-3&1\end{pmatrix}$，求矩阵 X 使得 $XA=B$.

4. $A=\begin{pmatrix}1&-1&0\\0&1&-1\\-1&0&1\end{pmatrix}$，求矩阵 X 使得 $2X+A=AX$.

5. 解矩阵方程 $\begin{pmatrix}0&1&0\\1&0&0\\0&0&1\end{pmatrix}X\begin{pmatrix}1&0&0\\0&0&1\\0&1&0\end{pmatrix}=\begin{pmatrix}1&-4&3\\2&0&-1\\3&-1&2\end{pmatrix}$.

6. 求下列矩阵的秩，并求其一个最高阶非零子式：

（1）$\begin{pmatrix}1&1&2&3\\1&2&3&5\\0&1&1&2\end{pmatrix}$；　（2）$\begin{pmatrix}3&2&-1&-3&-1\\2&-1&3&1&-3\\7&0&5&-1&-8\end{pmatrix}$；

（3）$\begin{pmatrix}3&6&-9&7&9\\2&-1&-1&1&2\\1&1&-2&1&4\\2&-3&1&-1&2\end{pmatrix}$.

7. 设 $A=\begin{pmatrix}k&1&1&1\\1&k&1&1\\1&1&k&1\\1&1&1&k\end{pmatrix}$，$R(A)=3$. 求 k 的值.

8. 设 $A=\begin{pmatrix}1&\lambda&-1&2\\2&-1&\lambda&5\\1&10&-6&1\end{pmatrix}$，讨论矩阵 A 的秩.

9. 证明同型矩阵 A,B 等价的充分必要条件是 $R(A)=R(B)$.

10. 用矩阵的初等行变换求解下列齐次线性方程组：

（1）$\begin{cases}x_1+x_2-3x_3-x_4=0,\\3x_1-x_2-3x_3+4x_4=0,\\x_1+5x_2-9x_3-8x_4=0;\end{cases}$　（2）$\begin{cases}2x_1-4x_2+5x_3+3x_4=0,\\3x_1-6x_2+4x_3+2x_4=0,\\4x_1-8x_2+17x_3+11x_4=0;\end{cases}$

（3）$\begin{cases}2x+3y-z+5w=0,\\3x+y+2z-7w=0,\\x-2y+4z-7w=0,\\4x-y-3z+6w=0;\end{cases}$　（4）$\begin{cases}3x+4y-5z+7w=0,\\2x-3y+3z-2w=0,\\4x+11y-13z+16w=0,\\7x-2y+z+3w=0.\end{cases}$

11. 用矩阵的初等行变换求解下列非齐次线性方程组：

（1）$\begin{cases} 4x+2y-z=2, \\ 3x-y+2z=10, \\ 11x+3y=8; \end{cases}$　　（2）$\begin{cases} x_1+x_2-3x_3-x_4=1, \\ 3x_1-x_2-3x_3+4x_4=3, \\ x_1+5x_2-9x_3-8x_4=1; \end{cases}$

（3）$\begin{cases} 2x+3y+z=4, \\ x-2y+4z=-5, \\ 3x+8y-2z=13, \\ 4x-y+9z=-6; \end{cases}$　　（4）$\begin{cases} x_1+2x_2+3x_3+x_4=3, \\ 2x_1+9x_2+8x_3+3x_4=7, \\ 3x_1+7x_2+7x_3+2x_4=12. \end{cases}$

12. 构造一个以

$$x=c_1\begin{pmatrix} 2 \\ -2 \\ 1 \\ 0 \end{pmatrix}+c_2\begin{pmatrix} -2 \\ 3 \\ 0 \\ 1 \end{pmatrix}\quad (c_1,c_2\text{为任意常数})$$

为通解的齐次线性方程组.

13. 讨论 λ 为何值时，线性方程组

$$\begin{cases} (1+\lambda)x+y+z=0, \\ x+(1+\lambda)y+z=3, \\ x+y+(1+\lambda)z=\lambda. \end{cases}$$

（1）有唯一解；（2）无解；（3）有无穷多解，并在此情形下求出其解.

14. 已知平面上三条不同直线分别为

$$l_1:ax+by+c=0,\quad l_2:bx+cy+a=0,\quad l_3:cx+ay+b=0,$$

证明这三条直线交于一点的充分必要条件是 $a+b+c=0$.

15. 当 a,b 为何值时，线性方程组

$$\begin{cases} x+y-2z+3w=0, \\ 2x+y-6z+4w=-1, \\ 3x+2y+az+7w=-1, \\ x-y-6z-w=b, \end{cases}$$

有解，并求其解.

16. 证明 $R(\boldsymbol{A})=1$ 的充分必要条件是存在非零列向量 $\boldsymbol{a}$ 与非零行向量 $\boldsymbol{b}^{\mathrm{T}}$ 使得 $\boldsymbol{A}=\boldsymbol{a}\boldsymbol{b}^{\mathrm{T}}$.

第十一章　向量组的线性相关性

本章在介绍n维向量及其有关概念的基础上，讨论向量组的线性相关性及线性无关性，引入最大无关组和向量组的秩的概念，由向量组的秩和矩阵的秩之间的关系讨论线性方程组的解的结构，最后给出向量空间的概念.

第一节　n 维 向 量

在平面几何中，坐标平面上每个点的位置可以用它的坐标来描述，点的坐标是一个有序数对(x,y). 一个n元方程

$$a_1x_1+a_2x_2+\cdots+a_nx_n=b,$$

可以用一个$n+1$元有序数组

$$(a_1,a_2,\cdots,a_n,b)$$

来表示. $1\times n$矩阵和$n\times 1$矩阵也可以看作有序数组. 例如，一个企业一年中从1月～12月每月的产值可用一个有序数组$(a_1,a_2,\cdots,a_{12})$来表示. 有序数组的应用非常广泛，所以有必要对其进行深入的讨论.

定义 11.1　n个数组成的有序数组

$$(a_1,a_2,\cdots,a_n) \tag{11.1}$$

或

$$\begin{pmatrix} a_1 \\ a_2 \\ \vdots \\ a_n \end{pmatrix} \tag{11.2}$$

称为一个n维向量，简称**向量**.

一般用小写的粗黑体字母，如$\boldsymbol{\alpha},\boldsymbol{\beta},\boldsymbol{\gamma}$等表示向量，式（11.1）称为一个行向量，式（11.2）称为一个列向量. 在讨论向量的概念和性质时，行向量和列向量是完全一样的，本书中所讨论的向量在没有指明是行向量还是列向量时，都当作列向量. 数$a_1,a_2,\cdots,a_n$称为这个向量的分量. a_i称为这个向量的第i个分量或坐标. 分量都是实数的向量称为实向量；分量是复数的向量称为复向量.

实际上，n维行向量可以看成$1\times n$矩阵，n维列向量也常看成$n\times 1$矩阵.

下面只讨论实向量. 设k和l为两个任意的常数，$\boldsymbol{\alpha},\boldsymbol{\beta}$和$\boldsymbol{\gamma}$为三个任意的$n$维向量，其中

$$\boldsymbol{\alpha}=(a_1,a_2,\cdots,a_n),\qquad \boldsymbol{\beta}=(b_1,b_2,\cdots,b_n).$$

定义 11.2　如果$\boldsymbol{\alpha}$和$\boldsymbol{\beta}$对应的分量都相等，即

$$a_i = b_i \quad (i = 1, 2, \cdots, n)$$

称这两个向量相等，记作$\boldsymbol{\alpha} = \boldsymbol{\beta}$.

定义 11.3　向量

$$(a_1 + b_1, a_2 + b_2, \cdots, a_n + b_n),$$

称为$\boldsymbol{\alpha}$与$\boldsymbol{\beta}$的和，记作$\boldsymbol{\alpha} + \boldsymbol{\beta}$.

称向量

$$(k\boldsymbol{a}_1, k\boldsymbol{a}_2, \cdots, k\boldsymbol{a}_n)$$

为$\boldsymbol{a}$与k的数量乘积，简称数乘，记作$k\boldsymbol{a}$.

定义 11.4　分量全为零的向量

$$(0, 0, \cdots, 0)$$

称为零向量，记作$\mathbf{0}$.

$\boldsymbol{\alpha}$与-1的数乘

$$(-1)\boldsymbol{\alpha} = (-\boldsymbol{a}_1, -\boldsymbol{a}_2, \cdots, -\boldsymbol{a}_n)$$

称为$\boldsymbol{\alpha}$的负向量，记作$-\boldsymbol{\alpha}$. 向量的减法定义为

$$\boldsymbol{\alpha} - \boldsymbol{\beta} = \boldsymbol{\alpha} + (-\boldsymbol{\beta}).$$

第二节　线性相关与线性无关

通常把维数相同的一组向量简称为一个**向量组**. 例如，n维行量组$\boldsymbol{A}: \boldsymbol{\alpha}_1, \boldsymbol{\alpha}_2, \cdots, \boldsymbol{\alpha}_s$可以排列成一个$s \times n$分块矩阵

$$\boldsymbol{A} = \begin{pmatrix} \boldsymbol{a}_1 \\ \boldsymbol{a}_2 \\ \vdots \\ \boldsymbol{a}_s \end{pmatrix},$$

其中：$\boldsymbol{\alpha}_i$为由$\boldsymbol{A}$的第i行形成的子块，$\boldsymbol{\alpha}_1, \boldsymbol{\alpha}_2, \cdots, \boldsymbol{\alpha}_s$称为$\boldsymbol{A}$的行向量组.

n维列向量组$\boldsymbol{B}: \boldsymbol{\beta}_1, \boldsymbol{\beta}_2, \cdots, \boldsymbol{\beta}_s$可以排成一个$n \times s$矩阵

$$\boldsymbol{B} = (\boldsymbol{\beta}_1, \boldsymbol{\beta}_2, \cdots, \boldsymbol{\beta}_s),$$

其中：$\boldsymbol{\beta}_j$为$\boldsymbol{B}$的第j列形成的子块，$\boldsymbol{\beta}_1, \boldsymbol{\beta}_2, \cdots, \boldsymbol{\beta}_s$称为$\boldsymbol{B}$的列向量组. 在很多情况下，对矩阵的讨论都归结于对它们的行向量组或列向量组的讨论.

定义 11.5　向量组$\boldsymbol{\alpha}_1, \boldsymbol{\alpha}_2, \cdots, \boldsymbol{\alpha}_s$称为线性相关的，如果有不全为零的数$k_1, k_2, \cdots, k_s$使

$$\sum_{i=1}^{s} k_i \boldsymbol{a}_i = k_1\boldsymbol{\alpha}_1 + k_2\boldsymbol{\alpha}_2 + \cdots + k_s\boldsymbol{\alpha}_s = \mathbf{0}. \tag{11.3}$$

反之，如果只有在$k_1 = k_2 = \cdots = k_s = 0$时，式（11.3）才成立，就称$\boldsymbol{\alpha}_1, \boldsymbol{\alpha}_2, \cdots, \boldsymbol{\alpha}_s$线性无关.

换言之，向量组$\boldsymbol{\alpha}_1, \boldsymbol{\alpha}_2, \cdots, \boldsymbol{\alpha}_s$线性相关，就是齐次线性方程组

$$x_1\boldsymbol{a}_1 + x_2\boldsymbol{a}_2 + \cdots + x_s\boldsymbol{a}_s = \mathbf{0},$$

有非零解.

反之，向量组$\boldsymbol{\alpha}_1, \boldsymbol{\alpha}_2, \cdots, \boldsymbol{\alpha}_s$线性无关，就是齐次线性方程组

$$x_1\boldsymbol{a}_1+x_2\boldsymbol{a}_2+\cdots+x_s\boldsymbol{a}_s=\mathbf{0},$$

只有零解.

显然含有零向量的向量组一定是线性相关的.

例 11.1　判断向量组

$$\boldsymbol{\alpha}_1=(1, 1, 1),\quad \boldsymbol{\alpha}_2=(0, 2, 5),\quad \boldsymbol{\alpha}_3=(1, 3, 6)$$

的线性相关性.

解　设有常数x_1，x_2，x_3使

$$x_1\boldsymbol{\alpha}_1+x_2\boldsymbol{\alpha}_2+x_3\boldsymbol{\alpha}_3=\mathbf{0},$$

即

$$\begin{cases} x_1+\quad\quad x_3=0, \\ x_1+2x_2+3x_3=0, \\ x_1+5x_2+6x_3=0. \end{cases}$$

由于

$$x_1=1,\quad x_2=1,\quad x_3=-1$$

满足上述的方程组，则

$$1\boldsymbol{\alpha}_1+1\boldsymbol{\alpha}_2+(-1)\boldsymbol{\alpha}_3=\boldsymbol{\alpha}_1+\boldsymbol{\alpha}_2-\boldsymbol{\alpha}_3=\mathbf{0}.$$

所以$\boldsymbol{\alpha}_1$，$\boldsymbol{\alpha}_2$，$\boldsymbol{\alpha}_3$线性相关.

例 11.2　设向量组$\boldsymbol{\alpha}_1$，$\boldsymbol{\alpha}_2$，$\boldsymbol{\alpha}_3$线性无关，$\boldsymbol{b}_1=\boldsymbol{\alpha}_1+\boldsymbol{\alpha}_2$，$\boldsymbol{b}_2=\boldsymbol{\alpha}_1+\boldsymbol{\alpha}_3$，$\boldsymbol{b}_3=\boldsymbol{\alpha}_3+\boldsymbol{\alpha}_1$，试证向量组$\boldsymbol{b}_1$，$\boldsymbol{b}_2$，$\boldsymbol{b}_3$也线性无关.

证　设有常数x_1，x_2，x_3使

$$x_1\boldsymbol{b}_1+x_2\boldsymbol{b}_2+x_3\boldsymbol{b}_3=\mathbf{0},$$

即

$$(x_1+x_3)\boldsymbol{\alpha}_1+(x_1+x_2)\boldsymbol{\alpha}_2+(x_2+x_3)\boldsymbol{\alpha}_3=\mathbf{0},$$

因$\boldsymbol{\alpha}_1$，$\boldsymbol{\alpha}_2$，$\boldsymbol{\alpha}_3$线性无关，故有

$$\begin{cases} x_1+\quad\ x_3=0, \\ x_1+x_2\quad\ =0, \\ \quad\ x_2+x_3=0. \end{cases}$$

由于此方程组的系数行列式

$$\begin{vmatrix} 1 & 0 & 1 \\ 1 & 1 & 0 \\ 0 & 1 & 1 \end{vmatrix}=2\neq 0,$$

故方程组只有零解$x_1=x_2=x_3=0$，所以向量组$\boldsymbol{b}_1$，$\boldsymbol{b}_2$，$\boldsymbol{b}_3$线性无关.

定义 11.6　向量$\boldsymbol{\alpha}$称为向量组$\boldsymbol{\beta}_1, \boldsymbol{\beta}_2, \cdots, \boldsymbol{\beta}_t$的一个线性组合或者$\boldsymbol{\alpha}$可由向量组$\boldsymbol{\beta}_1, \boldsymbol{\beta}_2, \cdots, \boldsymbol{\beta}_t$线性表示，如果有常数$k_1, k_2, \cdots, k_t$使

$$\boldsymbol{\alpha}=k_1\boldsymbol{\beta}_1+k_2\boldsymbol{\beta}_2+\cdots+k_t\boldsymbol{\beta}_t.$$

此时，也记作$\boldsymbol{\alpha}=\sum_{i=1}^{t}k_i\boldsymbol{\beta}_i$.

换言之，向量$\boldsymbol{\alpha}$可由向量组$\boldsymbol{\beta}_1,\boldsymbol{\beta}_2,\cdots,\boldsymbol{\beta}_t$线性表示，就是线性方程组

$$x_1\boldsymbol{\beta}_1+x_2\boldsymbol{\beta}_2+\cdots+x_t\boldsymbol{\beta}_t=\boldsymbol{a}\ ,$$

有解.

例 11.3 设$\boldsymbol{\beta}_1=(1,1,1,1),\boldsymbol{\beta}_2=(1,1,-1,-1),\boldsymbol{\beta}_3=(1,-1,1,-1),\boldsymbol{\beta}_4=(1,-1,-1,1),\boldsymbol{\alpha}=(1,2,1,1)$. 试问$\boldsymbol{\beta}$能否由$\boldsymbol{\alpha}_1,\boldsymbol{\alpha}_2,\boldsymbol{\alpha}_3,\boldsymbol{\alpha}_4$线性表示?若能，写出具体表达式.

解 设有常数x_1，x_2，x_3，x_4使

$$x_1\boldsymbol{\beta}_1+x_2\boldsymbol{\beta}_2+x_3\boldsymbol{\beta}_3+x_4\boldsymbol{\beta}_4=\boldsymbol{\alpha}$$

即

$$\begin{cases}x_1+x_2+x_3+x_4=1,\\x_1+x_2-x_3-x_4=2,\\x_1-x_2+x_3-x_4=1,\\x_1-x_2-x_3+x_4=1.\end{cases}$$

由于此方程组的系数行列式

$$D=\begin{vmatrix}1&1&1&1\\1&1&-1&-1\\1&-1&1&-1\\1&-1&-1&1\end{vmatrix}=-16\neq0\ ,$$

由克拉默法则，得

$$x_1=\frac{5}{4},\quad x_2=\frac{1}{4},\quad x_3=-\frac{1}{4},\quad x_4=-\frac{1}{4}\ .$$

所以

$$\boldsymbol{\alpha}=\frac{5}{4}\boldsymbol{\beta}_1+\frac{1}{4}\boldsymbol{\beta}_2-\frac{1}{4}\boldsymbol{\beta}_3-\frac{1}{4}\boldsymbol{\beta}_4\ ,$$

即$\boldsymbol{\alpha}$能由$\boldsymbol{\beta}_1,\boldsymbol{\beta}_2,\boldsymbol{\beta}_3,\boldsymbol{\beta}_4$线性表示.

例 11.4 设$\boldsymbol{\alpha}=(2,-3,0),\boldsymbol{\beta}=(0,-1,2)$，$\boldsymbol{\gamma}=(0,-7,-4)$，试问$\boldsymbol{\gamma}$能否由$\boldsymbol{\alpha},\boldsymbol{\beta}$线性表示?

解 设有常数x_1，x_2使

$$\boldsymbol{\gamma}=x_1\boldsymbol{\alpha}+x_2\boldsymbol{\beta},$$

即

$$\begin{cases}2x_1=0,\\-3x_1-x_2=-7,\\2x_2=-4.\end{cases}$$

由第一个方程得$x_1=0$，代入第二个方程得$x_2=7$，但x_2不满足第三个方程，故方程组无解，所以$\boldsymbol{\gamma}$不能由$\boldsymbol{\alpha},\boldsymbol{\beta}$线性表示.

定理 11.1 向量组$\boldsymbol{\alpha}_1,\boldsymbol{\alpha}_2,\cdots,\boldsymbol{\alpha}_s\ (s\geqslant2)$线性相关的充要条件是其中至少有一个向量能由其他向量线性表示.

证　设$\boldsymbol{\alpha}_1, \boldsymbol{\alpha}_2, \cdots, \boldsymbol{\alpha}_s$中有一个向量能由其他向量线性表示，不妨设

$$\boldsymbol{\alpha}_1 = k_2\boldsymbol{\alpha}_2 + k_3\boldsymbol{\alpha}_3 + \cdots + k_s\boldsymbol{\alpha}_s,$$

那么

$$-\boldsymbol{\alpha}_1 + k_2\boldsymbol{\alpha}_2 + \cdots + k_s\boldsymbol{\alpha}_s = \mathbf{0},$$

所以$\boldsymbol{\alpha}_1, \boldsymbol{\alpha}_2, \cdots, \boldsymbol{\alpha}_s$线性相关. 反之，如果$\boldsymbol{\alpha}_1, \boldsymbol{\alpha}_2, \cdots, \boldsymbol{\alpha}_s$线性相关，就有不全为零的数$k_1, k_2, \cdots, k_s$，使

$$k_1\boldsymbol{\alpha}_1 + k_2\boldsymbol{\alpha}_2 + \cdots + k_s\boldsymbol{\alpha}_s = \mathbf{0}.$$

不妨设$k_1 \neq 0$，那么

$$\boldsymbol{\alpha}_1 = -\frac{k_2}{k_1}\boldsymbol{\alpha}_2 - \frac{k_3}{k_1}\boldsymbol{\alpha}_3 - \cdots - \frac{k_s}{k_1}\boldsymbol{\alpha}_s$$

即$\boldsymbol{\alpha}_1$能由$\boldsymbol{\alpha}_2, \boldsymbol{\alpha}_3, \cdots, \boldsymbol{\alpha}_s$线性表出.

例如，向量组

$$\boldsymbol{\alpha}_1 = (2, -1, 3, 1), \quad \boldsymbol{\alpha}_2 = (4, -2, 5, 4), \quad \boldsymbol{\alpha}_3 = (2, -1, 4, -1)$$

是线性相关的，因为

$$\boldsymbol{\alpha}_3 = 3\boldsymbol{\alpha}_1 - \boldsymbol{\alpha}_2.$$

显然，向量组$\boldsymbol{\alpha}_1$，$\boldsymbol{\alpha}_2$线性相关就表示$\boldsymbol{\alpha}_1 = k\boldsymbol{\alpha}_2$或者$\boldsymbol{\alpha}_2 = k\boldsymbol{\alpha}_1$（这两个式子不一定能同时成立）. 此时，两向量的分量成正比例. 在三维的情形，这就表示向量$\boldsymbol{\alpha}_1$与$\boldsymbol{\alpha}_2$共线. 三个向量$\boldsymbol{\alpha}_1$，$\boldsymbol{\alpha}_2$，$\boldsymbol{\alpha}_3$线性相关的几何意义就是它们共面.

定理 11.2　设向量组$\boldsymbol{\beta}_1, \boldsymbol{\beta}_2, \cdots, \boldsymbol{\beta}_t$线性无关，而向量组$\boldsymbol{\beta}_1, \boldsymbol{\beta}_2, \cdots, \boldsymbol{\beta}_t, \boldsymbol{\alpha}$线性相关，则$\boldsymbol{\alpha}$能由向量组$\boldsymbol{\beta}_1, \boldsymbol{\beta}_2, \cdots, \boldsymbol{\beta}_t$线性表出，且表示式是唯一的.

证　由于$\boldsymbol{\beta}_1, \boldsymbol{\beta}_2, \cdots, \boldsymbol{\beta}_t, \boldsymbol{\alpha}$线性相关，就有不全为零的数$k_1, k_2, \cdots, k_t, k$使

$$k_1\boldsymbol{\beta}_1 + k_2\boldsymbol{\beta}_2 + \cdots + k_t\boldsymbol{\beta}_t + k\boldsymbol{\alpha} = \mathbf{0}.$$

由$\boldsymbol{\beta}_1, \boldsymbol{\beta}_2, \cdots, \boldsymbol{\beta}_t$线性无关可以知道$k \neq 0$. 所以

$$\boldsymbol{\alpha} = -\frac{k_1}{k}\boldsymbol{\beta}_1 - \frac{k_2}{k}\boldsymbol{\beta}_2 - \cdots - \frac{k_t}{k}\boldsymbol{\beta}_t,$$

即$\boldsymbol{\alpha}$可由$\boldsymbol{\beta}_1, \boldsymbol{\beta}_2, \cdots, \boldsymbol{\beta}_t$线性表出. 设

$$\boldsymbol{\alpha} = l_1\boldsymbol{\beta}_1 + l_2\boldsymbol{\beta}_2 + \cdots + l_t\boldsymbol{\beta}_t = h_1\boldsymbol{\beta}_1 + h_2\boldsymbol{\beta}_2 + \cdots + h_t\boldsymbol{\beta}_t$$

为两个表示式. 由

$$\begin{aligned}\boldsymbol{\alpha} - \boldsymbol{\alpha} &= (l_1\boldsymbol{\beta}_1 + l_2\boldsymbol{\beta}_2 + \cdots + l_t\boldsymbol{\beta}_t) - (h_1\boldsymbol{\beta}_1 + h_2\boldsymbol{\beta}_2 + \cdots + h_t\boldsymbol{\beta}_t) \\ &= (l_1 - h_1)\boldsymbol{\beta}_1 + (l_2 - h_2)\boldsymbol{\beta}_2 + \cdots + (l_t - h_t)\boldsymbol{\beta}_t = 0\end{aligned}$$

和$\boldsymbol{\beta}_1, \boldsymbol{\beta}_2, \cdots, \boldsymbol{\beta}_t$线性无关可以得到

$$l_1 = h_1, l_2 = h_2, \cdots, l_t = h_t,$$

因此表示式是唯一的.

定义 11.7　如果向量组$\boldsymbol{\alpha}_1, \boldsymbol{\alpha}_2, \cdots, \boldsymbol{\alpha}_s$中每个向量都可由$\boldsymbol{\beta}_1, \boldsymbol{\beta}_2, \cdots, \boldsymbol{\beta}_t$线性表出，就称向量组$\boldsymbol{\alpha}_1, \boldsymbol{\alpha}_2, \cdots, \boldsymbol{\alpha}_s$可由$\boldsymbol{\beta}_1, \boldsymbol{\beta}_2, \cdots, \boldsymbol{\beta}_t$线性表出，如果两个向量组互相可以线性表出，就称它们等价.

向量组的等价具有下述性质.

（1）反身性：向量组$\boldsymbol{\alpha}_1, \boldsymbol{\alpha}_2, \cdots, \boldsymbol{\alpha}_s$与它自己等价.

（2）对称性：如果向量组$\boldsymbol{\alpha}_1, \boldsymbol{\alpha}_2, \cdots, \boldsymbol{\alpha}_s$与$\boldsymbol{\beta}_1, \boldsymbol{\beta}_2, \cdots, \boldsymbol{\beta}_t$等价，那么$\boldsymbol{\beta}_1, \boldsymbol{\beta}_2, \cdots, \boldsymbol{\beta}_t$也与$\boldsymbol{\alpha}_1, \boldsymbol{\alpha}_2, \cdots, \boldsymbol{\alpha}_s$等价.

（3）传递性：如果向量组$\boldsymbol{\alpha}_1, \boldsymbol{\alpha}_2, \cdots, \boldsymbol{\alpha}_s$与$\boldsymbol{\beta}_1, \boldsymbol{\beta}_2, \cdots, \boldsymbol{\beta}_t$等价，而向量组$\boldsymbol{\beta}_1, \boldsymbol{\beta}_2, \cdots, \boldsymbol{\beta}_t$又与$\boldsymbol{\gamma}_1, \boldsymbol{\gamma}_2, \cdots, \boldsymbol{\gamma}_p$等价，那么$\boldsymbol{\alpha}_1, \boldsymbol{\alpha}_2, \cdots, \boldsymbol{\alpha}_s$与$\boldsymbol{\gamma}_1, \boldsymbol{\gamma}_2, \cdots, \boldsymbol{\gamma}_p$等价.

利用定义判断向量组的线性相关性往往比较复杂，我们有时可以直接利用向量组的特点来判断它的线性相关性，通常称一个向量组中的一部分向量组为原向量组的部分组.

定理 11.3　向量组有一个部分组线性相关，则整个向量组线性相关.

证　设向量组$\boldsymbol{\alpha}_1, \boldsymbol{\alpha}_2, \cdots, \boldsymbol{\alpha}_s$有一个部分组线性相关. 不妨设这个部分组为$\boldsymbol{\alpha}_1, \boldsymbol{\alpha}_2, \cdots, \boldsymbol{\alpha}_r$，则有不全为零的数$k_1, k_2, \cdots, k_r$使

$$\sum_{i=1}^{s} k_i\boldsymbol{\alpha}_i = \sum_{i=1}^{r} k_i\boldsymbol{\alpha}_i + \sum_{j=r+1}^{s} 0\boldsymbol{\alpha}_j = \mathbf{0},$$

因此$\boldsymbol{\alpha}_1, \boldsymbol{\alpha}_2, \cdots, \boldsymbol{\alpha}_s$也线性相关.

第三节　向量组的秩

一、极大线性无关组

定义 11.8　一向量组的一个部分组称为一个极大线性无关组，如果这个部分组本身是线性无关的，并且从这向量组中向这部分组任意添一个向量（如果还有），所得的部分组都线性相关.

例 11.5　在向量组$\boldsymbol{A}: \boldsymbol{\alpha}_1=(2,-1,3,1), \boldsymbol{\alpha}_2=(4,-2,5,4), \boldsymbol{\alpha}_3=(2,-1,4,-1)$中，$\boldsymbol{\alpha}_1$，$\boldsymbol{\alpha}_2$为它的一个极大线性无关组. 首先，因为$\boldsymbol{\alpha}_1$与$\boldsymbol{\alpha}_2$的分量不成比例，所以$\boldsymbol{\alpha}_1$，$\boldsymbol{\alpha}_2$线性无关，再添入$\boldsymbol{\alpha}_3$以后，由

$$\boldsymbol{\alpha}_3=3\boldsymbol{\alpha}_1-\boldsymbol{\alpha}_2$$

可知所得部分组线性相关，不难验证$\boldsymbol{\alpha}_2$，$\boldsymbol{\alpha}_3$也为一个极大线性无关组.

我们容易证明定义 11.8 与下列定义 11.9 等价.

定义 11.9　一向量组的一个部分组称为一个极大线性无关组，如果这个部分组本身是线性无关的，并且这向量组中任意向量都可由这部分组线性表出.

向量组的极大线性无关组具有以下性质.

性质 11.1　一向量组的极大线性无关组与向量组本身等价.

性质 11.2　一向量组的任意两个极大线性无关组都等价.

性质 11.3　一向量组的极大线性无关组都含有相同个数的向量.

其中：性质 11.3 表明极大线性无关组所含向量的个数是一个确定的数，与极大线性无关组的选择无关.

二、向量组秩的概念

定义 11.10　向量组 $\boldsymbol{A}:\boldsymbol{\alpha}_1,\boldsymbol{\alpha}_2,\cdots,\boldsymbol{\alpha}_m$ 的极大线性无关组所含向量的个数 r 称为向量组 $\boldsymbol{A}$ 的秩，记作 $R_A=r$ 或 $R(\boldsymbol{\alpha}_1,\boldsymbol{\alpha}_2,\cdots,\boldsymbol{\alpha}_m)=r$.

例如，例 11.5 中向量组 $\boldsymbol{A}:\boldsymbol{\alpha}_1,\boldsymbol{\alpha}_2,\boldsymbol{\alpha}_3$ 的秩为 2，记作 $R_A=2$ 或 $R(\boldsymbol{\alpha}_1,\boldsymbol{\alpha}_2,\boldsymbol{\alpha}_3)=2$.

注　(1) 向量组线性无关的充要条件为它的秩与它所含向量的个数相同.

(2) 等价的向量组秩相等.

如果向量组 $\boldsymbol{A}:\boldsymbol{\alpha}_1,\boldsymbol{\alpha}_2,\cdots,\boldsymbol{\alpha}_s$ 能由向量组 $\boldsymbol{B}:\boldsymbol{\beta}_1,\boldsymbol{\beta}_2,\cdots,\boldsymbol{\beta}_t$ 线性表出，那么 $\boldsymbol{\alpha}_1,\boldsymbol{\alpha}_2,\cdots,\boldsymbol{\alpha}_s$ 的极大线性无关组可由 $\boldsymbol{\beta}_1,\boldsymbol{\beta}_2,\cdots,\boldsymbol{\beta}_t$ 的极大线性无关组线性表出. 因此 $\boldsymbol{\alpha}_1,\boldsymbol{\alpha}_2,\cdots,\boldsymbol{\alpha}_s$ 的秩不超过 $\boldsymbol{\beta}_1,\boldsymbol{\beta}_2,\cdots,\boldsymbol{\beta}_t$ 的秩.

定义 11.11　矩阵的行秩是指它的行向量组的秩，矩阵的列秩是指它的列向量组的秩.

定理 11.4　矩阵的秩等于它的行秩，也等于它的列秩.

证明从略.

定理 11.5　如果矩阵 $\boldsymbol{A}$ 经过有限次初等行变换变为 $\boldsymbol{B}$，则 $\boldsymbol{A}$ 的行向量组与 $\boldsymbol{B}$ 的行向量组等价，而 $\boldsymbol{A}$ 的任意 k 个列向量与 $\boldsymbol{B}$ 中对应的 k 个列向量有相同的线性关系.

证　当 $\boldsymbol{A}$ 经过一次初等行变换变为 $\boldsymbol{B}$ 时，$\boldsymbol{B}$ 的行向量组显然可由 $\boldsymbol{A}$ 的行向量组线性表出，设 $\boldsymbol{A}$ 的任意 k 个列向量 $\boldsymbol{a}_1,\boldsymbol{a}_2,\cdots,\boldsymbol{a}_k$ 所对应的 $\boldsymbol{B}$ 的列向量依次为 $\boldsymbol{a}_1'$，$\boldsymbol{a}_2',\cdots,\boldsymbol{a}_k'$，如果 $\boldsymbol{a}_1,\boldsymbol{a}_2,\cdots,\boldsymbol{a}_k$ 线性相关，就有不全为零的常数 $l_1,l_2,\cdots,l_k$ 使

$$l_1\boldsymbol{a}_1+l_2\boldsymbol{a}_2+\cdots+l_k\boldsymbol{a}_k=0.$$

由 $\boldsymbol{a}_1',\boldsymbol{a}_2',\cdots,\boldsymbol{a}_k'$ 各分量与 $\boldsymbol{a}_1,\boldsymbol{a}_2,\cdots,\boldsymbol{a}_k$ 各分量的关系容易得出

$$l_1\boldsymbol{a}_1'+l_2\boldsymbol{a}_2'+\cdots+l_k\boldsymbol{a}_k'=0,$$

因此 $\boldsymbol{a}_1',\boldsymbol{a}_2',\cdots,\boldsymbol{a}_k'$ 也线性相关. 由初等行变换的逆变换也是初等行变换可以知道 $\boldsymbol{A}$ 的行向量组也可由 $\boldsymbol{B}$ 的行向量组线性表出，并且由 $\boldsymbol{a}_1',\boldsymbol{a}_2',\cdots,\boldsymbol{a}_k'$ 线性相关也可以导出 $\boldsymbol{a}_1,\boldsymbol{a}_2,\cdots,\boldsymbol{a}_k$ 线性相关，此时命题成立. 当 $\boldsymbol{A}$ 要经若干个初等变换变为 $\boldsymbol{B}$ 时，用数学归纳法容易证明命题也成立.

注　通常习惯用初等行变换将矩阵 $\boldsymbol{A}$ 化为阶梯形矩阵 $\boldsymbol{B}$，当阶梯形矩阵 $\boldsymbol{B}$ 的秩为 r 时，$\boldsymbol{B}$ 的非零行中第一个非零元素所在的 r 个列向量是线性无关的.

例 11.6　求向量组 $\boldsymbol{A}:\boldsymbol{\alpha}_1=(1,-2,2,3)^{\mathrm{T}}$，$\boldsymbol{\alpha}_2=(-2,4,-1,3)^{\mathrm{T}}$，$\boldsymbol{\alpha}_3=(-1,2,0,3)^{\mathrm{T}}$，$\boldsymbol{\alpha}_4=(0,6,2,3)^{\mathrm{T}}$，$\boldsymbol{\alpha}_5=(2,-6,3,4)^{\mathrm{T}}$ 的一个极大线性无关组与秩.

解
$$\boldsymbol{A}=(\boldsymbol{\alpha}_1,\boldsymbol{\alpha}_2,\boldsymbol{\alpha}_3,\boldsymbol{\alpha}_4,\boldsymbol{\alpha}_5)=\begin{bmatrix}1&-2&-1&0&2\\-2&4&2&6&-6\\2&-1&0&2&3\\3&3&3&3&4\end{bmatrix}\xrightarrow[r_4-3r_1]{\substack{r_2+2r_1\\r_3-2r_1}}\begin{bmatrix}1&-2&-1&0&2\\0&0&0&6&-2\\0&3&0&2&-1\\0&9&3&3&-2\end{bmatrix}$$

$$\xrightarrow[r_3 \leftrightarrow r_4]{r_2 \leftrightarrow r_3}\begin{bmatrix}1 & -2 & -1 & 0 & 2\\0 & 3 & 2 & 2 & -1\\0 & 9 & 6 & 3 & -2\\0 & 0 & 0 & 6 & -2\end{bmatrix}\xrightarrow{r_3-3r_2}\begin{bmatrix}1 & -2 & -1 & 0 & 2\\0 & 3 & 2 & 2 & -1\\0 & 0 & 0 & -3 & 1\\0 & 0 & 0 & 6 & -2\end{bmatrix}$$

$$\xrightarrow{r_4+2r_3}\begin{bmatrix}1 & -2 & -1 & 0 & 2\\0 & 3 & 2 & 2 & -1\\0 & 0 & 0 & -3 & 1\\0 & 0 & 0 & 0 & 0\end{bmatrix}=B \triangleq (\boldsymbol{\beta}_1,\boldsymbol{\beta}_2,\boldsymbol{\beta}_3,\boldsymbol{\beta}_4,\boldsymbol{\beta}_5).$$

显然在向量组 $\boldsymbol{\beta}_1,\boldsymbol{\beta}_2,\boldsymbol{\beta}_3,\boldsymbol{\beta}_4,\boldsymbol{\beta}_5$ 中，$\boldsymbol{\beta}_1,\boldsymbol{\beta}_2,\boldsymbol{\beta}_4$ 为一个极大线性无关组，所以 $\boldsymbol{\alpha}_1,\boldsymbol{\alpha}_2,\boldsymbol{\alpha}_4$ 为向量组 $\boldsymbol{A}$ 的一个极大线性无关组，因此 $R_A=3$.

例 11.7　求向量组 $\boldsymbol{A}$：

$\boldsymbol{\alpha}_1=(1,4,1,0,2)^{\mathrm{T}}$，$\boldsymbol{\alpha}_2=(2,5,-1,-3,2)^{\mathrm{T}}$，$\boldsymbol{\alpha}_3=(0,2,2,-1,0)^{\mathrm{T}}$，$\boldsymbol{\alpha}_4=(-1,2,5,6,2)^{\mathrm{T}}$

的一个极大线性无关组与秩，并把不属于极大无关组的向量用该极大线性无关组线性表出.

解　把向量组按列排成矩阵 $\boldsymbol{A}$，利用初等行变换把 $\boldsymbol{A}$ 化为行最简形矩阵 $\boldsymbol{B}$.

$$\boldsymbol{A}=(\boldsymbol{\alpha}_1,\boldsymbol{\alpha}_2,\boldsymbol{\alpha}_3,\boldsymbol{\alpha}_4)=\begin{bmatrix}1 & 2 & 0 & -1\\4 & 5 & 2 & 2\\1 & -1 & 2 & 5\\0 & -3 & -1 & 6\\2 & 2 & 0 & 2\end{bmatrix}\xrightarrow{r}\begin{bmatrix}1 & 2 & 0 & -1\\0 & -1 & 0 & 2\\0 & 0 & 1 & 0\\0 & 0 & 0 & 0\\0 & 0 & 0 & 0\end{bmatrix}$$

$$\xrightarrow{r}\begin{bmatrix}1 & 0 & 0 & 3\\0 & 1 & 0 & -2\\0 & 0 & 1 & 0\\0 & 0 & 0 & 0\\0 & 0 & 0 & 0\end{bmatrix}=\boldsymbol{B}\triangleq(\boldsymbol{\beta}_1,\boldsymbol{\beta}_2,\boldsymbol{\beta}_3,\boldsymbol{\beta}_4).$$

显然在向量组 $\boldsymbol{\beta}_1,\boldsymbol{\beta}_2,\boldsymbol{\beta}_3,\boldsymbol{\beta}_4$ 中，$\boldsymbol{\beta}_1,\boldsymbol{\beta}_2,\boldsymbol{\beta}_3$ 为极大线性无关组，且

$$\boldsymbol{\beta}_4=3\boldsymbol{\beta}_1-2\boldsymbol{\beta}_2.$$

从而，在原向量组中 $\boldsymbol{\alpha}_1,\boldsymbol{\alpha}_2,\boldsymbol{\alpha}_3$ 为极大线性无关组，因此 $R_A=3$，且有 $\boldsymbol{\alpha}_4=3\boldsymbol{\alpha}_1-2\boldsymbol{\alpha}_2$.

第四节　线性方程组解的结构

线性方程组解的理论和求解方法是线性代数的核心内容. 本节将利用向量组的线性相关性理论，讨论线性方程组的理论，即解的性质和解的结构，并给出它的通解表示法.

一、齐次线性方程组解的性质与结构

下面用向量组的线性相关性理论来讨论齐次线性方程组

$$\begin{cases} a_{11}x_1 + a_{12}x_2 + \cdots + a_{1n}x_n = 0, \\ a_{21}x_1 + a_{22}x_2 + \cdots + a_{2n}x_n = 0, \\ \cdots\cdots \\ a_{m1}x_1 + a_{m2}x_2 + \cdots + a_{mn}x_n = 0. \end{cases} \tag{11.4}$$

其矩阵形式为

$$\boldsymbol{Ax} = \boldsymbol{0}. \tag{11.5}$$

记

$$\boldsymbol{\alpha}_1 = \begin{pmatrix} a_{11} \\ a_{21} \\ \vdots \\ a_{m1} \end{pmatrix}, \ \boldsymbol{\alpha}_2 = \begin{pmatrix} a_{12} \\ a_{22} \\ \vdots \\ a_{m2} \end{pmatrix}, \ \cdots, \ \boldsymbol{\alpha}_n = \begin{pmatrix} a_{1n} \\ a_{2n} \\ \vdots \\ a_{mn} \end{pmatrix},$$

则其向量形式为

$$x_1\boldsymbol{\alpha}_1 + x_2\boldsymbol{\alpha}_2 + \cdots + x_n\boldsymbol{\alpha}_n = \boldsymbol{0}. \tag{11.6}$$

若 $x_1 = \xi_{11}, x_2 = \xi_{21}, \cdots, x_n = \xi_{n1}$ 为方程组（11.4）的解，则

$$\boldsymbol{x} = \boldsymbol{\xi}_1 = \begin{pmatrix} \xi_{11} \\ \xi_{21} \\ \vdots \\ \xi_{n1} \end{pmatrix}$$

称为方程组（11.4）的解向量，也就是方程组（11.5）和方程组（11.6）的解.

性质 11.4　齐次线性方程组 $\boldsymbol{Ax} = \boldsymbol{0}$ 的任意两解之和仍是它的解.

性质 11.5　齐次线性方程组 $\boldsymbol{Ax} = \boldsymbol{0}$ 的任意解的实数倍仍是它的解.

定义 11.12　设 $\boldsymbol{\alpha}_1, \boldsymbol{\alpha}_2, \cdots, \boldsymbol{\alpha}_r$ 是齐次线性方程组 $\boldsymbol{Ax} = \boldsymbol{0}$ 的 r 个解向量，如果满足下列条件：

（1）$\boldsymbol{\alpha}_1, \boldsymbol{\alpha}_2, \cdots, \boldsymbol{\alpha}_r$ 线性无关；

（2）方程组 $\boldsymbol{Ax} = \boldsymbol{0}$ 的任意一个解向量 $\boldsymbol{\alpha}$ 都能由 $\boldsymbol{\alpha}_1, \boldsymbol{\alpha}_2, \cdots, \boldsymbol{\alpha}_r$ 线性表出.

则 $\boldsymbol{\alpha}_1, \boldsymbol{\alpha}_2, \cdots, \boldsymbol{\alpha}_r$ 称为齐次线性方程组 $\boldsymbol{Ax} = \boldsymbol{0}$ 的基础解系.

易见，基础解系可看成解向量组的一个极大线性无关组.

定理 11.6　若齐次线性方程组 $\boldsymbol{Ax} = \boldsymbol{0}$ 有非零解，则它一定有基础解系，且基础解系所含解向量的个数等于 $n-r$，其中 r 是系数矩阵的秩.

证　设齐次线性方程组 $\boldsymbol{Ax} = \boldsymbol{0}$ 的系数矩阵为

$$\boldsymbol{A} = \begin{pmatrix} a_{11} & a_{12} & \cdots & a_{1n} \\ a_{21} & a_{22} & \cdots & a_{2n} \\ \vdots & \vdots & & \vdots \\ a_{m1} & a_{m2} & \cdots & a_{mn} \end{pmatrix},$$

因齐次线性方程组 $\boldsymbol{Ax} = \boldsymbol{0}$ 有非零解，所以 $R(\boldsymbol{A}) < n$.

对 $\boldsymbol{A}$ 进行行初等变换，$\boldsymbol{A}$ 可化为

$$\begin{pmatrix} 1 & 0 & 0 & \cdots & 0 & c_{1,r+1} & \cdots & c_{1n} \\ 0 & 1 & 0 & \cdots & 0 & c_{2,r+1} & \cdots & c_{2n} \\ \vdots & \vdots & \vdots & & \vdots & \vdots & & \vdots \\ 0 & 0 & 0 & \cdots & 1 & c_{r,r+1} & \cdots & c_{rn} \\ 0 & \vdots & \vdots & & \vdots & \vdots & & 0 \\ \vdots & \vdots & \vdots & & \vdots & \vdots & & \vdots \\ 0 & \cdots & \cdots & \cdots & \cdots & \cdots & \cdots & 0 \end{pmatrix},$$

与之对应的方程组为

$$\begin{cases} x_1 + c_{1,r+1}x_{r+1} + \cdots + c_{1n}x_n = 0, \\ x_2 + c_{2,r+1}x_{r+1} + \cdots + c_{2n}x_n = 0, \\ \quad\cdots\cdots \\ x_r + c_{r,r+1}x_{r+1} + \cdots + c_{rn}x_n = 0. \end{cases}$$

令 $x_{r+1}, x_{r+2}, \cdots, x_n$ 为自由未知量，得

$$\begin{cases} x_1 = -c_{1,r+1}x_{r+1} - \cdots - c_{1n}x_n, \\ x_2 = -c_{2,r+1}x_{r+1} - \cdots - c_{2n}x_n, \\ \quad\cdots\cdots \\ x_r = -c_{r,r+1}x_{r+1} - \cdots - c_{rn}x_n. \end{cases} \tag{11.7}$$

我们对自由未知量 $x_{r+1}, x_{r+2}, \cdots, x_n$ 取 $n-r$ 组值：

$$\begin{pmatrix} x_{r+1} \\ x_{r+2} \\ \vdots \\ x_n \end{pmatrix} = \begin{pmatrix} 1 \\ 0 \\ \vdots \\ 0 \end{pmatrix}, \begin{pmatrix} 0 \\ 1 \\ \vdots \\ 0 \end{pmatrix}, \cdots, \begin{pmatrix} 0 \\ 0 \\ \vdots \\ 1 \end{pmatrix}.$$

依次可得

$$\begin{pmatrix} x_1 \\ x_2 \\ \vdots \\ x_r \end{pmatrix} = \begin{pmatrix} -c_{1,r+1} \\ -c_{2,r+2} \\ \vdots \\ -c_{r,r+1} \end{pmatrix}, \begin{pmatrix} -c_{1,r+2} \\ -c_{2,r+2} \\ \vdots \\ -c_{r,r+2} \end{pmatrix}, \cdots, \begin{pmatrix} -c_{1n} \\ -c_{2n} \\ \vdots \\ -c_{rn} \end{pmatrix},$$

从而可得方程组（11.7），即方程组（11.4）的 $n-r$ 个解：

$$\boldsymbol{\xi}_1 = \begin{pmatrix} -c_{1,r+1} \\ -c_{2,r+1} \\ \vdots \\ -c_{r,r+1} \\ 1 \\ 0 \\ \vdots \\ 0 \end{pmatrix}, \quad \boldsymbol{\xi}_2 = \begin{pmatrix} -c_{1,r+2} \\ -c_{2,r+2} \\ \vdots \\ -c_{r,r+2} \\ 0 \\ 1 \\ \vdots \\ 0 \end{pmatrix}, \quad \cdots, \quad \boldsymbol{\xi}_{n-r} = \begin{pmatrix} -c_{1n} \\ -c_{2n} \\ \vdots \\ -c_{m} \\ 0 \\ 0 \\ \vdots \\ 1 \end{pmatrix}.$$

下面证明$\boldsymbol{\xi}_1,\boldsymbol{\xi}_2,\cdots,\boldsymbol{\xi}_{n-r}$是方程组（11.4）的一个基础解系.

首先，$n-r$个解向量显然线性无关. 其次，设$(k_1,k_2,\cdots,k_n)$是方程组（11.7）的任意解，代入方程组（11.7）得

$$\begin{cases} k_1=-c_{1,r+1}k_{r+1}-\cdots-c_{1n}k_n, \\ k_2=-c_{2,r+1}k_{r+1}-\cdots-c_{2n}k_n, \\ \qquad\cdots\cdots \\ k_r=-c_{r,r+1}k_{r+1}-\cdots-c_{rn}k_n, \\ k_{r+1}=k_{r+1}, \\ \qquad\cdots\cdots \\ k_n=k_n. \end{cases}$$

于是

$$\begin{pmatrix} k_1 \\ k_2 \\ \vdots \\ k_n \end{pmatrix}=k_{r+1}\xi_1+k_{r+2}\xi_2+\cdots+k_n\xi_{n-r}.$$

方程组（11.7）的每一个解向量，都可以由$n-r$个解向量$\xi_1,\xi_2,\cdots,\xi_{n-r}$线性表示，所以$\xi_1,\xi_2,\cdots,\xi_{n-r}$是方程组（11.7）的一个基础解系，由于方程组（11.4）与方程组（11.7）同解，所以$\xi_1,\xi_2,\cdots,\xi_{n-r}$也是方程组（11.4）的基础解系.

定理 11.16 实际上指出了求齐次线性方程组的基础解系的一种方法.

定义 11.13　若$\xi_1,\xi_2,\cdots,\xi_{n-r}$是齐次线性方程组$\boldsymbol{Ax}=\boldsymbol{0}$的一个基础解系，称

$$\boldsymbol{x}=k_1\boldsymbol{\xi}_1+k_2\boldsymbol{\xi}_2+\cdots+k_{n-r}\boldsymbol{\xi}_{n-r}\quad(k_1,k_2,\cdots,k_{n-r}\in\mathbf{R})$$

为$\boldsymbol{Ax}=\boldsymbol{0}$的通解.

例 11.8　求齐次线性方程组

$$\begin{cases} x_1-x_2+x_3-x_4=0, \\ x_1-x_2-x_3+x_4=0, \\ x_1-x_2-2x_3+2x_4=0. \end{cases}$$

的基础解系与通解.

解　对系数矩阵$\boldsymbol{A}$进行初等行变换有

$$\boldsymbol{A}=\begin{bmatrix} 1 & -1 & 1 & -1 \\ 1 & -1 & -1 & 1 \\ 1 & -1 & -2 & 2 \end{bmatrix}\xrightarrow{r}\begin{bmatrix} 1 & -1 & 0 & 0 \\ 0 & 0 & -1 & 1 \\ 0 & 0 & 0 & 0 \end{bmatrix}.$$

故有

$$\begin{cases} x_1-x_2=0, \\ -x_3+x_4=0. \end{cases}$$

把x_1,x_4看作自由未知量，令$\begin{pmatrix} x_1 \\ x_4 \end{pmatrix}=\begin{pmatrix} 1 \\ 0 \end{pmatrix},\begin{pmatrix} 0 \\ 1 \end{pmatrix}$，得$\begin{bmatrix} x_2 \\ x_3 \end{bmatrix}=\begin{bmatrix} 1 \\ 0 \end{bmatrix},\begin{bmatrix} 0 \\ 1 \end{bmatrix}$.

从而得基础解系

$$\boldsymbol{\xi}_1=\begin{bmatrix}1\\1\\0\\0\end{bmatrix},\qquad \boldsymbol{\xi}_2=\begin{bmatrix}0\\0\\1\\1\end{bmatrix}.$$

于是，所求通解为 $\boldsymbol{x}=k_1\boldsymbol{\xi}_1+k_2\boldsymbol{\xi}_2$ $(k_1,k_2\in\mathbf{R})$.

例 11.9　λ 取何值时，方程组

$$\begin{cases}x_1+\ \ x_2+\lambda x_3=0,\\ -x_1+\lambda x_2+\ \ x_3=0,\\ x_1-\ \ x_2+\ 2x_3=0\end{cases}$$

有非零解，并求其通解.

解　因为齐次线性方程组有非零解，所以系数行列式

$$|\boldsymbol{A}|=\begin{vmatrix}1&1&\lambda\\-1&\lambda&1\\1&-1&2\end{vmatrix}=(\lambda+1)(4-\lambda)=0,$$

解得 $\lambda=1$ 或 4.

将 $\lambda=1$ 代入原方程，得

$$\begin{cases}x_1+x_2-\ \ x_3=0,\\ -x_1-x_2+\ \ x_3=0,\\ x_1-x_2+2x_3=0.\end{cases}$$

方程组的系数矩阵

$$\boldsymbol{A}=\begin{bmatrix}1&1&-1\\-1&-1&1\\1&-1&2\end{bmatrix}\xrightarrow{r}\begin{bmatrix}1&0&\frac{1}{2}\\0&1&-\frac{3}{2}\\0&0&0\end{bmatrix},$$

得同解方程组

$$\begin{cases}x_1+\dfrac{1}{2}x_3=0,\\ x_2-\dfrac{3}{2}x_3=0.\end{cases}$$

把 x_3 看作自由未知量，令 $x_3=2$ 得

$$x_1=-1,\quad x_2=3.$$

从而得基础解系

$$\boldsymbol{\xi}=\begin{pmatrix}-1\\3\\2\end{pmatrix},$$

所以，方程组的通解为 $\boldsymbol{x}=k\boldsymbol{\xi}$ ($k\in\mathbf{R}$).

同理，当 $\lambda=4$ 时，可求得方程组的通解为

$$\boldsymbol{x}=k\begin{pmatrix}-3\\-1\\1\end{pmatrix}\quad(k\in\mathbf{R}).$$

二、非齐次线性方程组解的性质与结构

非齐次线性方程组

$$\begin{cases}a_{11}x_1+a_{12}x_2+\cdots+a_{1n}x_n=b_1,\\a_{21}x_1+a_{22}x_2+\cdots+a_{2n}x_n=b_2,\\\qquad\cdots\cdots\\a_{m1}x_1+a_{m2}x_2+\cdots+a_{mn}x_n=b_m\end{cases}\tag{11.8}$$

可写成向量方程

$$\boldsymbol{Ax}=\boldsymbol{b}\tag{11.9}$$

如果把它的常数项都换成 0，就得到相应的齐次线性方程组 $\boldsymbol{Ax}=\boldsymbol{0}$，称它为非齐次线性方程组（11.9）的导出方程组，简称导出组. 非齐次线性方程组（11.9）的解与它的导出组的解之间有如下关系.

性质 11.6　若非齐次线性方程组 $\boldsymbol{Ax}=\boldsymbol{b}$ 有解，则任意两解之差是它的导出组 $\boldsymbol{Ax}=\boldsymbol{0}$ 的解.

性质 11.7　若非齐次线性方程组 $\boldsymbol{Ax}=\boldsymbol{b}$ 有解，则 $\boldsymbol{Ax}=\boldsymbol{b}$ 的任一解与它的导出组 $\boldsymbol{Ax}=\boldsymbol{0}$ 的任一解之和是 $\boldsymbol{Ax}=\boldsymbol{b}$ 的解.

根据性质 11.7，若导出组 $\boldsymbol{Ax}=\boldsymbol{0}$ 的通解为

$$\boldsymbol{x}=k_1\boldsymbol{\xi}_1+k_2\boldsymbol{\xi}_2+\cdots+k_{n-r}\boldsymbol{\xi}_{n-r}\quad(k_1,k_2,\cdots,k_{n-r}\in\mathbf{R}),$$

则方程组 $\boldsymbol{Ax}=\boldsymbol{b}$ 的任一解都可表示为

$$\boldsymbol{x}=k_1\boldsymbol{\xi}_1+k_2\boldsymbol{\xi}_2+\cdots+k_{n-r}\boldsymbol{\xi}_{n-r}+\eta^*\quad(k_1,k_2,\cdots,k_{n-r}\in\mathbf{R},\boldsymbol{\eta}^*\text{是方程组}\boldsymbol{Ax}=\boldsymbol{b}\text{的一个特解}),$$

称它为方程组 $\boldsymbol{Ax}=\boldsymbol{b}$ 的通解.

由此，对于非齐次线性方程组 $\boldsymbol{Ax}=\boldsymbol{b}$ 有解时，我们只需先求得它的一个特解 $\boldsymbol{\eta}^*$，然后再求它的导出组 $\boldsymbol{Ax}=\boldsymbol{0}$ 的通解，由此便可得 $\boldsymbol{Ax}=\boldsymbol{b}$ 的通解. 一般求 $\boldsymbol{Ax}=\boldsymbol{b}$ 的一个特解与求它的导出组的通解可同时进行.

例 11.10　求方程组

$$\begin{cases}x_1+3x_2-x_3+2x_4+4x_5=3,\\2x_1-x_2+8x_3+7x_4+2x_5=9,\\4x_1+5x_2+6x_3+11x_4+10x_5=15\end{cases}$$

的通解.

解　对增广矩阵进行初等行变换

$$(\boldsymbol{A}\vdots\boldsymbol{b})=\begin{bmatrix}1 & 3 & -1 & 2 & 4 & 3\\ 2 & -1 & 8 & 7 & 2 & 9\\ 4 & 5 & 6 & 11 & 10 & 15\end{bmatrix}\xrightarrow{r}\begin{bmatrix}1 & 0 & \frac{23}{7} & \frac{23}{7} & \frac{10}{7} & \frac{30}{7}\\ 0 & 1 & -\frac{10}{7} & -\frac{3}{7} & \frac{6}{7} & -\frac{3}{7}\\ 0 & 0 & 0 & 0 & 0 & 0\end{bmatrix}.$$

$R(\boldsymbol{A})=R(\boldsymbol{A}\vdots\boldsymbol{b})=2<5$，所以方程组有无穷多个解.

由前述知，它的导出组的基础解系为

$$\boldsymbol{\xi}_1=\begin{bmatrix}-\frac{23}{7}\\ \frac{10}{7}\\ 1\\ 0\\ 0\end{bmatrix},\quad \boldsymbol{\xi}_2=\begin{bmatrix}-\frac{23}{7}\\ \frac{3}{7}\\ 0\\ 1\\ 0\end{bmatrix},\quad \boldsymbol{\xi}_3=\begin{bmatrix}-\frac{10}{7}\\ -\frac{6}{7}\\ 0\\ 0\\ 1\end{bmatrix}.$$

令 $x_3=x_4=x_5=0$，得原方程组的一个特解为

$$\boldsymbol{\eta}^*=\left(\frac{30}{7},-\frac{3}{7},0,0,0\right)^{\mathrm{T}},$$

于是原方程组通解为

$$\boldsymbol{x}=k_1\boldsymbol{\xi}_1+k_2\boldsymbol{\xi}_2+k_3\boldsymbol{\xi}_3+\boldsymbol{\eta}^*\quad(k_1,k_2,k_3\in\mathbf{R}).$$

注　在求方程组的特解与它的导出组的基础解系时，一定要注意常数列的处理. 最好把特解与基础解系中的解分别代入两个方程组进行验证.

*第五节　向 量 空 间

定义 11.14　设 V 为 n 维向量组成的集合. 若 V 非空，且对于向量加法及数乘两种运算封闭，即对任意的 $\boldsymbol{\alpha}$，$\boldsymbol{\beta}\in V$ 和常数 k 都有

$$\boldsymbol{\alpha}+\boldsymbol{\beta}\in V,\qquad k\boldsymbol{\alpha}\in V,$$

称集合 V 为一个向量空间.

例 11.11　n 向量的全体 $\mathbf{R}^n$ 构成一个向量空间. 特别地，三维向量可以用有向线段来表示，所以 $\mathbf{R}^3$ 也可以看作以坐标原点为起点的有向线段的全体.

例 11.12　n 维零向量所形成的集合 $\{0\}$ 构成一个向量空间.

例 11.13　集合 $V=\{(0,x_2,x_3,\cdots,x_n)\,|\,x_2,x_3,\cdots,x_n\in\mathbf{R}\}$ 构成一个向量空间.

例 11.14　集合 $V=\{(x_1,x_2,\cdots,x_n)\,|\,x_1+x_2+\cdots+x_n=1\}$ 不构成向量空间.

例 11.15　设 $\boldsymbol{\alpha}_1,\boldsymbol{\alpha}_2,\cdots,\boldsymbol{\alpha}_m$ 为一个 n 维向量组，它们的线性组合

$$V=\{k_1\boldsymbol{a}_1+k_2\boldsymbol{a}_2+\cdots+k_m\boldsymbol{a}_m\,|\,k_1,k_2,\cdots,k_m\in\mathbf{R}\}$$

构成一个向量空间. 这个向量空间称为由$\boldsymbol{\alpha}_1, \boldsymbol{\alpha}_2, \cdots, \boldsymbol{\alpha}_m$所生成的向量空间，记作

$$L(\boldsymbol{\alpha}_1, \boldsymbol{\alpha}_2, \cdots, \boldsymbol{\alpha}_m)=\{k_1\boldsymbol{a}_1+k_2\boldsymbol{a}_2+\cdots+k_m\boldsymbol{a}_m \mid k_1, k_2, \cdots, k_m\in\mathbf{R}\}.$$

例 11.16　证明：由等价的向量组生成的向量空间必相等.

证　设$\boldsymbol{\alpha}_1, \boldsymbol{\alpha}_2, \cdots, \boldsymbol{\alpha}_m$和$\boldsymbol{\beta}_1, \boldsymbol{\beta}_2, \cdots, \boldsymbol{\beta}_s$是两个等价的向量组. 任意的$\boldsymbol{\alpha}\in L(\boldsymbol{\alpha}_1, \boldsymbol{\alpha}_2, \cdots, \boldsymbol{\alpha}_m)$都可经$\boldsymbol{\alpha}_1, \boldsymbol{\alpha}_2, \cdots, \boldsymbol{\alpha}_m$线性表出. 由向量组$\boldsymbol{\alpha}_1, \boldsymbol{\alpha}_2, \cdots, \boldsymbol{\alpha}_m$又可经$\boldsymbol{\beta}_1, \boldsymbol{\beta}_2, \cdots, \boldsymbol{\beta}_s$线性表出可以知道$\boldsymbol{\alpha}$也能经$\boldsymbol{\beta}_1, \boldsymbol{\beta}_2, \cdots, \boldsymbol{\beta}_s$线性表出，即有$\boldsymbol{\alpha}\in L(\boldsymbol{\beta}_1, \boldsymbol{\beta}_2, \cdots, \boldsymbol{\beta}_s)$. 由$\boldsymbol{\alpha}$的任意性得

$$L(\boldsymbol{\alpha}_1, \boldsymbol{\alpha}_2, \cdots, \boldsymbol{\alpha}_m)\subseteq L(\boldsymbol{\beta}_1, \boldsymbol{\beta}_2, \cdots, \boldsymbol{\beta}_s).$$

同理可证

$$L(\boldsymbol{\beta}_1, \boldsymbol{\beta}_2, \cdots, \boldsymbol{\beta}_s)\subseteq L(\boldsymbol{\alpha}_1, \boldsymbol{\alpha}_2, \cdots, \boldsymbol{\alpha}_m).$$

于是

$$L(\boldsymbol{\alpha}_1, \boldsymbol{\alpha}_2, \cdots, \boldsymbol{\alpha}_m)=L(\boldsymbol{\beta}_1, \boldsymbol{\beta}_2, \cdots, \boldsymbol{\beta}_s).$$

定义 11.15　如果V_1和V_2都是向量空间且$V_1\subseteq V_2$，称V_1是V_2的子空间.

任何由n维向量所组成的向量空间都是$\mathbf{R}^n$的子空间. $\mathbf{R}^n$和$\{0\}$称为$\mathbf{R}^n$的平凡子空间，其他子空间称为$\mathbf{R}^n$的非平凡子空间.

定义 11.16　设V为一个向量空间. 如果V中的向量组$\boldsymbol{\alpha}_1, \boldsymbol{\alpha}_2, \cdots, \boldsymbol{\alpha}_r$满足：

（1）$\boldsymbol{\alpha}_1, \boldsymbol{\alpha}_2, \cdots, \boldsymbol{\alpha}_r$线性无关；

（2）V中任意向量都可经$\boldsymbol{\alpha}_1, \boldsymbol{\alpha}_2, \cdots, \boldsymbol{\alpha}_r$线性表出，那么向量组$\boldsymbol{\alpha}_1, \boldsymbol{\alpha}_2, \cdots, \boldsymbol{\alpha}_r$称为$V$的一个基，$r$称为$V$的维数，并称$V$为一个$r$维向量空间.

如果向量空间V没有基，则V的维数为 0，0 维向量空间只含一个零向量.

如果把向量空间V看作向量组，那么V的基是它的极大线性无关组，V的维数就是它的秩. 当V由n维向量组成时，它的维数不会超过n.

习 题 十 一

1. 设$\boldsymbol{\alpha}_1=(1, 1, 0)$，$\boldsymbol{\alpha}_2=(0, 1, 1)$，$\boldsymbol{\alpha}_3=(3, 4, 0)$. 求$\boldsymbol{\alpha}_1-\boldsymbol{\alpha}_2$，$3\boldsymbol{\alpha}_1+2\boldsymbol{\alpha}_2$及$\boldsymbol{\alpha}_2-\boldsymbol{\alpha}_3$.

2. 判断下列命题是否正确.

（1）若向量组$\boldsymbol{\alpha}_1, \boldsymbol{\alpha}_2, \cdots, \boldsymbol{\alpha}_m$线性相关，那么其中每个向量可经其他向量线性表示.

（2）若当且仅当$\lambda_1=\lambda_2=\cdots=\lambda_m=0$时有

$$\lambda_1\boldsymbol{\alpha}_1+\lambda_2\boldsymbol{\alpha}_2+\cdots+\lambda_m\boldsymbol{\alpha}_m+\lambda_1\boldsymbol{\beta}_1+\lambda_2\boldsymbol{\beta}_2+\cdots+\lambda_m\boldsymbol{\beta}_m=0,$$

那么$\boldsymbol{\alpha}_1, \boldsymbol{\alpha}_2, \cdots, \boldsymbol{\alpha}_m$线性无关且$\boldsymbol{\beta}_1, \boldsymbol{\beta}_2, \cdots, \boldsymbol{\beta}_m$也线性无关.

（3）若$\boldsymbol{\alpha}_1, \boldsymbol{\alpha}_2, \cdots, \boldsymbol{\alpha}_m$线性相关，$\boldsymbol{\beta}_1, \boldsymbol{\beta}_2, \cdots, \boldsymbol{\beta}_m$也线性相关，则有不全为 0 的数$\lambda_1, \lambda_2, \cdots, \lambda_m$，使$\lambda_1\boldsymbol{\alpha}_1+\lambda_2\boldsymbol{\alpha}_2+\cdots+\lambda_m\boldsymbol{\alpha}_m=\lambda_1\boldsymbol{\beta}_1+\lambda_2\boldsymbol{\beta}_2+\cdots+\lambda_m\boldsymbol{\beta}_m=0$.

3. 判别下列向量组的线性相关性：

（1）$\boldsymbol{\alpha}_1=(2,5)$, $\boldsymbol{\alpha}_2=(-1,3)$；

（2）$\boldsymbol{\alpha}_1=(1,2)$, $\boldsymbol{\alpha}_2=(2,3)$, $\boldsymbol{\alpha}_3=(4,3)$；

（3）$\boldsymbol{\alpha}_1=(1,1,3,1)$, $\boldsymbol{\alpha}_2=(4,1,-3,2)$，$\boldsymbol{\alpha}_3=(1,0,-1,2)$.

4. 如果 $\boldsymbol{\beta}_1=\boldsymbol{\alpha}_1+\boldsymbol{\alpha}_2$，$\boldsymbol{\beta}_2=\boldsymbol{\alpha}_2+\boldsymbol{\alpha}_3$，$\boldsymbol{\beta}_3=\boldsymbol{\alpha}_3+\boldsymbol{\alpha}_4$，$\boldsymbol{\beta}_4=\boldsymbol{\alpha}_4+\boldsymbol{\alpha}_1$，求证：向量组 $\boldsymbol{\beta}_1,\boldsymbol{\beta}_2,\boldsymbol{\beta}_3,\boldsymbol{\beta}_4$ 线性相关.

5. 设向量组 $\boldsymbol{\alpha}_1,\boldsymbol{\alpha}_2,\cdots,\boldsymbol{\alpha}_r$ 线性无关，求证：向量组 $\boldsymbol{\beta}_1,\boldsymbol{\beta}_2,\cdots,\boldsymbol{\beta}_r$ 也线性无关，这里 $\boldsymbol{\beta}_r=\boldsymbol{\alpha}_1+\boldsymbol{\alpha}_2+\cdots+\boldsymbol{\alpha}_r$.

6. 设 $\boldsymbol{\alpha}_1,\boldsymbol{\alpha}_2,\cdots,\boldsymbol{\alpha}_n$ 为一组 n 维向量，求证：$\boldsymbol{\alpha}_1,\boldsymbol{\alpha}_2,\cdots,\boldsymbol{\alpha}_n$ 线性无关的充要条件是任一 n 维向量都可由它们线性表出.

7. 设 $\boldsymbol{\alpha}_1,\boldsymbol{\alpha}_2,\cdots,\boldsymbol{\alpha}_s$ 的秩为 r 且其中每个向量都可经 $\boldsymbol{\alpha}_1,\boldsymbol{\alpha}_2,\cdots,\boldsymbol{\alpha}_r$ 线性表出. 求证：$\boldsymbol{\alpha}_1,\boldsymbol{\alpha}_2,\cdots,\boldsymbol{\alpha}_r$ 为 $\boldsymbol{\alpha}_1,\boldsymbol{\alpha}_2,\cdots,\boldsymbol{\alpha}_s$ 的一个极大线性无关组.

8. 设向量组 $\boldsymbol{\alpha}_1,\boldsymbol{\alpha}_2,\cdots,\boldsymbol{\alpha}_m$ 与 $\boldsymbol{\beta}_1,\boldsymbol{\beta}_2,\cdots,\boldsymbol{\beta}_s$ 秩相同且 $\boldsymbol{\alpha}_1,\boldsymbol{\alpha}_2,\cdots,\boldsymbol{\alpha}_m$ 能经 $\boldsymbol{\beta}_1,\boldsymbol{\beta}_2,\cdots,\boldsymbol{\beta}_s$ 线性表出. 求证：$\boldsymbol{\alpha}_1,\boldsymbol{\alpha}_2,\cdots,\boldsymbol{\alpha}_m$ 与 $\boldsymbol{\beta}_1,\boldsymbol{\beta}_2,\cdots,\boldsymbol{\beta}_s$ 等价.

9. 求向量组 $\boldsymbol{\alpha}_1=(1,1,1,k)$, $\boldsymbol{\alpha}_2=(1,1,k,1)$, $\boldsymbol{\alpha}_3=(1,2,1,1)$ 的秩和一个极大无关组.

10. 确定向量 $\boldsymbol{\beta}_3=(2,a,b)$，使向量组 $\boldsymbol{\beta}_1=(1,1,0)$, $\boldsymbol{\beta}_2=(1,1,1)$, $\boldsymbol{\beta}_3$ 与向量组 $\boldsymbol{\alpha}_1=(0,1,1)$, $\boldsymbol{\alpha}_2=(1,2,1)$, $\boldsymbol{\alpha}_3=(1,0,-1)$ 的秩相同，且 $\boldsymbol{\beta}_3$ 可由 $\boldsymbol{\alpha}_1,\boldsymbol{\alpha}_2,\boldsymbol{\alpha}_3$ 线性表出.

11. 求下列向量组的秩与一个极大线性无关组：

（1）$\boldsymbol{\alpha}_1^{\mathrm{T}}=(1,2,1,3)$, $\boldsymbol{\alpha}_2^{\mathrm{T}}=(4,-1,-5,-6)$, $\boldsymbol{\alpha}_3^{\mathrm{T}}=(1,-3,-4,-7)$；

（2）$\boldsymbol{\alpha}_1^{\mathrm{T}}=(1,2,-1,4)$, $\boldsymbol{\alpha}_2^{\mathrm{T}}=(9,100,10,4)$, $\boldsymbol{\alpha}_3^{\mathrm{T}}=(-2,-4,2,-8)$.

12. 求下列齐次线性方程组的基础解系：

（1）$\begin{cases} x_1+3x_2+2x_3=0, \\ x_1+5x_2+x_3=0, \\ 3x_1+5x_2+8x_3=0; \end{cases}$　　（2）$\begin{cases} x_1-x_2+5x_3-x_4=0, \\ x_1+x_2-2x_3+3x_4=0, \\ 3x_1-x_2+8x_3+x_4=0, \\ x_1+3x_2-9x_3+7x_4=0; \end{cases}$

（3）$\begin{cases} x_1+x_2+2x_3+2x_4+7x_5=0, \\ 2x_1+3x_2+4x_3+5x_4=0, \\ 3x_1+5x_2+6x_3+8x_4=0. \end{cases}$

13. 解下列非齐次线性方程组：

（1）$\begin{cases} x_1+x_2+2x_3=1, \\ 2x_1-x_2+2x_3=4, \\ x_1-2x_2=3, \\ 4x_1+x_2+4x_3=2; \end{cases}$　　（2）$\begin{cases} 2x_1+x_2-x_3+x_4=1, \\ 4x_1+2x_2-2x_3+x_4=2, \\ 2x_1+x_2-x_3-x_4=1; \end{cases}$

（3）$\begin{cases} x_1 - 2x_2 + x_3 + x_4 = 1, \\ x_1 - 2x_2 + x_3 - x_4 = -1, \\ x_1 - 2x_2 + x_3 + x_4 = 5. \end{cases}$

*__14.__ 集合 $V_1=\{(x_1, x_2, \cdots, x_n) \mid x_1, x_2, \cdots, x_n \in \mathbf{R}$ 且 $x_1+x_2+\cdots+x_n=0\}$是否构成向量空间? 为什么?

*__15.__ 试证：由$\boldsymbol{\alpha}_1=(1,1,0)$，$\boldsymbol{\alpha}_2=(1,0,1)$，$\boldsymbol{\alpha}_3=(0,1,1)$生成的向量空间恰为 $\mathbf{R}^3$.

*__16.__ 求由向量$\boldsymbol{\alpha}_1=(1,2,1,0)$，$\boldsymbol{\alpha}_2=(1,1,1,2)$，$\boldsymbol{\alpha}_3=(3,4,3,4)$，$\boldsymbol{\alpha}_4=(1,1,2,1)$，$\boldsymbol{\alpha}_5=(4,5,6,4)$所生成的向量空间的一组基及其维数.

*__17.__ 设$\boldsymbol{\alpha}_1=(1,1,0,0)$，$\boldsymbol{\alpha}_2=(1,0,1,1)$，$\boldsymbol{\beta}_1=(2,-1,3,3)$，$\boldsymbol{\beta}_2=(0,1,-1,-1)$，证明：$L(\boldsymbol{\alpha}_1, \boldsymbol{\alpha}_2)=L(\boldsymbol{\beta}_1, \boldsymbol{\beta}_2)$.

第十二章　方阵的特征值与对角化

方阵的特征值与特征向量是矩阵论中的一个重要部分，在理论研究中有重要作用，并且有着广泛的实际应用背景. 例如，数学及物理中涉及的微分方程问题和方阵的对角化问题，动力学系统和结构系统中的振动问题和稳定性问题等都可归结为求一个矩阵的特征值和特征向量的问题. 方阵的对角化是线性代数的一个重要内容，它与矩阵相似有着密切的联系，在实际中也有着广泛的应用. 本章介绍矩阵的特征值与特征向量的概念、性质以及相似矩阵，并研究实对称矩阵的对角化问题.

第一节　方阵的特征值与特征向量

一、特征值与特征向量的基本概念

定义 12.1　设 $\boldsymbol{A}$ 是 n 阶方阵，如果数 λ 和 n 维非零列向量 $\boldsymbol{x}$，使得

$$\boldsymbol{Ax}=\lambda\boldsymbol{x} \tag{12.1}$$

成立，则称数 λ 为方阵 $\boldsymbol{A}$ 的特征值，非零向量 $\boldsymbol{x}$ 称为方阵 $\boldsymbol{A}$ 的对应于特征值 λ 的特征向量.

注　特征向量 $\boldsymbol{x}\neq 0$；特征值问题是针对方阵而言的.

根据定义 12.1，n 阶方阵 $\boldsymbol{A}$ 的特征值使式（12.1）即齐次线性方程组

$$(\boldsymbol{A}-\lambda\boldsymbol{E})\boldsymbol{x}=0, \tag{12.2}$$

有非零解的 λ 值，而式（12.2）有非零解的充分必要条件是系数行列式，即

$$|\boldsymbol{A}-\lambda\boldsymbol{E}|=0, \tag{12.3}$$

从而满足方程（12.3）的 λ 都是 $\boldsymbol{A}$ 的特征值. 因此 $\boldsymbol{A}$ 的特征值是方程（12.3）的根；$\boldsymbol{A}$ 对应于特征值 λ 的特征向量是齐次线性方程组（12.2）的非零解.

定义 12.2　设 $\boldsymbol{A}=(a_{ij})_{n\times n}$，称

$$f(\lambda)=|\boldsymbol{A}-\lambda\boldsymbol{E}|=\begin{vmatrix} a_{11}-\lambda & a_{12} & \cdots & a_{1n} \\ a_{21} & a_{22}-\lambda & \cdots & a_{2n} \\ \vdots & \vdots & & \vdots \\ a_{n1} & a_{n2} & \cdots & a_{nn}-\lambda \end{vmatrix}$$

为方阵 $\boldsymbol{A}$ 的特征多项式，式（12.3）称为 $\boldsymbol{A}$ 的特征方程.

由 n 阶行列式的定义知，方阵 $\boldsymbol{A}$ 的特征多项式是 λ 的 n 次多项式，$\boldsymbol{A}$ 的特征值是特征方程的根. 根据代数基本定理知，n 次多项式在复数范围内恒有解，其解的个数为方程的次数（重根按重数计算）. 因此，n 阶方阵在复数范围内有 n 个特征值.

例 12.1　求矩阵 $\boldsymbol{A}=\begin{pmatrix} 3 & -1 \\ -1 & 3 \end{pmatrix}$ 的特征值和特征向量.

解　矩阵 $\boldsymbol{A}$ 的特征方程为

$$|\boldsymbol{A}-\lambda\boldsymbol{E}|=\begin{vmatrix} 3-\lambda & -1 \\ -1 & 3-\lambda \end{vmatrix}=(2-\lambda)(4-\lambda)=0,$$

所以 $\boldsymbol{A}$ 的特征值为 $\lambda_1=2$，$\lambda_2=4$.

当 $\lambda_1=2$ 时，对应的特征向量应满足

$$\begin{pmatrix} 3-2 & -1 \\ -1 & 3-2 \end{pmatrix}\begin{pmatrix} x_1 \\ x_2 \end{pmatrix}=\begin{pmatrix} 0 \\ 0 \end{pmatrix},$$

即

$$\begin{cases} x_1-x_2=0, \\ -x_1+x_2=0. \end{cases}$$

解得 $x_1=x_2$，所以对应的特征向量可取为

$$p_1=\begin{pmatrix} 1 \\ 1 \end{pmatrix}.$$

当 $\lambda_2=4$ 时，由

$$\begin{pmatrix} 3-4 & -1 \\ -1 & 3-4 \end{pmatrix}\begin{pmatrix} x_1 \\ x_2 \end{pmatrix}=\begin{pmatrix} 0 \\ 0 \end{pmatrix},$$

即

$$\begin{pmatrix} -1 & -1 \\ -1 & -1 \end{pmatrix}\begin{pmatrix} x_1 \\ x_2 \end{pmatrix}=\begin{pmatrix} 0 \\ 0 \end{pmatrix}.$$

解得 $x_1=-x_2$，所以对应的特征向量可取为

$$p_2=\begin{pmatrix} -1 \\ 1 \end{pmatrix}.$$

注　若 $\boldsymbol{p}_i$ 是 $\boldsymbol{A}$ 的对应于特征值 λ_i 的特征向量，则 $k\boldsymbol{p}_i\ (k\neq 0)$ 也是对应于 λ_i 的特征向量.

例 12.2　求矩阵 $\boldsymbol{A}=\begin{pmatrix} 1 & 0 & 0 \\ 1 & 2 & 2 \\ 1 & 1 & 3 \end{pmatrix}$ 的特征值和特征向量.

解　矩阵 $\boldsymbol{A}$ 的特征方程为

$$|\boldsymbol{A}-\lambda\boldsymbol{E}|=\begin{vmatrix} 1-\lambda & 0 & 0 \\ 1 & 2-\lambda & 2 \\ 1 & 1 & 3-\lambda \end{vmatrix}=(4-\lambda)(1-\lambda)^2=0,$$

所以 $\boldsymbol{A}$ 的特征值为 $\lambda_1=4,\lambda_2=\lambda_3=1$.

当 $\lambda_1=4$ 时，解方程 $(\boldsymbol{A}-4\boldsymbol{E})\boldsymbol{x}=\boldsymbol{0}$．由

$$\boldsymbol{A}-4\boldsymbol{E}=\begin{pmatrix}-3&0&0\\1&-2&2\\1&1&-1\end{pmatrix}\xrightarrow{r}\begin{pmatrix}1&0&0\\0&1&-1\\0&0&0\end{pmatrix},$$

得基础解系

$$\boldsymbol{p}_1=\begin{pmatrix}0\\1\\1\end{pmatrix},$$

所以 $k_1\boldsymbol{p}_1(k_1\neq0)$ 是对应于 $\lambda_1=1$ 的全部特征向量.

当 $\lambda_2=\lambda_3=1$ 时，解方程 $(\boldsymbol{A}-\boldsymbol{E})\boldsymbol{x}=\boldsymbol{0}$．由

$$\boldsymbol{A}-\boldsymbol{E}=\begin{pmatrix}0&0&0\\1&1&2\\1&1&2\end{pmatrix}\xrightarrow{r}\begin{pmatrix}1&1&2\\0&0&0\\0&0&0\end{pmatrix},$$

得基础解系 $\boldsymbol{p}_2=\begin{pmatrix}-1\\1\\0\end{pmatrix}$，$\boldsymbol{p}_3=\begin{pmatrix}-2\\0\\1\end{pmatrix}$，所以 $k_2\boldsymbol{p}_2+k_3\boldsymbol{p}_3\ (k_2k_3\neq0)$ 是对应于 $\lambda_2=\lambda_3=1$ 的全部特征向量.

例 12.3　求矩阵 $\boldsymbol{A}=\begin{pmatrix}2&3&2\\1&4&2\\1&-3&1\end{pmatrix}$ 的特征值和特征向量.

解　矩阵 $\boldsymbol{A}$ 的特征方程为

$$|\boldsymbol{A}-\lambda\boldsymbol{E}|=\begin{vmatrix}2-\lambda&3&2\\1&4-\lambda&2\\1&-3&1-\lambda\end{vmatrix}=(1-\lambda)(3-\lambda)^2=0,$$

所以 $\boldsymbol{A}$ 的特征值为 $\lambda_1=1,\lambda_2=\lambda_3=3$.

当 $\lambda_1=1$ 时，解方程 $(\boldsymbol{A}-\boldsymbol{E})\boldsymbol{x}=\boldsymbol{0}$．由

$$\boldsymbol{A}-\boldsymbol{E}=\begin{pmatrix}1&3&2\\1&3&2\\1&-3&0\end{pmatrix}\xrightarrow{r}\begin{pmatrix}1&0&1\\0&1&\frac{1}{3}\\0&0&0\end{pmatrix},$$

得基础解系

$$\boldsymbol{p}_1=\begin{pmatrix}-1\\-\frac{1}{3}\\1\end{pmatrix},$$

所以 $k_1\boldsymbol{p}_1\ (k_1\neq0)$ 是对应于 $\lambda_1=1$ 的全部特征向量.

当 $\lambda_2=\lambda_3=3$ 时，解方程 $(\boldsymbol{A}-3\boldsymbol{E})\boldsymbol{x}=\boldsymbol{0}$．由

$$A-3E=\begin{pmatrix}-1&3&2\\1&1&2\\1&-3&-2\end{pmatrix}\xrightarrow{r}\begin{pmatrix}1&0&1\\0&1&1\\0&0&0\end{pmatrix},$$

得基础解系

$$p_2=\begin{pmatrix}-1\\-1\\1\end{pmatrix},$$

所以 $k_2p_2\ (k_2\neq 0)$ 是对应于 $\lambda_2=\lambda_3=3$ 的全部特征向量.

注　在例 12.2 中，对应二重根特征值 $\lambda_2=\lambda_3=3$，有两个线性无关的特征向量；而在例 12.3 中，对应二重根特征值 $\lambda_2=\lambda_3=1$ 只有一个线性无关的特征向量.

若 λ 为 A 的一个特征值，则 λ 一定是特征方程 $|A-\lambda E|=0$ 的根，因此又称为特征根，求矩阵 A 的全部特征值和特征向量的步骤如下：

第一步：计算 A 的特征多项式 $|A-\lambda E|$；

第二步：求出特征方程 $|A-\lambda E|=0$ 的全部根，即为 A 的全部特征值；

第三步：对于 A 的每一个特征值 λ，求出齐次线性方程组

$$(A-\lambda E)x=0$$

的一个基础解系 $p_1,p_2,\cdots,p_s$，则 A 的对应于特征值 λ 的全部特征向量是

$$k_1p_1+k_2p_2+\cdots+k_sp_s\ (\text{其中 } k_1,k_2,\cdots,k_s \text{ 不全为零}).$$

二、方阵的特征值与特征向量的基本性质

性质 12.1　若 λ 是方阵 A 的特征值，则

（1）$k\lambda\ (k\neq 0)$ 是 kA 的特征值；

（2）$\lambda^m\ (m\in N)$ 是 A^m 的特征值；

（3）当 A 可逆时，λ^{-1} 是 A^{-1} 的特征值.

证　（1）因 λ 是方阵 A 的特征值，故存在非零向量 x，使得 $Ax=\lambda x$. 于是 $kAx=k\lambda x$，即

$$(kA)x=(k\lambda)x,$$

所以 $k\lambda$ 是 kA 的特征值.

（2）由 $Ax=\lambda x\ (x\neq 0)$，可得 $AAx=A\lambda x$，即

$$A^2x=\lambda^2x,$$

再继续施行上述步骤，可得

$$A^mx=\lambda^mx\quad (m\text{ 为正整数}),$$

故 λ^m 是 A^m 的特征值.

（3）当 A 可逆时，由 $Ax=\lambda x$ 得 $x=\lambda A^{-1}x$，显然 $\lambda\neq 0$（否则 $x=0$），故

$$A^{-1}x=\lambda^{-1}x,$$

所以 λ^{-1} 是 A^{-1} 的特征值.

性质 12.2　设 $A=(a_{ij})_{n\times n}$ 的 n 个特征值为 $\lambda_1,\lambda_2,\cdots,\lambda_n$，则

（1）$a_{11}+a_{22}+\cdots+a_{nn}=\lambda_1+\lambda_2+\cdots+\lambda_n$；

（2）$\det A=\lambda_1\lambda_2\cdots\lambda_n$.

注　将 $a_{11}+a_{22}+\cdots+a_{nn}$ 称为矩阵 A 的**迹**，记作 $\mathrm{tr}A$.

性质 12.3　方阵 A 与其转置矩阵 A^{T} 的特征值相同.

由例 12.1～例 12.3 可知，方阵 A 的每一个特征值可以求出其全部的特征向量. 但对于属于不同特征值的特征向量，它们之间到底存在什么关系呢？这一问题的讨论在对角化理论中有着很重要的作用. 对此给出以下结论.

定理 12.1　设 $A_{n\times n}$ 的互异特征值为 $\lambda_1,\lambda_2,\cdots,\lambda_m$，对应的特征向量依次为 $\boldsymbol{p}_1,\boldsymbol{p}_2,\cdots,\boldsymbol{p}_m$，则向量组 $\boldsymbol{p}_1,\boldsymbol{p}_2,\cdots,\boldsymbol{p}_m$ 线性无关.

证　对特征值的个数 m，用数学归纳法证明.

当 $m=1$ 时，由于特征向量 $\boldsymbol{p}_1\neq 0$，而只含一个非零向量的向量组线性无关，故向量组 $\boldsymbol{p}_1$ 线性无关.

假设当 $m=k-1$ 时结论成立，即 $A\boldsymbol{p}_i=\lambda_i\boldsymbol{p}_i\ (i=1,2,\cdots,k-1)$，当 $\lambda_1,\lambda_2,\cdots,\lambda_{k-1}$ 互不相同时，向量组 $\boldsymbol{p}_1,\boldsymbol{p}_2,\cdots,\boldsymbol{p}_{k-1}$ 线性无关，下面证明 $m=k$ 时结论也成立，即要证向量组 $\boldsymbol{p}_1,\boldsymbol{p}_2,\cdots,\boldsymbol{p}_k$ 线性无关.

设有一组数 $x_1,x_2,\cdots,x_k$，使得

$$x_1\boldsymbol{p}_1+x_2\boldsymbol{p}_2+\cdots+x_k\boldsymbol{p}_k=\boldsymbol{0},\tag{12.4}$$

在式（12.4）两端的左边乘以方阵 A，得 $x_1A\boldsymbol{p}_1+x_2A\boldsymbol{p}_2+\cdots+x_kA\boldsymbol{p}_k=\boldsymbol{0}$，接着利用 $A\boldsymbol{p}_i=\lambda_i\boldsymbol{p}_i$ 可得

$$x_1\lambda_1\boldsymbol{p}_1+x_2\lambda_2\boldsymbol{p}_2+\cdots+x_k\lambda_k\boldsymbol{p}_k=\boldsymbol{0},\tag{12.5}$$

再用式（12.5）的两端分别减式（12.4）的 λ_k 倍，可得

$$x_1(\lambda_1-\lambda_k)\boldsymbol{p}_1+x_2(\lambda_2-\lambda_k)\boldsymbol{p}_2+\cdots+x_{k-1}(\lambda_{k-1}-\lambda_k)\boldsymbol{p}_{k-1}=\boldsymbol{0},$$

由归纳法假设知 $\boldsymbol{p}_1,\boldsymbol{p}_2,\cdots,\boldsymbol{p}_{k-1}$ 线性无关，所以

$$x_i(\lambda_i-\lambda_k)=0\quad(i=1,2,\cdots,k-1),$$

又根据已知条件知 $\lambda_1,\lambda_2,\cdots,\lambda_{k-1},\lambda_k$ 互不相等，因此 $\lambda_i-\lambda_k\neq 0$，于是 $x_i=0\ (i=1,2,\cdots,k-1)$. 将此结果代入式(12.4)得 $x_k\boldsymbol{p}_k=0$，而 $\boldsymbol{p}_k\neq 0$，故 $x_k=0$. 因此当且仅当 $x_1=x_2=\cdots=x_k=0$ 时，式（12.4）才成立，故向量组 $\boldsymbol{p}_1,\boldsymbol{p}_2,\cdots,\boldsymbol{p}_k$ 线性无关.

根据归纳法原理，对于任意正整数 m，结论成立.

由此定理知，当 n 阶方阵的 n 个特征值互不相同时，有 n 个线性无关的特征向量.

定理 12.2　设 λ 是方阵 A 的特征值，则

（1）$\varphi(\lambda)$ 是 $\varphi(A)$ 的特征值，其中 $\varphi(\lambda)=a_0+a_1\lambda+\cdots+a_m\lambda^m$ 是关于 λ 的一元多项式，称 $\varphi(x)=a_0E+a_1A+\cdots+a_mA^m$ 是方阵 A 的多项式.

（2）若 $\varphi(\boldsymbol{A})=\boldsymbol{O}$，则有 $\varphi(\lambda)=0$.

证　（1）根据性质 12.1 可知 λ^m 是 $\boldsymbol{A}^m$ 的特征值（m 是正整数），故存在非零向量 $\boldsymbol{x}$，使得

$$\boldsymbol{A}^m\boldsymbol{x}=\lambda^m\boldsymbol{x}\quad (\text{其中 } m \text{ 是正整数}).$$

因此

$$\begin{aligned}\varphi(\boldsymbol{A})x&=(a_0\boldsymbol{E}+a_1\boldsymbol{A}+\cdots+a_m\boldsymbol{A}^m)\boldsymbol{x}\\&=a_0\boldsymbol{E}\boldsymbol{x}+a_1\boldsymbol{A}\boldsymbol{x}+\cdots+a_m\boldsymbol{A}^m\boldsymbol{x}\\&=a_0\boldsymbol{x}+a_1\lambda\boldsymbol{x}+\cdots+a_m\lambda^m\boldsymbol{x}\\&=(a_0+a_1\lambda+\cdots+a_m\lambda^m)\boldsymbol{x}\\&=\varphi(\lambda)\boldsymbol{x},\end{aligned}$$

故 $\varphi(\lambda)$ 是 $\varphi(\boldsymbol{A})$ 的特征值.

（2）由（1）可知存在非零向量 $\boldsymbol{x}$，使

$$\varphi(\boldsymbol{A})\boldsymbol{x}=\varphi(\lambda)\boldsymbol{x},$$

现在 $\varphi(\boldsymbol{A})=\boldsymbol{O}$，所以

$$\varphi(\lambda)\boldsymbol{x}=\varphi(\boldsymbol{A})\boldsymbol{x}=\boldsymbol{O}\boldsymbol{x}=\boldsymbol{0}.$$

又 $\boldsymbol{x}\neq 0$，故 $\varphi(\lambda)=0$.

例 12.4　设三阶方阵 $\boldsymbol{A}$ 的特征值是 $1,2,-3$，求 $|\boldsymbol{A}^*+3\boldsymbol{A}+2\boldsymbol{E}|$.

解　设 λ 是 $\boldsymbol{A}$ 的特征值，则 $\lambda=1,2,-3$．由

$$|\boldsymbol{A}|=1\times 2\times(-3)=-6\neq 0$$

知 $\boldsymbol{A}$ 可逆，故由 $\boldsymbol{A}\boldsymbol{A}^*=|\boldsymbol{A}|\boldsymbol{E}$，得

$$\boldsymbol{A}^*=|\boldsymbol{A}|\boldsymbol{A}^{-1}=-6\boldsymbol{A}^{-1},$$

所以

$$\boldsymbol{A}^*+3\boldsymbol{A}+2\boldsymbol{E}=-6\boldsymbol{A}^{-1}+3\boldsymbol{A}+2\boldsymbol{E}.$$

将上式记作 $\varphi(\boldsymbol{A})$，并设 $\varphi(\lambda)=-6\lambda^{-1}+3\lambda+2$.

故 $\varphi(\boldsymbol{A})$ 的三个特征值分别为 $\varphi(1)$，$\varphi(2)$，$\varphi(-3)$．于是

$$|\boldsymbol{A}^*+3\boldsymbol{A}+2\boldsymbol{E}|=\varphi(1)\varphi(2)\varphi(-3)=-1\times 5\times(-5)=25.$$

说明，这里 $\varphi(\boldsymbol{A})$ 虽然不是矩阵多项式，但也具有矩阵多项式的特性.

第二节　相似矩阵

本节讨论矩阵之间的另一种关系——相似关系，介绍相似矩阵的概念和性质，并给出方阵相似于对角矩阵的条件.

一、相似矩阵的概念

定义 12.3　设 $\boldsymbol{A}$ 、$\boldsymbol{B}$ 为 n 阶方阵，若存在可逆矩阵 $\boldsymbol{P}$ ，使得

$$\boldsymbol{P}^{-1}\boldsymbol{A}\boldsymbol{P}=\boldsymbol{B},$$

则称 $\boldsymbol{A}$ 是 $\boldsymbol{B}$ 的相似矩阵或矩阵 $\boldsymbol{A}$ 与 $\boldsymbol{B}$ 相似. 对 $\boldsymbol{A}$ 进行运算 $\boldsymbol{P}^{-1}\boldsymbol{A}\boldsymbol{P}$ 称为对 $\boldsymbol{A}$ 进行相似变换，可逆矩阵 $\boldsymbol{P}$ 称为把 $\boldsymbol{A}$ 变成 $\boldsymbol{B}$ 的相似变换矩阵.

定理 12.3　若 n 阶方阵 $\boldsymbol{A}$ 与 $\boldsymbol{B}$ 相似，则 $\boldsymbol{A}$ 与 $\boldsymbol{B}$ 的特征多项式相同，从而 $\boldsymbol{A}$ 与 $\boldsymbol{B}$ 相似的特征值也相同.

证　因为 $\boldsymbol{A}$ 与 $\boldsymbol{B}$ 相似，所以存在可逆方阵 $\boldsymbol{P}$ ，使

$$\boldsymbol{P}^{-1}\boldsymbol{A}\boldsymbol{P}=\boldsymbol{B}.$$

故

$$\begin{aligned}|\boldsymbol{B}-\lambda\boldsymbol{E}|&=|\boldsymbol{P}^{-1}\boldsymbol{A}\boldsymbol{P}-\boldsymbol{P}^{-1}(\lambda\boldsymbol{E})\boldsymbol{P}|=|\boldsymbol{P}^{-1}(\boldsymbol{A}-\lambda\boldsymbol{E})\boldsymbol{P}|\\&=|\boldsymbol{P}^{-1}||\boldsymbol{A}-\lambda\boldsymbol{E}||\boldsymbol{P}|=|\boldsymbol{A}-\lambda\boldsymbol{E}|.\end{aligned}$$

这表明 $\boldsymbol{A}$ 与 $\boldsymbol{B}$ 的特征多项式相同，所以它们的特征值也相同.

由定理 12.3 可知，相似矩阵的特征值相同，但特征值相同的矩阵不一定相似. 例如

$$\boldsymbol{A}=\begin{pmatrix}1&2\\0&1\end{pmatrix},\quad \boldsymbol{E}=\begin{pmatrix}1&0\\0&1\end{pmatrix},$$

其中：1 是 $\boldsymbol{E}$ 和 $\boldsymbol{A}$ 的二重特征值，但对任何可逆矩阵 $\boldsymbol{P}$ ，都有 $\boldsymbol{P}^{-1}\boldsymbol{E}\boldsymbol{P}=\boldsymbol{E}\neq\boldsymbol{A}$，即 $\boldsymbol{A}$ 与 $\boldsymbol{E}$ 不相似.

推论 12.1　若 n 阶方阵 $\boldsymbol{A}$ 与对角阵

$$\boldsymbol{\Lambda}=\begin{pmatrix}\lambda_1&&&\\&\lambda_2&&\\&&\ddots&\\&&&\lambda_n\end{pmatrix}$$

相似时，则 $\lambda_1,\lambda_2,\cdots,\lambda_n$ 是 $\boldsymbol{A}$ 的 n 个特征值.

证　因为 $$|\boldsymbol{\Lambda}-\lambda\boldsymbol{E}|=\begin{vmatrix}\lambda_1-\lambda&&&\\&\lambda_2-\lambda&&\\&&\ddots&\\&&&\lambda_n-\lambda\end{vmatrix}=(\lambda_1-\lambda)(\lambda_2-\lambda)\cdots(\lambda_n-\lambda),$$

所以 $\lambda_1,\lambda_2,\cdots,\lambda_n$ 是 $\boldsymbol{\Lambda}$ 的 n 个特征值. 由定理 12.3 知 $\lambda_1,\lambda_2,\cdots,\lambda_n$ 也是 $\boldsymbol{A}$ 的 n 个特征值.

定理 12.4　设 $\boldsymbol{\xi}$ 是方阵 $\boldsymbol{A}$ 对应于特征值 λ 的特征向量，且 $\boldsymbol{A}$ 与 $\boldsymbol{B}$ 相似，即存在可逆矩阵 $\boldsymbol{P}$ ，使得

$$\boldsymbol{P}^{-1}\boldsymbol{A}\boldsymbol{P}=\boldsymbol{B},$$

则 $\boldsymbol{\eta}=\boldsymbol{P}^{-1}\boldsymbol{\xi}$ 是方阵 $\boldsymbol{B}$ 对应于特征值 λ 的特征向量.

二、相似对角化

在矩阵运算中，对角矩阵的运算相对来说比较简便，如果一个矩阵能够相似于一个对角矩阵，那么则称它可以相似对角化.

对一般情形，如果 $\boldsymbol{P}^{-1}\boldsymbol{A}\boldsymbol{P}=\boldsymbol{B}$，那么 $\boldsymbol{B}^k=\boldsymbol{P}^{-1}\boldsymbol{A}^k\boldsymbol{P}$，$\boldsymbol{A}^k=\boldsymbol{P}\boldsymbol{B}^k\boldsymbol{P}^{-1}$，$\boldsymbol{A}$ 的多项式 $\varphi(\boldsymbol{A})=\boldsymbol{P}\varphi(\boldsymbol{B})\boldsymbol{P}^{-1}$.

特别地，若有可逆矩阵 $\boldsymbol{P}$，使 $\boldsymbol{P}^{-1}\boldsymbol{A}\boldsymbol{P}=\boldsymbol{\Lambda}$ 为对角阵，则

$$\boldsymbol{A}^k=\boldsymbol{P}\boldsymbol{\Lambda}^k\boldsymbol{P}^{-1},\quad \varphi(\boldsymbol{A})=\boldsymbol{P}\varphi(\boldsymbol{\Lambda})\boldsymbol{P}^{-1}.$$

其中

$$\boldsymbol{\Lambda}^k=\begin{pmatrix}\lambda_1^k&&&\\&\lambda_2^k&&\\&&\ddots&\\&&&\lambda_n^k\end{pmatrix},\quad \varphi(\boldsymbol{\Lambda})=\begin{pmatrix}\varphi(\lambda_1)&&&\\&\varphi(\lambda_2)&&\\&&\ddots&\\&&&\varphi(\lambda_n)\end{pmatrix}.$$

下面讨论的主要问题是对 n 阶方阵 $\boldsymbol{A}$，寻求相似变换矩阵 $\boldsymbol{P}$，使 $\boldsymbol{P}^{-1}\boldsymbol{A}\boldsymbol{P}=\boldsymbol{\Lambda}$ 为对角阵.

定理 12.5　n 阶方阵 $\boldsymbol{A}$ 与对角阵相似（即 $\boldsymbol{A}$ 能对角化）的充分必要条件是 $\boldsymbol{A}$ 有 n 个线性无关的特征向量.

证　必要性. 设 $\boldsymbol{A}$ 与对角阵相似，即存在可逆矩阵 $\boldsymbol{P}$，使

$$\boldsymbol{P}^{-1}\boldsymbol{A}\boldsymbol{P}=\boldsymbol{\Lambda}=\begin{pmatrix}\lambda_1&&&\\&\lambda_2&&\\&&\ddots&\\&&&\lambda_n\end{pmatrix},$$

其中 $\lambda_1,\lambda_2,\cdots,\lambda_n$ 为 $\boldsymbol{A}$ 的特征值.

将上式左乘 $\boldsymbol{P}$，得

$$\boldsymbol{A}\boldsymbol{P}=\boldsymbol{P}\boldsymbol{\Lambda}.$$

再将 $\boldsymbol{P}$ 矩阵按列进行分块，表示成

$$\boldsymbol{P}=(\boldsymbol{P}_1,\boldsymbol{P}_2,\cdots,\boldsymbol{P}_n),$$

则

$$\boldsymbol{A}(\boldsymbol{P}_1,\boldsymbol{P}_2,\cdots,\boldsymbol{P}_n)=(\boldsymbol{P}_1,\boldsymbol{P}_2,\cdots,\boldsymbol{P}_n)\begin{pmatrix}\lambda_1&&&\\&\lambda_2&&\\&&\ddots&\\&&&\lambda_n\end{pmatrix}$$

$$=(\lambda_1\boldsymbol{P}_1,\lambda_2\boldsymbol{P}_2,\cdots,\lambda_n\boldsymbol{P}_n).$$

于是

$$\boldsymbol{A}\boldsymbol{P}_i=\lambda_i\boldsymbol{P}_i\quad(i=1,2,\cdots,n).\tag{12.6}$$

由于 $\boldsymbol{P}$ 可逆，所以 $\boldsymbol{P}_1,\boldsymbol{P}_2,\cdots,\boldsymbol{P}_n$ 都是非零向量且线性无关. 再由式(12.6)知 $\boldsymbol{P}_1,\boldsymbol{P}_2,\cdots,\boldsymbol{P}_n$

是 $\boldsymbol{A}$ 的分别对应于特征值 $\lambda_1,\lambda_2,\cdots,\lambda_n$ 的特征向量，故 $\boldsymbol{A}$ 有 n 个线性无关的特征向量.

充分性. 设矩阵 $\boldsymbol{A}$ 有 n 个线性无关的特征向量 $\boldsymbol{P}_1,\boldsymbol{P}_2,\cdots,\boldsymbol{P}_n$，它们分别对应于特征值 $\lambda_1,\lambda_2,\cdots,\lambda_n$，即

$$\boldsymbol{A}\boldsymbol{P}_i=\lambda_i\boldsymbol{P}_i \quad (i=1,2,\cdots,n).$$

以特征向量 $\boldsymbol{P}_1,\boldsymbol{P}_2,\cdots,\boldsymbol{P}_n$ 为列向量构造矩阵 $\boldsymbol{P}$，即

$$\boldsymbol{P}=(\boldsymbol{P}_1,\boldsymbol{P}_2,\cdots,\boldsymbol{P}_n)$$

因 $\boldsymbol{P}_1,\boldsymbol{P}_2,\cdots,\boldsymbol{P}_n$ 线性无关，故 $\boldsymbol{P}$ 为可逆矩阵，又

$$\begin{aligned}\boldsymbol{AP}&=\boldsymbol{A}(\boldsymbol{P}_1,\boldsymbol{P}_2,\cdots,\boldsymbol{P}_n)=(\boldsymbol{AP}_1,\boldsymbol{AP}_2,\cdots,\boldsymbol{AP}_n)\\&=(\lambda_1\boldsymbol{P}_1,\lambda_2\boldsymbol{P}_2,\cdots,\lambda_n\boldsymbol{P}_n)\\&=(\boldsymbol{P}_1,\boldsymbol{P}_2,\cdots,\boldsymbol{P}_n)\begin{pmatrix}\lambda_1&&&\\&\lambda_1&&\\&&\ddots&\\&&&\lambda_n\end{pmatrix}\\&=\boldsymbol{P}\begin{pmatrix}\lambda_1&&&\\&\lambda_1&&\\&&\ddots&\\&&&\lambda_n\end{pmatrix}=\boldsymbol{P\Lambda},\end{aligned}$$

用 $\boldsymbol{P}^{-1}$ 左乘上式两端，得

$$\boldsymbol{P}^{-1}\boldsymbol{AP}=\boldsymbol{\Lambda}.$$

故矩阵 $\boldsymbol{A}$ 与对角阵相似.

由定理 12.5 可知，对于 n 阶方阵 $\boldsymbol{A}$ 能否与对角阵相似，关键在于 $\boldsymbol{A}$ 是否有 n 个线性无关的特征向量. 如果 $\boldsymbol{A}$ 有 n 个线性无关的特征向量 $\boldsymbol{P}_1,\boldsymbol{P}_2,\cdots,\boldsymbol{P}_n$，则以 n 个向量 $\boldsymbol{P}_1,\boldsymbol{P}_2,\cdots,\boldsymbol{P}_n$ 为列向量构成的可逆矩阵 $\boldsymbol{P}$，可使得 $\boldsymbol{P}^{-1}\boldsymbol{AP}=\boldsymbol{\Lambda}$ 为对角阵，并且 $\boldsymbol{\Lambda}$ 的对角元是这些特征向量依次所对应的特征值. 但是并不是每一个 n 阶方阵都有 n 个线性无关的特征向量，也就是说并不是每一个 n 阶方阵都可以对角化.

推论 12.2 若 n 阶方阵 $\boldsymbol{A}$ 有 n 个互不相同的特征值，则 $\boldsymbol{A}$ 可以对角化.

注 n 阶方阵 $\boldsymbol{A}$ 有 n 个互不相同的特征值是可以对角化的充分条件而不是必要条件.

从特征方程考虑，当 $\boldsymbol{A}$ 的特征方程都是单根时，$\boldsymbol{A}$ 可以对角化；当 $\boldsymbol{A}$ 的特征方程有重根时，就不一定有 n 个线性无关的特征向量，从而不一定能对角化. 例如第一节例 12.3 中 $\boldsymbol{A}$ 的特征方程有重根，但找不到 3 个线性无关的特征向量，因此 $\boldsymbol{A}$ 不能对角化；而在第一节例 12.2 中 $\boldsymbol{A}$ 的特征方程有重根，但能找到 3 个线性无关的特征向量，因此 $\boldsymbol{A}$ 能对角化.

例 12.5 设 $\boldsymbol{A}=\begin{pmatrix}2&-1&2\\5&-3&3\\-1&0&-2\end{pmatrix}$，试问 $\boldsymbol{A}$ 能否对角化?

解 因为

$$|A-\lambda E|=\begin{vmatrix} 2-\lambda & -1 & 2 \\ 5 & -3-\lambda & 3 \\ -1 & 0 & -2-\lambda \end{vmatrix}=-(\lambda+1)^3,$$

所以 $\boldsymbol{A}$ 的特征值是 $\lambda_1=\lambda_2=\lambda_3=-1$.

当 $\lambda_1=\lambda_2=\lambda_3=-1$ 时，解齐次线性方程组 $(\boldsymbol{A}+\boldsymbol{E})\boldsymbol{x}=\boldsymbol{0}$，由

$$\boldsymbol{A}+\boldsymbol{E}=\begin{pmatrix} 3 & -1 & 2 \\ 5 & -2 & 3 \\ -1 & 0 & -1 \end{pmatrix}\overset{r}{\sim}\begin{pmatrix} 1 & 0 & 1 \\ 0 & 1 & 1 \\ 0 & 0 & 0 \end{pmatrix},$$

得基础解系

$$\boldsymbol{P}=\begin{pmatrix} -1 \\ -1 \\ 1 \end{pmatrix}.$$

因 $\boldsymbol{A}$ 只有一个线性无关的特征向量，故 $\boldsymbol{A}$ 不能对角化.

例 12.6　设 $\boldsymbol{A}=\begin{pmatrix} 0 & 0 & 1 \\ 1 & 1 & x \\ 1 & 0 & 0 \end{pmatrix}$，问 x 为何值时，矩阵 $\boldsymbol{A}$ 能对角化?

解　由

$$|\boldsymbol{A}-\lambda\boldsymbol{E}|=\begin{vmatrix} -\lambda & 0 & 1 \\ 1 & 1-\lambda & x \\ 1 & 0 & -\lambda \end{vmatrix}=-(\lambda-1)^2(\lambda+1),$$

得 $\boldsymbol{A}$ 的特征值为 $\lambda_1=-1,\lambda_2=\lambda_3=1$.

对应单根 $\lambda_1=-1$，可求得线性无关的特征向量恰有 1 个，故 $\boldsymbol{A}$ 可对角化的充分必要条件是对应重根 $\lambda_2=\lambda_3=1$ 有 2 个线性无关的特征向量，即方程 $(\boldsymbol{A}-\boldsymbol{E})\boldsymbol{x}=\boldsymbol{0}$ 有 2 个线性无关的解向量，亦即 $R(\boldsymbol{A}-\boldsymbol{E})=1$.

由于

$$\boldsymbol{A}-\boldsymbol{E}=\begin{pmatrix} -1 & 0 & 1 \\ 1 & 0 & x \\ 1 & 0 & -1 \end{pmatrix}\xrightarrow{r}\begin{pmatrix} 1 & 0 & -1 \\ 0 & 0 & x+1 \\ 0 & 0 & 0 \end{pmatrix},$$

要使 $R(\boldsymbol{A}-\boldsymbol{E})=1$，则 $x+1=0$，即 $x=-1$. 所以，当 $x=-1$ 时，矩阵 $\boldsymbol{A}$ 能对角化.

例 12.7　设矩阵 $\boldsymbol{A}=\begin{pmatrix} 2 & 2 & 1 \\ 2 & 5 & 2 \\ 3 & 6 & 4 \end{pmatrix}$，问 $\boldsymbol{A}$ 是否能对角化，若能对角化，找一可逆矩阵 $\boldsymbol{P}$，使 $\boldsymbol{P}^{-1}\boldsymbol{AP}$ 为对角阵.

解　因为

$$|\boldsymbol{A}-\lambda\boldsymbol{E}|=\begin{vmatrix}2-\lambda & 2 & 1\\ 2 & 5-\lambda & 2\\ 3 & 6 & 4-\lambda\end{vmatrix}=(1-\lambda)^2(9-\lambda),$$

所以 $\boldsymbol{A}$ 的特征值是 $\lambda_1=\lambda_2=1,\lambda_3=9$.

当 $\lambda_1=\lambda_2=1$ 时，解线性方程 $(\boldsymbol{A}-\boldsymbol{E})\boldsymbol{x}=\boldsymbol{0}$，由

$$\boldsymbol{A}-\boldsymbol{E}=\begin{pmatrix}1 & 2 & 1\\ 2 & 4 & 2\\ 3 & 6 & 3\end{pmatrix}\overset{r}{\sim}\begin{pmatrix}1 & 2 & 1\\ 0 & 0 & 0\\ 0 & 0 & 0\end{pmatrix},$$

得基础解系 $\boldsymbol{P}_1=\begin{pmatrix}-2\\ 1\\ 0\end{pmatrix}$，$\boldsymbol{P}_2=\begin{pmatrix}-1\\ 0\\ 1\end{pmatrix}$.

当 $\lambda_3=9$ 时，解线性方程 $(\boldsymbol{A}-9\boldsymbol{E})\boldsymbol{x}=\boldsymbol{0}$，由

$$\boldsymbol{A}-9\boldsymbol{E}=\begin{pmatrix}-7 & 2 & 1\\ 2 & -4 & 2\\ 3 & 6 & -5\end{pmatrix}\overset{r}{\sim}\begin{pmatrix}1 & 0 & -\dfrac{1}{3}\\ 0 & 1 & -\dfrac{2}{3}\\ 0 & 0 & 0\end{pmatrix},$$

得基础解系

$$\boldsymbol{P}_3=\begin{pmatrix}1\\ 2\\ 3\end{pmatrix}.$$

因为 $\boldsymbol{A}$ 有 3 个线性无关的特征向量，故 $\boldsymbol{A}$ 可以对角化.

令

$$\boldsymbol{P}=(\boldsymbol{P}_1,\boldsymbol{P}_2,\boldsymbol{P}_3)=\begin{pmatrix}-2 & -1 & 1\\ 1 & 0 & 2\\ 0 & 1 & 3\end{pmatrix},$$

则 $\boldsymbol{P}$ 为可逆矩阵，且使得

$$\boldsymbol{P}^{-1}\boldsymbol{A}\boldsymbol{P}=\begin{pmatrix}1 & & \\ & 1 & \\ & & 9\end{pmatrix}$$

为对角阵.

第三节　实对称矩阵的对角化

一个 n 阶矩阵具备什么条件才能对角化呢？这是一个较复杂的问题，本节不进行一般性的讨论，仅讨论 n 阶矩阵 $\boldsymbol{A}$ 为实对称矩阵的情形.

一、实对称矩阵的特征值与特征向量

实矩阵的特征多项式虽说是实系数多项式，但其特征值可能是复数，所相应的特征向量也可能是复向量. 但是实对称矩阵的特征值全是实数，相应的特征向量可以取为实向量，并且不同特征值所对应的特征向量是正交的. 下面给予证明.

定理 12.6　实对称矩阵的特征值为实数.

证　设复数 λ 是实对称矩阵 $\boldsymbol{A}$ 的特征值，复向量 $\boldsymbol{x}$ 是其对应的特征向量，即

$$\boldsymbol{A}\boldsymbol{x}=\lambda\boldsymbol{x}\quad(\boldsymbol{x}\neq\boldsymbol{0}),$$

用 $\overline{\lambda}$ 表示 λ 的共轭复数，$\overline{\boldsymbol{x}}$ 表示 $\boldsymbol{x}$ 的共轭复向量. 由 $\boldsymbol{A}$ 为实矩阵，得

$$\overline{\boldsymbol{A}}=\boldsymbol{A},$$

所以

$$\boldsymbol{A}\overline{\boldsymbol{x}}=\overline{\boldsymbol{A}}\overline{\boldsymbol{x}}=\overline{(\boldsymbol{A}\boldsymbol{x})}=\overline{\lambda\boldsymbol{x}}=\overline{\lambda}\overline{\boldsymbol{x}},$$

于是有

$$\overline{\boldsymbol{x}}^{\mathrm{T}}\boldsymbol{A}\boldsymbol{x}=\overline{\boldsymbol{x}}^{\mathrm{T}}(\boldsymbol{A}\boldsymbol{x})=\overline{\boldsymbol{x}}^{\mathrm{T}}(\lambda\boldsymbol{x})=\lambda(\overline{\boldsymbol{x}}^{\mathrm{T}}\boldsymbol{x}).\tag{12.7}$$

又因 $\boldsymbol{A}$ 为对称矩阵，所以

$$\overline{\boldsymbol{x}}^{\mathrm{T}}\boldsymbol{A}\boldsymbol{x}=(\overline{\boldsymbol{x}}^{\mathrm{T}}\boldsymbol{A}^{\mathrm{T}})\boldsymbol{x}=(\boldsymbol{A}\overline{\boldsymbol{x}})^{\mathrm{T}}\boldsymbol{x}=(\overline{\lambda}\overline{\boldsymbol{x}})^{\mathrm{T}}\boldsymbol{x}=\overline{\lambda}(\overline{\boldsymbol{x}}^{\mathrm{T}}\boldsymbol{x}),\tag{12.8}$$

式（12.7）减去式（12.8）并移项，得

$$(\lambda-\overline{\lambda})\overline{\boldsymbol{x}}^{\mathrm{T}}\boldsymbol{x}=\boldsymbol{0}.$$

设 $\boldsymbol{x}=(x_1,x_2,\cdots,x_n)^{\mathrm{T}}$，由 $\boldsymbol{x}\neq\boldsymbol{0}$，得

$$\overline{\boldsymbol{x}}^{\mathrm{T}}\boldsymbol{x}=\sum_{i=1}^{n}\overline{x}_i x_i=\sum_{i=1}^{n}|x_i|^2\neq 0.$$

故 $\lambda-\overline{\lambda}=0$，即 $\lambda=\overline{\lambda}$，这说明 $\boldsymbol{A}$ 的特征值 λ 是实数.

定理 12.7　设 $\boldsymbol{A}$ 是一个实对称矩阵，则 $\boldsymbol{A}$ 的不同特征值所对应的特征向量一定正交.

证　设 λ_1,λ_2 是 $\boldsymbol{A}$ 的两个不同特征值，$\boldsymbol{p}_1,\boldsymbol{p}_2$ 是对应的特征向量，即

$$\boldsymbol{A}\boldsymbol{p}_1=\lambda_1\boldsymbol{p}_1,\quad \boldsymbol{A}\boldsymbol{p}_2=\lambda_2\boldsymbol{p}_2,$$

则

$$(\boldsymbol{A}\boldsymbol{p}_1)^{\mathrm{T}}\boldsymbol{p}_2=(\lambda_1\boldsymbol{p}_1)^{\mathrm{T}}\boldsymbol{p}_2=\lambda_1(\boldsymbol{p}_1^{\mathrm{T}}\boldsymbol{p}_2).\tag{12.9}$$

由 $\boldsymbol{A}$ 为对称矩阵得

$$(\boldsymbol{A}\boldsymbol{p}_1)^{\mathrm{T}}\boldsymbol{p}_2=\boldsymbol{p}_1^{\mathrm{T}}\boldsymbol{A}^{\mathrm{T}}\boldsymbol{p}_2=\boldsymbol{p}_1^{\mathrm{T}}(\boldsymbol{A}\boldsymbol{p}_2)=\boldsymbol{p}_1^{\mathrm{T}}\lambda_2\boldsymbol{p}_2=\lambda_2(\boldsymbol{p}_1^{\mathrm{T}}\boldsymbol{p}_2),\tag{12.10}$$

式（12.9）减去式（12.10）并移项，得

$$(\lambda_1-\lambda_2)(\boldsymbol{p}_1^{\mathrm{T}}\boldsymbol{p}_2)=0.$$

因 $\lambda_1\neq\lambda_2$，故 $\boldsymbol{p}_1^{\mathrm{T}}\boldsymbol{p}_2=0$，即 $\boldsymbol{p}_1$ 与 $\boldsymbol{p}_2$ 正交.

二、实对称矩阵的对角化

定理 12.8　设 $\boldsymbol{A}$ 为 n 阶实对称阵，则存在 n 阶正交矩阵 $\boldsymbol{P}$，使

$$\boldsymbol{P}^{-1}\boldsymbol{A}\boldsymbol{P}=\boldsymbol{P}^{\mathrm{T}}\boldsymbol{A}\boldsymbol{P}=\boldsymbol{\Lambda}=\mathrm{diag}(\lambda_1,\lambda_2,\cdots,\lambda_n)$$

为对角阵，其中 $\lambda_1,\lambda_2,\cdots,\lambda_n$ 是 $\boldsymbol{A}$ 的全部特征值（证明从略）.

推论 12.3　设 $\boldsymbol{A}$ 为 n 阶实对称阵，λ 是 $\boldsymbol{A}$ 的 k 重特征根，则 $R(\boldsymbol{A}-\lambda\boldsymbol{E})=n-k$，从而对应特征值 λ 恰有 k 个线性无关的特征向量.

证　由定理 12.8 知，存在正交矩阵 $\boldsymbol{P}$，使

$$\boldsymbol{P}^{-1}\boldsymbol{A}\boldsymbol{P}=\boldsymbol{\Lambda}=\mathrm{diag}(\lambda_1,\lambda_2,\cdots,\lambda_n),$$

于是

$$\boldsymbol{P}^{-1}(\boldsymbol{A}-\lambda\boldsymbol{E})\boldsymbol{P}=\boldsymbol{P}^{-1}\boldsymbol{A}\boldsymbol{P}-\lambda\boldsymbol{E}=\boldsymbol{\Lambda}-\lambda\boldsymbol{E},$$

由此得

$$R(\boldsymbol{A}-\lambda\boldsymbol{E})=R(\boldsymbol{\Lambda}-\lambda\boldsymbol{E}).$$

当 λ 是 $\boldsymbol{A}$ 的 k 重特征值时，$\lambda_1,\lambda_2,\cdots,\lambda_n$ 这 n 个特征值中有 k 个等于 λ，有 $n-k$ 个不等于 λ，从而对角阵 $\boldsymbol{\Lambda}-\lambda\boldsymbol{E}$ 的对角元中恰有 k 个等于零，$n-k$ 个不等于零，所以 $R(\boldsymbol{A}-\lambda\boldsymbol{E})=R(\boldsymbol{\Lambda}-\lambda\boldsymbol{E})=n-k$. 因齐次线性方程组 $(\boldsymbol{A}-\lambda\boldsymbol{E})\boldsymbol{x}=\boldsymbol{0}$ 的基础解系中含有 k 个解向量，故对应于特征值 λ 恰有 k 个线性无关的特征向量.

根据定理 12.8 和推论 12.3，对于给定的实对称阵 $\boldsymbol{A}$，求正交矩阵 $\boldsymbol{P}$，使

$$\boldsymbol{P}^{-1}\boldsymbol{A}\boldsymbol{P}=\boldsymbol{P}^{\mathrm{T}}\boldsymbol{A}\boldsymbol{P}=\boldsymbol{\Lambda}$$

为对角阵的方法归纳如下：

（1）求出 $\boldsymbol{A}$ 的全部互不相等的特征值 $\lambda_1,\lambda_2,\cdots,\lambda_s$，它们的重数依次为

$$k_1,k_2,\cdots,k_s\,(k_1+k_2+\cdots+k_s=n).$$

（2）对每个 k_i 重特征值 λ_i，求齐次方程 $(\boldsymbol{A}-\lambda_i\boldsymbol{E})\boldsymbol{x}=\boldsymbol{0}$ 的基础解系，得 k_i 个线性无关的特征向量.

（3）将每个 λ_i 对应的 k_i 个线性无关的特征向量正交化、单位化，得 k_i 个两两正交的单位特征向量. 若对应 λ_i 只有一个线性无关的特征向量，则只需将这个向量单位化就可以了. 由于 $k_1+k_2+\cdots+k_s=n$，故总共可得 n 个两两正交的单位特征向量.

（4）以这 n 个两两正交的单位特征向量为列向量构成一个矩阵，就是要求的正交矩阵 $\boldsymbol{P}$，且有 $\boldsymbol{P}^{-1}\boldsymbol{A}\boldsymbol{P}=\boldsymbol{\Lambda}$ 为对角阵.

注　对角阵中对角元的排列顺序与矩阵 $\boldsymbol{P}$ 中列向量的排列顺序保持一致.

例 12.8　已知矩阵

$$\boldsymbol{A}=\begin{pmatrix}1&2&3\\2&1&3\\3&3&6\end{pmatrix},$$

求一个正交矩阵 $\boldsymbol{P}$，使 $\boldsymbol{P}^{-1}\boldsymbol{A}\boldsymbol{P}=\boldsymbol{\Lambda}$ 为对角阵.

解　因为

$$|\boldsymbol{A}-\lambda\boldsymbol{E}|=\begin{vmatrix}1-\lambda&2&3\\2&1-\lambda&3\\3&3&6-\lambda\end{vmatrix}=\lambda(\lambda+1)(9-\lambda),$$

所以 $\boldsymbol{A}$ 的特征值是 $\lambda_1=-1,\lambda_2=0,\lambda_3=9$.

当 $\lambda_1=-1$ 时，解方程 $(\boldsymbol{A}-(-1)\boldsymbol{E})\boldsymbol{x}=\boldsymbol{0}$，由

$$A+E=\begin{pmatrix}2&2&3\\2&2&3\\3&3&7\end{pmatrix}\xrightarrow{r}\begin{pmatrix}1&1&0\\0&0&1\\0&0&0\end{pmatrix},$$

得基础解系$\boldsymbol{\xi}_1=\begin{pmatrix}-1\\1\\0\end{pmatrix}$.

当$\lambda_2=0$时，解方程$(\boldsymbol{A}-\boldsymbol{0E})\boldsymbol{x}=\boldsymbol{0}$，由

$$A-0E=\begin{pmatrix}1&2&3\\2&1&3\\3&3&6\end{pmatrix}\xrightarrow{r}\begin{pmatrix}1&0&1\\0&1&1\\0&0&0\end{pmatrix},$$

得基础解系$\boldsymbol{\xi}_2=\begin{pmatrix}-1\\-1\\1\end{pmatrix}$.

当$\lambda_3=9$时，解方程$(\boldsymbol{A}-9\boldsymbol{E})\boldsymbol{x}=\boldsymbol{0}$，由

$$A-9E=\begin{pmatrix}-8&2&3\\2&-8&3\\3&3&-3\end{pmatrix}\xrightarrow{r}\begin{pmatrix}1&0&-\frac{1}{2}\\0&1&-\frac{1}{2}\\0&0&0\end{pmatrix},$$

得基础解系$\boldsymbol{\xi}_3=\begin{pmatrix}1\\1\\2\end{pmatrix}$.

因为$\boldsymbol{\xi}_1,\boldsymbol{\xi}_2,\boldsymbol{\xi}_3$两两正交，故只需将$\boldsymbol{\xi}_1,\boldsymbol{\xi}_2,\boldsymbol{\xi}_3$单位化，得单位特征向量

$$\boldsymbol{p}_1=\frac{1}{\sqrt{2}}\begin{pmatrix}-1\\1\\0\end{pmatrix},\quad \boldsymbol{p}_2=\frac{1}{\sqrt{3}}\begin{pmatrix}-1\\-1\\1\end{pmatrix},\quad \boldsymbol{p}_3=\frac{1}{\sqrt{6}}\begin{pmatrix}1\\1\\2\end{pmatrix}.$$

于是得正交矩阵

$$\boldsymbol{P}=(\boldsymbol{p}_1,\boldsymbol{p}_2,\boldsymbol{p}_3)=\begin{pmatrix}-\frac{1}{\sqrt{2}}&-\frac{1}{\sqrt{3}}&\frac{1}{\sqrt{6}}\\-\frac{1}{\sqrt{2}}&-\frac{1}{\sqrt{3}}&\frac{1}{\sqrt{6}}\\0&\frac{1}{\sqrt{3}}&\frac{2}{\sqrt{6}}\end{pmatrix},$$

且有

$$\boldsymbol{P}^{-1}\boldsymbol{AQ}=\begin{pmatrix}-1&&\\&0&\\&&9\end{pmatrix}.$$

例 12.9　设 $A=\begin{pmatrix}0&-1&1\\-1&0&1\\1&1&0\end{pmatrix}$，求一个正交矩阵 P，使 $P^{-1}AP=\Lambda$ 为对角阵.

解　因为

$$|A-\lambda E|=\begin{vmatrix}-\lambda&-1&1\\-1&-\lambda&1\\1&1&-\lambda\end{vmatrix}=-(\lambda-1)^2(\lambda+2),$$

所以 A 的特征值是 $\lambda_1=-2,\lambda_2=\lambda_3=1$.

当 $\lambda_1=-2$ 时，解方程 $(A-(-2)E)x=0$，由

$$A+2E=\begin{pmatrix}2&-1&1\\-1&2&1\\1&1&2\end{pmatrix}\xrightarrow{r}\begin{pmatrix}1&0&1\\0&1&1\\0&0&0\end{pmatrix},$$

得基础解系 $\xi_1=\begin{pmatrix}-1\\-1\\1\end{pmatrix}$. 将 ξ_1 单位化，得 $p_1=\frac{1}{\sqrt{3}}\begin{pmatrix}-1\\-1\\1\end{pmatrix}$.

对应 $\lambda_2=\lambda_3=1$，解方程 $(A-E)x=0$，由

$$A-E=\begin{pmatrix}-1&-1&1\\-1&-1&1\\1&1&-1\end{pmatrix}\xrightarrow{r}\begin{pmatrix}1&1&-1\\0&0&0\\0&0&0\end{pmatrix},$$

得基础解系 $\xi_2=\begin{pmatrix}-1\\1\\0\end{pmatrix},\xi_3=\begin{pmatrix}1\\0\\1\end{pmatrix}$.

将 ξ_2,ξ_3 正交化，取 $\eta_2=\xi_2$，

$$\eta_3=\xi_3-\frac{[\eta_2,\xi_3]}{[\eta_2,\eta_2]}\eta_2$$

$$=\begin{pmatrix}1\\0\\1\end{pmatrix}+\frac{1}{2}\begin{pmatrix}-1\\1\\0\end{pmatrix}$$

$$=\frac{1}{2}\begin{pmatrix}1\\1\\2\end{pmatrix},$$

再将 η_2,η_3 单位化，得 $p_2=\frac{1}{\sqrt{2}}\begin{pmatrix}-1\\1\\0\end{pmatrix},p_3=\frac{1}{\sqrt{6}}\begin{pmatrix}1\\1\\2\end{pmatrix}$，于是得正交矩阵

$$P=(p_1,p_2,p_3)=\begin{pmatrix}-\frac{1}{\sqrt{3}} & -\frac{1}{\sqrt{2}} & \frac{1}{\sqrt{6}}\\ -\frac{1}{\sqrt{3}} & \frac{1}{\sqrt{2}} & \frac{1}{\sqrt{6}}\\ \frac{1}{\sqrt{3}} & 0 & \frac{2}{\sqrt{6}}\end{pmatrix},$$

且有

$$P^{-1}AP=P^{\mathrm{T}}AP=\Lambda=\begin{pmatrix}-2 & & \\ & 1 & \\ & & 1\end{pmatrix}.$$

例 12.10　设 $A=\begin{pmatrix}2 & -1\\ -1 & 2\end{pmatrix}$，求 A^n.

解　因 A 是实对称矩阵，故可对角化，即有可逆矩阵 P 及对角阵 Λ，使 $P^{-1}AP=\Lambda$. 于是 $A=P\Lambda P^{-1}$，从而 $A^n=P\Lambda^nP^{-1}$.

因为

$$|A-\lambda E|=\begin{vmatrix}2-\lambda & -1\\ -1 & 2-\lambda\end{vmatrix}=(\lambda-1)(\lambda-3),$$

所以 A 的特征值是 $\lambda_1=1,\lambda_2=3$. 于是

$$\Lambda=\begin{pmatrix}1 & 0\\ 0 & 3\end{pmatrix},\qquad \Lambda^n=\begin{pmatrix}1 & 0\\ 0 & 3^n\end{pmatrix}.$$

当 $\lambda_1=1$ 时，解方程 $(A-E)x=0$，由

$$A-E=\begin{pmatrix}1 & -1\\ -1 & 1\end{pmatrix}\xrightarrow{r}\begin{pmatrix}1 & -1\\ 0 & 0\end{pmatrix}$$

得基础解系

$$p_1=\begin{pmatrix}1\\ 1\end{pmatrix}.$$

当 $\lambda_1=3$ 时，解方程 $(A-3E)x=0$，由

$$A-3E=\begin{pmatrix}-1 & -1\\ -1 & -1\end{pmatrix}\xrightarrow{r}\begin{pmatrix}1 & 1\\ 0 & 0\end{pmatrix}$$

得基础解系 $p_2=\begin{pmatrix}1\\ -1\end{pmatrix}$.

并有 $P=(p_1,p_2)=\begin{pmatrix}1 & 1\\ 1 & -1\end{pmatrix}$，再求出 $P^{-1}=\frac{1}{2}\begin{pmatrix}1 & 1\\ 1 & -1\end{pmatrix}$. 于是

$$A^n=P\Lambda^nP^{-1}=\frac{1}{2}\begin{pmatrix}1 & 1\\ 1 & -1\end{pmatrix}\begin{pmatrix}1 & 0\\ 0 & 3^n\end{pmatrix}\begin{pmatrix}1 & 1\\ 1 & -1\end{pmatrix}=\frac{1}{2}\begin{pmatrix}1+3^n & 1-3^n\\ 1-3^n & 1+3^n\end{pmatrix}.$$

习 题 十 二

1. 求下列矩阵的特征值和特征向量：

（1）$\begin{pmatrix} 2 & -1 \\ -1 & 2 \end{pmatrix}$；　（2）$\begin{pmatrix} 0 & 1 & 1 \\ 1 & 0 & 1 \\ 1 & 1 & 0 \end{pmatrix}$；　（3）$\begin{pmatrix} 1 & 2 & 3 \\ 2 & 1 & 3 \\ 3 & 3 & 6 \end{pmatrix}$；　（4）$\begin{pmatrix} 0 & 0 & 0 & 1 \\ 0 & 0 & 1 & 0 \\ 0 & 1 & 0 & 0 \\ 1 & 0 & 0 & 0 \end{pmatrix}$.

2. 设方阵 $\boldsymbol{A}$ 满足 $\boldsymbol{A}^2=\boldsymbol{A}$，证明：$\boldsymbol{A}$ 的特征值只能取 0 或 1.

3. 设 λ_1 和 λ_2 是方阵 $\boldsymbol{A}$ 的两个不同的特征值，x_1 和 x_2 分别是对应的特征向量. 证明 x_1+x_2 不是 $\boldsymbol{A}$ 的特征向量.

4. 已知三阶方阵 $\boldsymbol{A}$ 的特征值为 1, 2, 3，求 $|\boldsymbol{A}^3-4\boldsymbol{A}^2-\boldsymbol{E}|$.

5. 已知三阶方阵 $\boldsymbol{A}$ 的特征值为 1, −1, 2，求 $|\boldsymbol{A}^*-2\boldsymbol{A}+3\boldsymbol{E}|$.

6. 设 $\boldsymbol{A},\boldsymbol{B}$ 都是 n 阶矩阵，且 $\boldsymbol{A}$ 可逆，证明 $\boldsymbol{AB}$ 与 $\boldsymbol{BA}$ 相似.

7. 设 $\boldsymbol{A}=\begin{pmatrix} 2 & -1 & 0 \\ 1 & x & 0 \\ -1 & 0 & 2 \end{pmatrix}$，$\boldsymbol{B}=\begin{pmatrix} y & 1 & 0 \\ 0 & 1 & 0 \\ 0 & 0 & 2 \end{pmatrix}$，并且 $\boldsymbol{A}$ 与 $\boldsymbol{B}$ 相似，求 x 和 y .

8. 设矩阵 $\boldsymbol{A}=\begin{pmatrix} 0 & 0 & 1 \\ 1 & 1 & x \\ 1 & 0 & 0 \end{pmatrix}$ 可相似对角化，求 x.

9. 已知 $\boldsymbol{p}=\begin{pmatrix} 1 \\ 1 \\ -1 \end{pmatrix}$ 是矩阵 $\boldsymbol{A}=\begin{pmatrix} 2 & -1 & 2 \\ 5 & a & 3 \\ -1 & b & -2 \end{pmatrix}$ 的一个特征向量. 求：

（1）参数 a,b 及特征向量 $\boldsymbol{p}$ 所对应的特征值；

（2）$\boldsymbol{A}$ 是否能对角化?并说明理由.

10. 设矩阵 $\boldsymbol{A}=\begin{pmatrix} 1 & 4 & 2 \\ 0 & -3 & 4 \\ 0 & 4 & 3 \end{pmatrix}$，求 $\boldsymbol{A}^{100}$.

11. 设 $\boldsymbol{A}=\begin{pmatrix} 4 & 6 & 0 \\ -3 & -5 & 0 \\ -3 & -6 & 1 \end{pmatrix}$，问 $\boldsymbol{A}$ 能否对角化? 若能对角化，则求出可逆矩阵 $\boldsymbol{P}$，使得 $\boldsymbol{P}^{-1}\boldsymbol{AP}$ 为对角阵.

12. 试求一个正交相似变换矩阵，将下列对称阵化为对角阵.

（1）$\begin{pmatrix} 2 & 0 & 0 \\ 0 & 3 & 2 \\ 0 & 2 & 3 \end{pmatrix}$；　　（2）$\begin{pmatrix} 1 & 1 & 1 & 1 \\ 1 & 1 & -1 & -1 \\ 1 & -1 & 1 & -1 \\ 1 & -1 & -1 & 1 \end{pmatrix}$.

13. 设三阶方阵 $\boldsymbol{A}$ 的特征值 $\lambda_1 = 1,\ \lambda_2 = 2,\ \lambda_3 = 3$，对应的特征向量依次为

$$\boldsymbol{p}_1 = \begin{pmatrix} 1 \\ 0 \\ 1 \end{pmatrix},\quad \boldsymbol{p}_2 = \begin{pmatrix} 0 \\ 1 \\ 1 \end{pmatrix},\quad \boldsymbol{p}_3 = \begin{pmatrix} -1 \\ 1 \\ 1 \end{pmatrix},$$

求矩阵 $\boldsymbol{A}$.

14. 设三阶对称阵 $\boldsymbol{A}$ 的特征值为 $\lambda_1 = 6, \lambda_2 = \lambda_3 = 3,$ 与 $\lambda_1 = 6$ 对应的特征向量为

$$\boldsymbol{p}_1 = \begin{pmatrix} 1 \\ 1 \\ 1 \end{pmatrix},$$

求矩阵 $\boldsymbol{A}$.

15. 设 $\boldsymbol{A} = \begin{pmatrix} 3 & -2 \\ -2 & 3 \end{pmatrix}$，求 $\varphi(\boldsymbol{A}) = \boldsymbol{A}^{10} - 5\boldsymbol{A}^9$.

16. 设 $\boldsymbol{\alpha} = (\boldsymbol{a}_1, \boldsymbol{a}_2, \cdots \boldsymbol{a}_n)^{\mathrm{T}}, \boldsymbol{a}_1 \neq \boldsymbol{0}, \boldsymbol{A} = \boldsymbol{\alpha}\boldsymbol{\alpha}^{\mathrm{T}}$：（1）证明 $\lambda = 0$ 是 $\boldsymbol{A}$ 的 $n-1$ 重特征值；（2）求 $\boldsymbol{A}$ 的非零特征值及 n 个线性无关的特征向量.

17. 设

$$\boldsymbol{A} = \begin{pmatrix} 1 & 1 & a \\ 1 & a & 1 \\ a & 1 & 1 \end{pmatrix},\quad \boldsymbol{\beta} = \begin{pmatrix} 1 \\ 1 \\ -2 \end{pmatrix}.$$

已知线性方程组 $\boldsymbol{Ax} = \boldsymbol{\beta}$ 有解但是不唯一，试求：

（1）a 的值；

（2）正交矩阵 $\boldsymbol{P}$，使得 $\boldsymbol{P}^{-1}\boldsymbol{AP}$ 为对角阵.

18. 设三阶实对称矩阵 $\boldsymbol{A}$ 的秩为 2，$\lambda_1 = \lambda_2 = 6$ 是 $\boldsymbol{A}$ 的二重特征值，若 $\boldsymbol{\alpha}_1 = (1,1,0)^{\mathrm{T}}$，$\boldsymbol{\alpha}_2 = (2,1,1)^{\mathrm{T}}$，$\boldsymbol{\alpha}_3 = (-1,2,-3)^{\mathrm{T}}$ 都是 $\boldsymbol{A}$ 的对应于特征值 6 的特征向量. 求：

（1）$\boldsymbol{A}$ 的另一特征值和对应的特征向量；

（2）矩阵 $\boldsymbol{A}$.

数学家简介 1

第十三章　概率论的基本概念

概率论发展史

在现实世界中发生的现象是多种多样的. 有一类现象，在一定条件下必然发生，例如，向上抛一石子必然下落，同性电荷必然相互排斥,等等. 这类现象称为**确定性现象**. 在现实世界中也还存在着另一类现象，例如：在相同条件下抛同一枚银币，其结果可能是正面朝上，也可能是反面朝上,并且在每次抛掷之前无法肯定抛掷的结果是什么；从一批电视机中随便取一台，电视机的寿命长短等都是随机现象. 概率论与数理统计就是研究和揭示随机现象统计规律性的一门基础学科.

第一节　样本空间、随机事件

一、随机试验

人们是通过试验去研究随机现象的，为对随机现象加以研究所进行的观察或实验，称为**试验**. 若一个试验具有下列三个特点：

（1）可以在相同的条件下重复进行；

（2）每次试验的可能结果不止一个，并且事先可以明确试验所有可能出现的结果；

（3）进行一次试验之前不能确定哪一个结果会出现.

则称这一试验为**随机试验**，记为 E.

下面举一些随机试验的例子.

E_1：抛一枚硬币，观察正面 H 和反面 T 出现的情况.

E_2：掷两颗骰子，观察出现的点数.

E_3：在一批电视机中任意抽取一台，测试它的使用寿命.

E_4：城市某一交通路口，指定一小时内的汽车流量.

E_5：记录某一地区一昼夜的最高温度和最低温度.

二、样本空间与随机事件

在一个试验中，无论可能的结果有多少，总可以从中找出一组基本结果，满足：

（1）每进行一次试验，必然出现且只能出现其中的一个基本结果；

（2）任何结果，都是由其中的一些基本结果所组成.

随机试验 E 的所有基本结果组成的集合称为**样本空间**，记作 Ω . 样本空间的元素，即 E

的每个基本结果，称为**样本点**. 下面写出前面提到的试验 $E_k\ (k=1,2,3,4,5)$ 的样本空间 Ω_k：

$\Omega_1=(H,T)$；

$\Omega_2=\{(i,j)\,|\,i,j=1,2,3,4,5,6\}$；

$\Omega_3=\{t\,|\,t\geqslant 0\}$；

$\Omega_4=\{0,1,2,3,\cdots\}$；

$\Omega_5=\{(x,y)\,|\,T_0\leqslant y\leqslant T_1\}$，这里 x 表示最低温度，y 表示最高温度，并设这一地区温度不会小于 T_0 也不会大于 T_1.

随机试验 E 的样本空间 Ω 的子集称为 E 的**随机事件**，简称**事件**①，通常用大写字母 $A,B,C,\cdots$ 表示. 在每次试验中，当且仅当这一子集中的一个样本点出现时，称这一事件发生. 例如，在掷骰子的试验中，可以用 A 表示“出现点数为偶数”这个事件，若试验结果是“出现 6 点”，就称事件 A 发生.

特别地，由一个样本点组成的单点集，称为**基本事件**. 例如：试验 E_1 有两个基本事件 $\{H\}$、$\{T\}$；试验 E_2 有 36 个基本事件 $\{(1,1)\}$，$\{(1,2)\}$，$\cdots$，$\{(6,6)\}$.

每次试验中都必然发生的事件，称为**必然事件**. 样本空间 Ω 包含所有的样本点，它是 Ω 自身的子集，每次试验中都必然发生，故它就是一个必然事件. 因而必然事件也用 Ω 表示. 在每次试验中不可能发生的事件称为**不可能事件**. 空集 $\varnothing$ 不包含任何样本点，它作为样本空间的子集，在每次试验中都不可能发生，故它就是一个不可能事件. 因而不可能事件也用 $\varnothing$ 表示.

三、事件之间的关系及其运算

事件是一个集合，因而事件间的关系与运算可以用集合之间的关系与运算来处理. 下面讨论事件之间的关系及运算.

（1）如果事件 A 发生必然导致事件 B 发生，则称事件 A 包含于事件 B（或称事件 B 包含事件 A），并记作 $A\subset B$（或 $B\supset A$）.

$A\subset B$ 的一个等价说法是，如果事件 B 不发生，则事件 A 必然不发生.

若 $A\subset B$ 且 $B\supset A$，则称事件 A 与 B 相等(或等价)，记作 $A=B$.

为了方便起见，规定对于任一事件 A，有 $\varnothing\subset A$. 显然，对于任一事件 A，有 $A\subset\Omega$.

（2）“事件 A 与 B 中至少有一个发生”的事件称为 A 与 B 的并（和），记作 $A\cup B$.

由事件并的定义，可得对任一事件 A，有

$$A\cup\Omega=\Omega;\qquad A\cup\varnothing=A.$$

$A=\bigcup\limits_{i=1}^{n}A_i$ 表示“$A_1,A_2,\cdots,A_n$ 中至少有一个事件发生”这一事件.

① 严格地说，事件是指 Ω 中满足某些条件的子集. 当 Ω 是由有限个元素或由无穷可列个元素组成时，每个子集都可作为一个事件. 若 Ω 是由不可列无限个元素组成时，某些子集必须排除在外. 幸而这种不可容许的子集在实际应用中几乎不会遇到. 本书中的事件都是指它是容许考虑的子集.

$A=\bigcup\limits_{i=1}^{\infty}A_i$ 表示“可列无穷多个事件 A_i 中至少有一个发生”这一事件.

（3）“事件 A 与 B 同时发生”的事件称为 A 与 B 的交（积），记作 $A\bigcap B$ 或（AB）. 由事件交的定义，可得对任一事件 A，有

$$A\bigcap\Omega=A;\qquad A\bigcap\varnothing=\varnothing.$$

$B=\bigcap\limits_{i=1}^{n}B_i$ 表示“$B_1,B_2,\cdots,B_n$；n 个事件同时发生”这一事件.

$B=\bigcap\limits_{i=1}^{\infty}B_i$ 表示“可列无穷多个事件 B_i 同时发生”这一事件.

（4）“事件 A 发生而 B 不发生”的事件称为 A 与 B 的差，记作 $A-B$. 由事件差的定义，可得对任一事件 A，有

$$A-A=\varnothing;\quad A-\varnothing=A;\quad A-\Omega=\varnothing.$$

（5）如果两个事件 A 与 B 不可能同时发生，则称事件 A 与 B 为互不相容（互斥），记作

$$A\bigcap B=\varnothing.$$

基本事件是两两互不相容的.

（6）若 $A\bigcup B=\Omega$ 且 $A\bigcap B=\varnothing$，则称事件 A 与事件 B 互为逆事件（对立事件）. A 的对立事件记作 $\overline{A}$，$\overline{A}$ 是由所有不属于 A 的样本点组成的事件，它表示“A 不发生”这样一个事件. 显然 $\overline{A}=\Omega-A$.

在一次试验中，若 A 发生，则 $\overline{A}$ 必不发生（反之亦然），即在一次试验中，A 与 $\overline{A}$ 二者只能发生其中之一，并且也必然发生其中之一. 显然有 $\overline{\overline{A}}=A$.

对立事件必为互不相容事件，反之，互不相容事件未必为对立事件.

以上事件之间的关系及运算可以用文氏图来直观地描述. 若用平面上一个矩形表示样本空间 Ω，矩形内的点表示样本点，圆 A 与圆 B 分别表示事件 A 与事件 B，则 A 与 B 的各种关系及运算如图 13.1～图 13.6 所示.

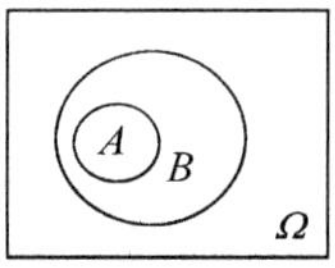

$A\subset B$

图 13.1

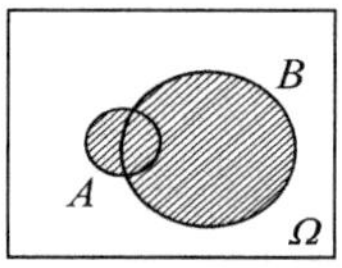

$A\cup B$（阴影部分）

图 13.2

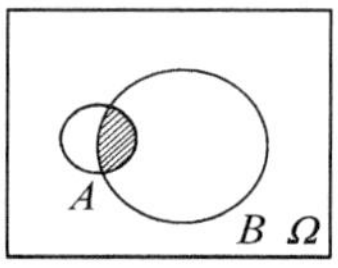

$A\cap B$（阴影部分）

图 13.3

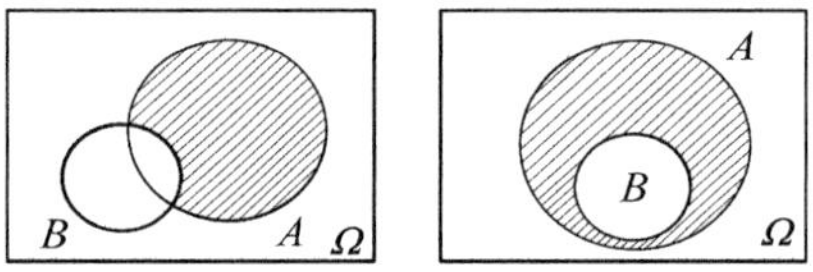

$A-B$（阴影部分）　$A-B$（阴影部分）

图 13.4

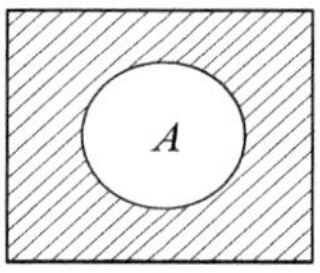

$\overline{A}$

图 13.5

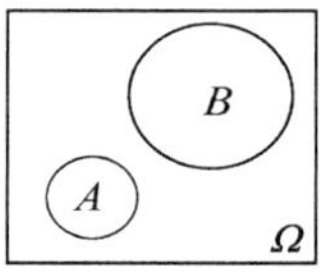

$A\cap B=\varnothing$

图 13.6

可以验证一般事件的运算满足如下关系：

（1）交换律：$A\cup B=B\cup A$，$A\cap B=B\cap A$；

（2）结合律：$A\cup(B\cup C)=(A\cup B)\cup C$，$A\cap(B\cap C)=(A\cap B)\cap C$；

（3）分配律：$A\cup(B\cap C)=(A\cup B)\cap(A\cup C)$，$A\cap(B\cup C)=(A\cap B)\cup(A\cap C)$；

分配律可以推广到有穷或可列无穷的情形，即

$$A\cap\left(\bigcup_{i=1}^{n}A_i\right)=\bigcup_{i=1}^{n}(A\cap A_i),\qquad A\cup\left(\bigcap_{i=1}^{n}A_i\right)=\bigcap_{i=1}^{n}(A\cup A_i);$$

$$A\cap\left(\bigcup_{i=1}^{n}A_i\right)=\bigcup_{i=1}^{n}(A\cap A_i),\qquad A\cup\left(\bigcap_{i=1}^{n}(A_i)\right)=\bigcap_{i=1}^{n}(A\cup A_i);$$

（4）$A-B=A\overline{B}=A-AB$；

（5）对有穷个或可列无穷个 A_i，恒有

$$\overline{\bigcup_{i=1}^{n}A_i}=\bigcap_{i=1}^{n}\overline{A_i},\qquad \overline{\bigcap_{i=1}^{n}A_i}=\bigcup_{i=1}^{n}\overline{A_i};$$

$$\overline{\bigcup_{i=1}^{\infty}A_i}=\bigcap_{i=1}^{\infty}\overline{A_i},\qquad \overline{\bigcap_{i=1}^{\infty}A_i}=\bigcup_{i=1}^{\infty}\overline{A_i}.$$

例 13.1　设 A,B,C 为三个事件，用 A,B,C 的运算式表示下列事件：

（1）A 发生而 B 与 C 都不发生：$A\overline{B}\,\overline{C}$ 或 $A-B-C$ 或 $A-(B\cup C)$；

（2）A,B 都发生而 C 不发生：$AB\overline{C}$ 或 $AB-C$；

（3）A,B,C 至少有一个事件发生：$A\cup B\cup C$；

（4）A,B,C 至少有两个事件发生：$(AB)\cup(AC)\cup(BC)$；

（5）A,B,C 恰好有两个事件发生：$(AB\overline{C})\cup(AC\overline{B})\cup(BC\overline{A})$；

（6）A,B,C 恰好有一个事件发生：$(A\overline{B}\,\overline{C})\cup(B\overline{A}\,\overline{C})\cup(C\overline{A}\,\overline{B})$；

（7）A,B 至少有一个发生而 C 不发生：$(A\cup B)\overline{C}$；

（8）A,B,C 都不发生：$\overline{A\cup B\cup C}$ 或 $\overline{A}\,\overline{B}\,\overline{C}$．

例 13.2　在数学系的学生中任选一名学生. 若事件 A 表示被选学生是男生，事件 B 表示该生是三年级学生，事件 C 表示该生是运动员.

（1）叙述 $AB\overline{C}$ 的意义.

（2）在什么条件下 $ABC=C$ 成立?

（3）在什么条件下 $\overline{A}\subset B$ 成立?

解　（1）该生是三年级男生，但不是运动员.

（2）全系运动员都是三年级男生.

（3）全系女生都在三年级.

例 13.3　设事件 A 表示“甲种产品畅销，乙种产品滞销”，求其对立事件 $\overline{A}$.

解　设 $B=$“甲种产品畅销”，$C=$“乙种产品滞销”，则 $A=BC$，故

$$\overline{A}=\overline{BC}=\overline{B}\cup\overline{C}=\text{“甲种产品滞销或乙种产品畅销”}.$$

第二节　概率、古典概型

除必然事件与不可能事件外，任一随机事件在一次试验中都有可能发生，也有可能不发生. 人们常常希望了解某些事件在一次试验中发生的可能性的大小. 为此，我们首先引入频率的概念，它描述了事件发生的频繁程度，进而再引出表示事件在一次试验中发生的可能性大小——概率.

一、频率

定义 13.1　设在相同的条件下，进行了 n 次试验. 若随机事件 A 在 n 次试验中发生了 k 次，则比值 $\frac{k}{n}$ 称为事件 A 在这 n 次试验中发生的频率，记作

$$f_n(A)=\frac{k}{n}.$$

由定义 13.1 容易推知，频率具有以下性质：

（1）对任一事件 A，有 $0\leqslant f_n(A)\leqslant 1$；

（2）对必然事件 Ω，有 $f_n(\Omega)=1$；

（3）若事件 A,B 互不相容，则

$$f_n(A\cup B)=f_n(A)+f_n(B).$$

一般地，若事件 $A_1,A_2,\cdots,A_m$ 两两互不相容，则

$$f_n\left(\bigcup_{i=1}^{m}A_i\right)=\sum_{i=1}^{m}f_n(A_i).$$

事件 A 发生的频率 $f_n(A)$ 表示 A 发生的频繁程度，频率大，事件 A 发生就频繁，在一次试验中，A 发生的可能性也就大，反之亦然. 因而，直观的想法是用 $f_n(A)$ 表示 A 在一次试验中发生可能性的大小. 但是，由于试验的随机性，即使同样是进行 n 次试验，$f_n(A)$ 的值也不一定相同. 但大量实验证明，随着重复试验次数 n 的增加，频率 $f_n(A)$ 会逐渐稳定于某个常数附近，而偏离的可能性很小. 频率具有“稳定性”说明了刻画事件 A 发生可能性大小——概率具有一定的客观存在性.

历史上有一些著名的试验，德·摩根、蒲丰和皮尔逊曾进行过大量掷硬币试验，所得结果如表 13.1 所示.

表 13.1

试验者	掷硬币次数	出现正面次数	出现正面的频率
德·摩根	2 048	1 061	0.518 1
蒲丰	4 040	2 048	0.506 9
皮尔逊	12 000	6 019	0.501 6
皮尔逊	24 000	12 012	0.500 5

可见出现正面的频率在 0.5 附近，随着试验次数增加，它逐渐稳定于 0.5. 这个 0.5 就反映正面出现的可能性的大小.

每个事件都存在一个这样的常数与之对应,因而可将频率 $f_n(A)$ 在 n 无限增大时逐渐趋向稳定的这个常数定义为事件 A 发生的概率. 这就是概率的定义.

定义 13.2　设事件 A 在 n 次重复试验中发生的次数为 k, 当 n 很大时，频率 $\frac{k}{n}$ 在某一数值 p 的附近摆动，而随着试验次数 n 的增加，发生较大摆动的可能性越来越小，则称数 p 为事件 A 发生的概率，记为

$$P(A)=p.$$

为了理论研究的需要，我们从频率的稳定性和频率的性质得到启发，给出概率的公理化定义.

二、概率的公理化定义

定义 13.3　设 Ω 为样本空间，A 为事件，对于每一个事件 A 赋予一个实数，记作 $P(A)$，如果 $P(A)$ 满足以下条件：

（1）非负性：$P(A)\geqslant 0$；

（2）规范性：$P(\Omega)=1$；

（3）可列可加性：对于两两互不相容的可列无穷多个事件 $A_1,A_2,\cdots,A_n$ 有

$$P\left(\bigcup_{n=1}^{\infty}A_n\right)=\sum_{n=1}^{\infty}P(A_n)$$

则称实数 $P(A)$ 为事件 A 的概率.

当 $n\to\infty$ 时频率 $f_n(A)$ 在一定意义下接近于概率 $P(A)$. 基于这一事实，就有理由用概率 $P(A)$ 来表示事件 A 在一次试验中发生的可能性的大小. 由概率公理化定义，可以推出概率的若干性质.

性质 13.1　$P(\varnothing)=0$.

这个性质说明：不可能事件的概率为 0. 但逆命题不一定成立，我们将在第 14 章加以说明.

性质 13.2　（有限可加性）若 $A_1,A_2,\cdots,A_n$ 为两两互不相容事件，则有

$$P\left(\bigcup_{k=1}^{n}A_k\right)=\sum_{k=1}^{n}P(A_k).$$

性质 13.3　设 A,B 是两个事件，若 $A\subset B$，则有

$$P(B-A)=P(B)-P(A);\qquad P(A)\leqslant P(B).$$

证　由 $A\subset B$，知 $B=A\bigcup(B-A)$ 且 $A\bigcap(B-A)=\varnothing$.

再由概率的有限可加性有

$$P(B)=P(A\cup(B-A))=P(A)+P(B-A),$$

即

$$P(B-A)=P(B)-P(A);$$

又由 $P(B-A)\geqslant 0$，得 $P(A)\leqslant P(B)$.

性质 13.4　对任一事件 A，$P(A)\leqslant 1$.

证　因为 $A\subset\Omega$，由性质 13.3 得

$$P(A)\leqslant P(\Omega)=1.$$

性质 13.5　对于任一事件 A，有

$$P(\overline{A})=1-P(A).$$

证　因为 $\overline{A}\cup A=\Omega$，$\overline{A}\cap A=\varnothing$，由有限可加性，得

$$1=P(\Omega)=P(\overline{A}\cup A)=P(\overline{A})+P(A),$$

即

$$P(\overline{A})=1-P(A).$$

性质 13.6（加法公式）对于任意两个事件 A，B 有

$$P(A\cup B)=P(A)+P(B)-P(AB).$$

证　因为　$A\cup B=A\cup(B-AB)$ 且 $A\cap(B-AB)=\varnothing$.

由性质 13.2、性质 13.3，可得

$$P(A\cup B)=P(A\cup(B-AB))=P(A)+P(B-AB)=P(A)+P(B)-P(AB).$$

性质 13.6 还可推广到三个事件的情形. 例如，设 A_1，A_2，A_3 为任意三个事件，则有

$$P(A_1\cup A_2\cup A_3)=P(A_1)+P(A_2)+P(A_3)-P(A_1A_2)-P(A_1A_3)-P(A_2A_3)+P(A_1A_2A_3).$$

一般地，设 $A_1,A_2,\cdots,A_n$，为任意 n 个事件，可由归纳法证得

$$P(A_1\cup A_2\cup A_3)=\sum_{i=1}^{n}P(A_i)-\sum_{1\leqslant i<j\leqslant n}P(A_iA_j)+\sum_{1\leqslant i<j<k\leqslant n}P(A_iA_jA_k)-\cdots+(-1)^{n-1}P(A_1A_2\cdots A_n).$$

例 13.4　设 A,B 为两事件，$P(A)=0.5,P(B)=0.3,P(AB)=0.1$，求：

（1）A 发生但 B 不发生的概率；

（2）A 不发生但 B 发生的概率；

（3）至少有一个事件发生的概率；

（4）A,B 都不发生的概率；

（5）至少有一个事件不发生的概率.

解　（1）$P(A\overline{B})=P(A-B)=P(A-AB)=P(A)-P(AB)=0.4$；

（2）$P(\overline{A}B)=P(B-AB)=P(B)-P(AB)=0.2$；

（3）$P(A\cup B)=0.5+0.3-0.1=0.7$；

（4）$P(\overline{A}\overline{B})=P(\overline{A\cup B})=1-P(A\cup B)=1-0.7=0.3$；

（5）$P(\overline{A}\cup\overline{B})=P(\overline{AB})=1-P(AB)=1-0.1=0.9$.

三、古典概型

定义 13.4　若随机试验 E 满足以下条件：

（1）试验的样本空间 Ω 只有有限个样本点，即

$$\Omega=\{\omega_1,\omega_2,\dots,\omega_n\};$$

（2）试验中每个基本事件的发生是等可能的，即

$$P(\{\omega_1\})=P(\{\omega_2\})=\cdots=P(\{\omega_n\}),$$

则称此试验为古典概型或称为等可能概型.

由定义可知 $\{\omega_1\},\{\omega_2\},\cdots,\{\omega_n\}$ 是两两互不相容的，故有

$$1=P(\Omega)=P(\{\omega_1\}\cup\cdots\cup\{\omega_n\})=P(\{\omega_1\})+\cdots+P(\{\omega_n\}),$$

又每个基本事件发生的可能性相同，即

$$P(\{\omega_1\})=P(\{\omega_2\})=\cdots=P(\{\omega_n\}),$$

故

$$p(\{\omega_i\})=\frac{1}{n}\quad(i=1,2,\cdots,n).$$

设事件 A 包含 k 个基本事件，即

$$A=\{\omega_{i1}\}\cup\{\omega_{i2}\}\cup\cdots\{\omega_{ik}\},$$

则有

$$\begin{aligned}P(A)&=P(\{\omega_{i1}\}\cup\{\omega_{i2}\}\cup\cdots\cup\{\omega_{ik}\})\\&=P(\{\omega_{i1}\})+P(\{\omega_{i2}\})+\cdots+P(\{\omega_{ik}\})\\&=\underbrace{\frac{1}{n}+\frac{1}{n}+\cdots+\frac{1}{n}}_{k个}=\frac{k}{n}.\end{aligned}$$

由此，得到古典概型中事件 A 的概率计算公式为

$$P(A)=\frac{k}{n}=\frac{A所包含的样本点数}{\Omega中样本点总数}\tag{13.1}$$

称古典概型中事件 A 的概率为古典概率. 一般地，可利用排列、组合及乘法原理、加法原理的知识计算 k 和 n，进而求得相应的概率.

例 13.5　将一枚硬币抛掷三次，求：

（1）恰有一次出现正面的概率；

（2）至少有一次出现正面的概率.

解　将一枚硬币抛掷三次的样本空间

$$\Omega=\{HHH, HHT, HTH, THH, HTT, THT, TTH, TTT\}.$$

Ω 中包含有限个元素，且由对称性知每个基本事件发生的可能性相同.

（1）设 A 表示“恰有一次出现正面”，则 $A=\{HTT，THT，TTH\}$，故有

$$P(A)=\frac{3}{8}.$$

（2）设 B 表示"至少有一次出现正面"，由 $\overline{B}=\{TTT\}$，得

$$P(B)=1-P(\overline{B})=1-\frac{1}{8}=\frac{7}{8}.$$

当样本空间的元素较多时，一般不再将 Ω 中的元素一一列出，而只需分别求出 Ω 中与 A 中包含的元素的个数（即基本事件的个数），再由式（13.1）求出 A 的概率.

例 13.6 一口袋装有 6 只球，其中 4 只白球和 2 只红球. 从袋中取球两次，每次随机地取一只. 考虑两种取球方式：

（1）第一次取一只球，观察其颜色后放回袋中，搅匀后再任取一球. 这种取球方式叫作有放回抽取；

（2）第一次取一球后不放回袋中，第二次从剩余的球中再取一球. 这种取球方式叫作不放回抽取.

试分别就上面两种情形求：取到的两只球都是白球的概率.

解 （1）有放回抽取的情形.

第一次从袋中取球有 6 只球可供抽取，第二次也有 6 只球可供抽取. 由乘法原理知共有 6×6 种取法，即基本事件总数为 6×6. 对于本题要求的事件 A 而言，由于第一次有 4 只白球可供抽取，第二次也有 4 只白球可供抽取，由乘法原理知共有 4×4 种取法，即 A 中包含 4×4 个元素. 于是

$$P(A)=\frac{4\times 4}{6\times 6}=\frac{4}{9}.$$

（2）不放回抽取的情形.

第一次从 6 只球中抽取，第二次只能从剩下的 5 只球中抽取，故共有 6×5 种取法，即样本点总数为 6×5. 对于事件 A 而言，第一次从 4 只白球中抽取，第二次从剩下的 3 只白球中抽取，故共有 4×3 种取法，即 A 中包含 4×3 个元素，于是

$$P(A)=\frac{4\times 3}{6\times 5}=\frac{2}{5}.$$

例 13.7 箱中装有 a 只白球，b 只黑球，现作不放回抽取，每次一只，求：

（1）任取 $m+n$ 只，恰有 m 只白球，n 只黑球的概率（$m\leqslant a, n\leqslant b$）；

（2）第 k 次才取到白球的概率（$k\leqslant b+1$）；

（3）第 k 次恰取到白球的概率.

解 （1）可看作一次取出 $m+n$ 只球，与次序无关，是组合问题. 从 $a+b$ 只球中任取 $m+n$ 只，所有可能的取法共有 C_{a+b}^{m+n} 种，每一种取法为一基本事件且由对称性知每个基本事件发生的可能性相同. 从 a 只白球中取 m 只，共有 C_a^m 种不同的取法，从 b 只黑球中取 n 只，共有 C_b^n 种不同的取法. 由乘法原理知，取到 m 只白球 n 只黑球的取法共 $\mathrm{C}_a^m\ \mathrm{C}_b^n$ 种，于是所求概率为

$$p_1=\frac{\mathrm{C}_a^m\mathrm{C}_b^n}{\mathrm{C}_{a+b}^{m+n}}.$$

（2）抽取与次序有关. 每次取一只，取后不放回，一共取 k 次，每种取法即是从 $a+b$

个不同元素中任取 k 个不同元素的一个排列，每种取法是一个基本事件，共有 P_{a+b}^k 个基本事件，且由对称性知每个基本事件发生的可能性相同. 前 $k-1$ 次都取到黑球，从 b 只黑球中任取 $k-1$ 只的排法种数，有 P_b^{k-1} 种，第 k 次抽取的白球可为 a 只白球中任一只，有 P_a^1 种不同的取法. 由乘法原理，前 $k-1$ 次都取到黑球，第 k 次取到白球的取法共有 $P_b^{k-1}P_a^1$ 种，于是所求概率为

$$p_2=\frac{P_b^{k-1}P_a^1}{P_{a+b}^k}.$$

（3）基本事件总数仍为 P_{a+b}^k. 第 k 次必取到白球，可为 a 只白球中任一只，有 P_a^1 种不同的取法，其余被取的 $k-1$ 只球可以是其余 $a+b-1$ 只球中的任意 $k-1$ 只，共有 P_{a+b-1}^{k-1} 种不同的取法，由乘法原理，第 k 次恰取到白球的取法有 $P_a^1P_{a+b-1}^{k-1}$ 种，故所求概率为

$$p_3=\frac{P_a^1P_{a+b-1}^{k-1}}{P_{a+b}^k}=\frac{a}{a+b}.$$

例 13.4（3）中值得注意的是 p_3 与 k 无关，也就是说其中任一次抽球，抽到白球的概率都跟第一次抽到白球的概率相同为 $\dfrac{a}{a+b}$，而跟抽球的先后次序无关（例如，购买福利彩票时，尽管购买的先后次序不同，但各人得奖的机会是一样的）.

例 13.8　有 n 个人，每个人都以同样的概率 $\dfrac{1}{N}$ 被分配在 $N\,(n<N)$ 间房中的任一间中，求恰好有 n 个房间，其中各住一人的概率.

解　每个人都有 N 种分法，这是可重复排列问题，n 个人共有 N^n 种不同分法. 因为没有指定是哪几间房，所以首先选出 n 间房，有 C_N^n 种选法. 对于其中每一种选法，每间房各住一人共有 $n!$ 种分法，故所求概率为

$$p=\frac{C_N^n n!}{N^n}.$$

许多直观背景很不相同的实际问题，都和本例具有相同的数学模型. 例如生日问题：假设每人的生日在一年 365 天中的任一天是等可能的，那么随机选取 $n\,(n\leqslant 365)$ 个人，他们的生日各不相同的概率为

$$p_1=\frac{C_{365}^n n!}{365^n},$$

因而 n 个人中至少有两个人生日相同的概率为

$$p_2=1-\frac{C_{365}^n n!}{365^n}.$$

例如，$n=64$ 时 $p_2=0.997$，这表示在仅有 64 人的班级里，“至少有两人生日相同”的概率与 1 相差无几，因此几乎总是会出现的. 这个结果也许会让大多数人惊奇，因为“一个班级中至少有两人生日相同”的概率并不如人们直觉中想象的那样小，而是相当大. 这也告诉我们，“直觉”并不很可靠，说明研究随机现象统计规律是非常重要的.

四、几何概型

上述古典概型的计算，只适用于具有等可能性的有限样本空间，若试验结果无穷多，它显然已不适合. 为了克服有限的局限性，可将古典概型的计算加以推广. 设试验具有以下特点.

（1）样本空间 Ω 是一个几何区域，这个区域大小可以度量（如长度、面积、体积等），并把 Ω 的度量，记作 $m(\Omega)$.

（2）向区域 Ω 内任意投掷一个点，落在区域内任一个点处都是"等可能的". 或者设落在 Ω 中的区域 A 内的可能性与 A 的度量 $m(A)$ 成正比，与 A 的位置和形状无关.

不妨也用 A 表示"掷点落在区域 A 内"的事件，那么事件 A 的概率可用下列公式计算：

$$P(A)=\frac{m(A)}{m(\Omega)},$$

称它为**几何概率**.

例 13.9　在区间 (0,1) 内任取两个数，求这两个数的乘积小于 0.25 的概率.

解　设在 (0,1) 内任取两个数为 x,y，则

$$0<x<1,\ \ 0<y<1$$

即样本空间是由点 (x,y) 边长为 1 的正方形 Ω，其面积为 1.

令 A 表示"两个数乘积小于 0.25"，则

$$A=\{(x,y)\,|\,0<xy<0.25,\ 0<x<1,\ 0<y<1\}.$$

事件 A 所围成的区域如图 13.7 所示，则所求概率

$$P(A)=\frac{\frac{1}{4}+\int_{\frac{1}{4}}^{1}\frac{1}{4x}\mathrm{d}x}{1}=\frac{1}{4}+\frac{1}{2}\ln 2\,.$$

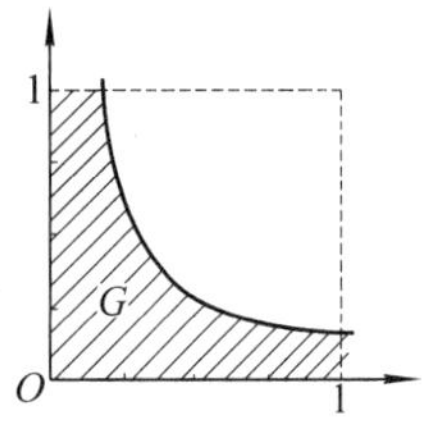

图 13.7

例 13.10　两人相约在某天下午 2:00～3:00 在预定地方见面，先到者要等候 20 min，过时则离去. 如果每人在指定的一小时内任一时刻到达是等可能的，求约会的两人能会到面的概率.

解　设 x,y 为两人到达预定地点的时刻，那么，两人到达时间的一切可能结果落在边长为 60 的正方形内，这个正方形就是样本空间 Ω，而两人能会面的充要条件是 $|x-y|\leqslant 20$，即

$$x-y\leqslant 20\quad 且\quad y-x\leqslant 20\,.$$

令事件 A 表示“两人能会到面”，该区域如图 13.8 所示. 则

$$P(A)=\frac{m(A)}{m(\Omega)}=\frac{60^2-40^2}{60^2}=\frac{5}{9}.$$

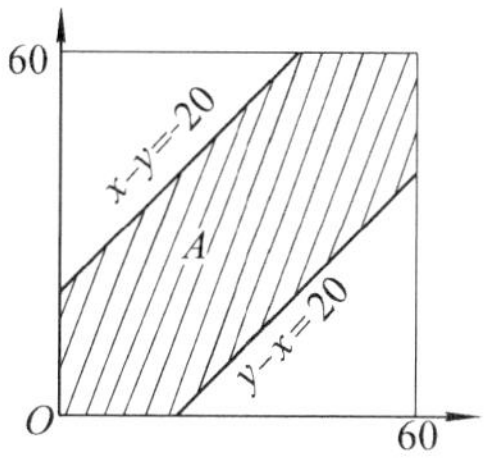

图 13.8

第三节　条件概率、全概率公式

一、条件概率的定义

定义 13.5　设 A,B 为两个事件，且 $P(B)>0$，则称 $\frac{P(AB)}{P(B)}$ 为事件 B 已发生的条件下事件 A 发生的条件概率，记作 $P(A|B)$，即

$$P(A|B)=\frac{P(AB)}{P(B)}.$$

易验证，$P(A|B)$ 符合概率定义的三条公理，即

（1）对于任一事件 A，有 $P(A|B)\geqslant 0$；

（2）$P(\Omega|B)=1$；

（3）$P\left(\bigcup_{i=1}^{\infty}A_i|B\right)=\sum_{i=1}^{\infty}P(A|B)$，

其中 $A_1,A_2,\cdots,A_n,\cdots$ 为两两互不相容事件.

这说明条件概率符合定义（13.3）中概率应满足的三个条件，故对概率已证明的结果都适用于条件概率. 例如，对于任意事件 A_1，A_2，有

$$P(A_1\cup A_2|B)=P(A_1|B)+P(A_2|B)-P(A_1A_2|B).$$

又如，对于任意事件 A，有

$$P(\overline{A}|B)=1-P(A|B).$$

例 13.11　某电子元件厂有职工 180 人，男职工有 100 人，女职工有 80 人，男女职工中非熟练工人分别有 20 人和 5 人. 现从该厂中任选一名职工，求：

（1）该职工为非熟练工人的概率是多少?

（2）若已知被选出的是女职工，她是非熟练工人的概率又是多少?

解　（1）设 A 表示“任选一名职工为非熟练工人”的事件，则

$$P(A)=\frac{25}{180}=\frac{5}{36}.$$

（2）设 B 表示“选出女职工”为事件，则有

$$P(A|B)=\frac{P(AB)}{P(B)}=\frac{\frac{5}{180}}{\frac{80}{180}}=\frac{1}{16}.$$

例 13.12　某科动物出生之后活到 20 岁的概率为 0.7，活到 25 岁的概率为 0.56，求现年为 20 岁的动物活到 25 岁的概率.

解　设 A 表示“活到 20 岁以上”的事件，B 表示“活到 25 岁以上”的事件，则有 $P(A)=0.7$, $P(B)=0.56$ 且 $B\subset A$. 得

$$P(B|A)=\frac{P(AB)}{P(A)}=\frac{P(B)}{P(A)}=0.8.$$

例 13.13　一盒中装有 5 只产品，其中有 3 只正品，2 只次品，从中取产品两次，每次取一只，作不放回抽样，求在第一次取到正品条件下，第二次取到的也是正品的概率.

解　设 A 表示“第一次取到正品”的事件，B 表示“第二次取到正品”的事件，由条件得

$$P(A)=\frac{4\times 3}{5\times 4}=\frac{3}{5},$$

$$P(AB)=\frac{3\times 2}{5\times 4}=\frac{3}{10},$$

故有

$$P(A|B)=\frac{P(AB)}{P(B)}=\frac{\frac{3}{10}}{\frac{3}{5}}=\frac{1}{2}.$$

此题也可按产品编号来做，设 1，2，3 号为正品，4，5 号为次品，则样本空间为 $\Omega=\{1，2，3，4，5\}$，若 A 已发生，即在 1，2，3 中抽走一个，于是第二次抽取所有可能结果的集合中共有 4 只产品，其中有 2 只正品，故得

$$P(A|B)=\frac{1}{2}.$$

二、乘法定理

由条件概率定义

$$P(B|A)=\frac{P(AB)}{P(A)},\quad P(A)>0,$$

两边同乘以 $P(A)$ 可得

$$P(AB)=P(A)P(B|A),$$

由此可得下面定理.

定理 13.1　（乘法定理）设 $P(A)>0$，则有

$$P(AB)=P(A)P(B\mid A).$$

易知，若 $P(B)>0$，则有

$$P(AB)=P(B)P(A\mid B).$$

乘法定理也可推广到三个事件的情况. 例如，设 A,B,C 为三个事件，且 $P(AB)>0$，则有

$$P(ABC)=P(C\mid AB)P(AB)=P(C\mid AB)P(B\mid A)P(A).$$

一般地，设 n 个事件为 $A_1,A_2,\cdots,A_n$，若 $p(A_1A_2\cdots A_n)>0$，则有

$$p(A_1A_2\cdots A_n)=P(A_1)P(A_2\mid A_1)P(A_3\mid A_1A_2)\cdots P(A_1A_2\cdots A_{n-1}).$$

事实上，由 $A_1\supset A_1A_2\supset\cdots\supset A_1A_2\cdots A_{n-1}$，有

$$P(A_1)\geqslant P(A_1A_2)\geqslant\cdots\geqslant P(A_1A_2\cdots A_{n-1})>0$$

故公式右边的条件概率每一个都有意义，由条件概率定义可知

$$\begin{aligned}&P(A_1)P(A_2\mid A_1)P(A_3\mid A_1A_2)\cdots P(A_n\mid A_1A_2\cdots A_{n-1})\\&=P(A_1)\frac{P(A_1A_2)}{P(A_1)}\cdot\frac{P(A_1A_2A_3)}{P(A_1A_2)}\cdots\frac{P(A_1A_2\cdots A_n)}{P(A_1A_2\cdots A_{n-1})}\\&=P(A_1A_2\cdots A_n).\end{aligned}$$

例 13.14　一批彩电，共 100 台，其中有 10 台次品，采用不放回抽样依次抽取 3 次，每次抽 1 台，求第 3 次才抽到合格品的概率.

解　设 $A_i\ (i=1,2,3,4)$ 为第 i 次抽到合格品的事件，则有

$$P(\overline{A_1}\,\overline{A_2}A_3)=P(\overline{A})P(\overline{A_2}\mid\overline{A_1})P(A_3\mid\overline{A_1}\,\overline{A_2})=\frac{10}{100}\cdot\frac{9}{99}\cdot\frac{90}{98}\approx0.0083.$$

例 13.15　设盒中有 m 只红球，n 只白球，每次从盒中任取一只球，看后放回，再放入 k 只与所取颜色相同的球. 若在盒中连取四次，试求第一次、第二次取到红球、第三次、第四次取到白球的概率.

解　设 $R_i\ (i=1,2,3,4)$表示第 i 次取到红球的事件，$\overline{R_i}\ (i=1,2,3,4)$表示第 i 次取到白球的事件. 则有

$$\begin{aligned}P(R_1R_2\overline{R_3}\,\overline{R_4})&=P(R_1)P(R_2\mid R_1)P(\overline{R_3}\mid R_1R_2)P(\overline{R_4}R_1R_2\overline{R}_3)\\&=\frac{m}{m+n}\cdot\frac{m+k}{m+n+k}\cdot\frac{n}{m+n+2k}\cdot\frac{n+k}{m+n+3k}.\end{aligned}$$

例 13.16　袋中有 n 个球，其中 $n-1$ 个红球，1 个白球. n 个人依次从袋中各取一球，每人取一球后不再放回袋中，求第 $i\ (i=1,2,\ \cdots,n)$人取到白球的概率.

解　设 A_i 表示“第 i 人取到白球”$(i=1,2,\cdots,n)$的事件，显然

$$P(A_1)=\frac{1}{n}.$$

由 $\overline{A_1}\supset A_2$，故 $A_2=\overline{A_1}A_2$，于是

$$P(A_2)=P(\overline{A_1}A_2)=P\overline{A_1}\ P(A_2\mid\overline{A_1})=\frac{n-1}{n}\frac{1}{n-1}=\frac{1}{n}.$$

类似有

$$P(A_3)=p(\overline{A_1}\,\overline{A_2}A_3)=P(\overline{A_1})P(\overline{A_2}\mid\overline{A_1})P(A_3\mid\overline{A_1}\,\overline{A_2})=\frac{n-1}{n}\cdot\frac{n-2}{n-1}\cdot\frac{1}{n-2}=\frac{1}{n}$$

$$P(A_n)=P(\overline{A_1}\,\overline{A_2}\cdots\overline{A_{n-1}}-A_n)=\frac{n-1}{n}\cdot\frac{n-2}{n-1}\cdot\ \cdots\frac{1}{2}\cdot 1=\frac{1}{n}.$$

因此，第 i $(i=1,2,\cdots,n)$ 个人取到白球的概率与 i 无关，都是 $\frac{1}{n}$.

三、全概率公式和贝叶斯公式

为建立两个用来计算概率的重要公式，先引入样本空间 Ω 的划分的定义.

定义 13.6　设 Ω 为样本空间，$A_1,A_2,\cdots,A_n$ 为 Ω 的一组事件，若满足

（1）$A_iA_j=\varnothing\ (i\neq j;i,j=1,2,\cdots,n)$

（2）$\bigcup\limits_{i=1}^{n}A_i=\Omega$，

则称 $A_1,A_2,\cdots,A_n$ 为样本空间 Ω 的一个划分.

例如：$A,\ \overline{A}$ 就是 Ω 的一个划分.

若 $A_1,A_2,\cdots,A_n$ 是 Ω 的一个划分，那么，对每次试验，事件 $A_1,A_2,\cdots,A_n$ 中必有一个且仅有一个发生.

定理 13.2　（全概率公式）设 B 为样本空间 Ω 中的任一事件，$A_1,A_2,\cdots,A_n$ 为 Ω 的一个划分，且 $P(A_i)>0\ (i=1,2,\cdots,n)$，则有

$$P(B)=P(A_1)P(B\mid A_1)+P(A_2|)P(B\mid A_2)+\cdots+P(A_n)P(B\mid A_n)=\sum_{i=1}^{n}P(A_i)P(B\mid A_i).$$

称上述公式为全概率公式.

全概率公式表明，在许多实际问题中事件 B 的概率不易直接求得，如果容易找到 Ω 的一个划分 $A_1,A_2,\cdots,A_n$，且 $P(A_i)$ 和 $P(B\mid A_i)$ 为已知，或容易求得，那么就可以根据全概率公式求出 $P(B)$.

证

$$\begin{aligned}P(B)&=P(B\Omega)=P(B(A_1\cup A_2\cdots\cup A_n))=P(BA_1\cup BA_2\cup\cdots\cup BA_n)\\&=P(BA_1)+P(BA_2)+\cdots+P(BA_n)\\&=P(A_1)P(B\mid A_1)+P(A_2)P(B\mid A_2)+\cdots+P(A_n)P(B\mid A_n).\end{aligned}$$

另一个重要公式叫作**贝叶斯公式**.

定理 13.3　（贝叶斯公式）设样本空间为 Ω，B 为 Ω 中的事件，$A_1,A_2,\cdots,A_n$ 为 Ω 的一个划分，且 $P(B)>0$，$P(A_i)>0\,(i=1,2,\cdots,n)$，则有

$$P(A_i\mid B)=\frac{P(B\mid A_i)P(A_i)}{\sum\limits_{j=1}^{n}P(B\mid A_j)P(A_j)}\quad(i=1,2,\cdots,n),$$

称上式为贝叶斯公式.

证　由条件概率公式有

$$P(A_i \mid B)=\frac{P(A_iB)}{P(B)}=\frac{P(A_i)P(B \mid A_i)}{\sum\limits_{j=1}^{n}P(B \mid A_j)P(A_j)} \quad (i=1,2,\cdots,n).$$

例 13.17　某工厂生产的产品以 100 件为一批，假定每一批产品中的次品数最多不超过 4 件，且具有如下的概率：

一批产品中的次品数	0	1	2	3	4
概率	0.1	0.2	0.4	0.2	0.1

现进行抽样检验，从每批中随机取出 10 件来检验，若发现其中有次品，则认为该批产品不合格，求一批产品通过检验的概率.

解　以 A_i 表示一批产品中有 i 件次品，$i=1,2,3,4$，B 表示通过检验，则由题意得

$$P(A_0)=0.2, P(B \mid A_0)=1,$$

$$P(A_1)=0.2, P(B \mid A_1)=\frac{C_{99}^{10}}{C_{100}^{10}}=0.9,$$

$$P(A_2)=0.4, P(B \mid A_2)=\frac{C_{98}^{10}}{C_{100}^{10}}=0.809,$$

$$P(A_3)=0.2, P(B \mid A_3)=\frac{C_{99}^{10}}{C_{100}^{10}}=0.727,$$

$$P(A_4)=0.1, P(B \mid A_4)=\frac{C_{96}^{10}}{C_{100}^{10}}=0.652.$$

由全概率公式，得

$$\begin{aligned}P(B)&=\sum_{i=0}^{4}P(A_i)P(B \mid A_i)\\&=0.1\times1+0.2\times0.9+0.4\times0.809+0.2\times0.727+0.1\times0.652\approx0.814.\end{aligned}$$

例 13.18　设某工厂有甲、乙、丙 3 个车间生产同一种产品，产量依次占全厂的 45%，35%，20%，且各车间的次品率分别为 4%，2%，5%，现在从一批产品中检查出 1 个次品，问该次品是由哪个车间生产的可能性最大?

解　设 A_1，A_2，A_3 表示产品来自甲、乙、丙三个车间，B 表示产品为“次品”的事件，易知 A_1，A_2，A_3 是样本空间 Ω 的一个划分，且有

$$P(A_1)=0.45,\quad P(A_2)=0.35,\quad P(A_3)=0.2,$$
$$P(B \mid A_1)=0.04,\quad P(B|A_2)=0.02,\quad P(B \mid A_3)=0.05.$$

由全概率公式得

$$\begin{aligned}P(B)&=P(A_1)P(B \mid A_1)+P(A_2)P(B \mid A_2)+P(A_3)P(B \mid A_3)\\&=0.45\times0.04+0.35\times0.02+0.2\times0.05=0.035.\end{aligned}$$

由贝叶斯公式得

$$P(A_1 \mid B)=\frac{0.45\times0.04}{0.035}=0.514.$$

$$P(A_2 \mid B)=\frac{0.35\times 0.02}{0.035}=0.200,$$

$$P(A_3 \mid B)=\frac{0.20\times 0.05}{0.035}=0.286.$$

由此可见，该次品由甲车间生产的可能性最大.

例 13.19　由以往的临床记录，某种诊断癌症的试验具有如下效果：被诊断者患有癌症，试验反应为阳性的概率为 0.95；被诊断者没有癌症，试验反应为阴性的概率为 0.95，现对自然人群进行普查，设被试验的人群中患有癌症的概率为 0.005. 求：已知试验反应为阳性，该被诊断者确有癌症的概率.

解　设 A 表示"患有癌症"，$\overline{A}$ 表示"没有癌症"，B 表示"试验反应为阳性"，则由条件得

$$P(A)=0.005\,,\qquad P(\overline{A})=1-P(A)=0.995,$$

$$P(B \mid A)=0.95\,,\qquad P(\overline{B} \mid \overline{A})=0.95.$$

由此

$$P(B \mid \overline{A})=1-0.95=0.05.$$

由贝叶斯公式得

$$P(A \mid B)=\frac{P(A)P(B|A)}{P(A)P(B|A)+P(\overline{A})P(B|\overline{A})}=0.087\,.$$

这就是说，根据以往的数据分析可以得到，患有癌症的被诊断者，试验反应为阳性的概率为 95%，没有患癌症的被诊断者，试验反应为阴性的概率为 95%，都叫作先验概率. 而在得到试验结果反应为阳性，该被诊断者确有癌症重新加以修正的概率 0.087 叫作后验概率. 此项试验也表明，用它作为普查，正确性诊断只有 8.7%（即 1 000 人具有阳性反应的人中大约只有 87 人的确患有癌症），由此可看出，若把 $P(B \mid A)$ 和 $P(A \mid B)$ 搞混淆就会造成误诊的不良后果.

概率乘法公式、全概率公式、贝叶斯公式是条件概率的三个重要公式. 它们在解决某些复杂事件的概率问题中起到十分重要的作用.

第四节　独　立　性

一、事件的独立性

独立性是概率统计中的一个重要概念，在讲独立性的概念之前先介绍一个例题.

例 13.20　某公司有工作人员 100 名，其中 35 岁以下的青年人 40 名，该公司每天在所有工作人员中随机选出一人为当天的值班员，而不论其是否在前一天刚好值过班. 求：

（1）已知第一天选出是青年人，试求第二天选出青年人的概率；

（2）已知第一天选出不是青年人，试求第二天选出青年人的概率；

（3）第二天选出青年人的概率.

解　以事件 A_1，A_2 表示第一天，第二天选得青年人，则

$$P(A_1)=\frac{40}{100}=0.4,$$

$$P(A_1A_2)=\frac{40}{100}\cdot\frac{40}{100}=0.16\,.$$

故

（1）$P(A_2\mid A_1)=\dfrac{P(A_1A_2)}{P(A_1)}=0.4$；

（2）$P(A_2\mid \overline{A}_1)=\dfrac{P(\overline{A}_1A_2)}{P(\overline{A}_1)}=0.4$；

（3）$P(A_2)=P(A_1A_2)+P(\overline{A}_1A_2)=0.4\times0.4+0.6\times0.4=0.4$.

设 A_1,A_2 为两个事件，若 $P(A_1)>0$，则可定义 $P(A_2\mid A_1)$，一般情形，$P(A_2)\neq P(A_2\mid A_1)$，即事件 A_1 的发生对事件 A_2 发生的概率是有影响的. 在特殊情况下，一个事件的发生对另一事件发生的概率没有影响，如例 13.17 中有

$$P(A_2)=P(A_2\mid A_1)=P(A_2\mid \overline{A}_1)\,.$$

此时乘法公式 $P(A_1A_2)=P(A_1)P(A_2\mid A_1)=P(A_1)P(A_2)$.

定义 13.7　若事件 A_1，A_2 满足

$$P(A_1A_2)=P(A_1)P(A_2),$$

则称事件 A_1，A_2 是相互独立的.

容易知道，若 $P(A)>0,P(B)>0$，则如果 A,B 相互独立，就有 $P(AB)=P(A)P(B)>0$，故 $AB\neq\varnothing$，即 A，B 相容. 反之，如果 A，B 互不相容，即 $AB=\varnothing$，则 $P(AB)=0$，而 $P(A)P(B)>0$，所以 $P(AB)\neq P(A)P(B)$，即 A 与 B 不独立. 这就是说，当 $P(A)>0$ 且 $P(B)>0$ 时，A，B 相互独立与 A，B 互不相容不能同时成立.

定理 13.4　若事件 A 与 B 相互独立，则下列各对事件也相互独立：

$$A\text{ 与 }\overline{B}，\ \overline{A}\text{ 与 }B，\ \overline{A}\text{ 与 }\overline{B}\,.$$

证　因为 $A=A\Omega=A(B\cup\overline{B})=AB\cup A\overline{B}$，显然

$$AB\cap A\overline{B}=\varnothing,$$

故

$$P(A)=P(AB\cup A\overline{B})=P(AB)+P(A\overline{B})=P(A)P(B)+P(A\overline{B}),$$

于是

$$P(A\overline{B})=P(A)-P(A)P(B)=P(A)[1-P(B)]=P(A)P(\overline{B}).$$

即 A 与 $\overline{B}$ 相互独立. 由此可立即推出，$\overline{A}$ 与 $\overline{B}$ 相互独立，再由 $\overline{\overline{B}}=B$，又推出 $\overline{A}$ 与 B 相互独立.

定理 13.5　若事件 A，B 相互独立，且 $0<P(A)<1$，则

$$P(B \mid A)=P(B \mid \bar{A})=P(B).$$

定理的正确性由乘法公式、相互独立性定义容易推出.

在实际应用中，还经常遇到多个事件之间的相互独立问题，例如：对三个事件的独立性可做如下定义.

定义 13.8　设 A_1，A_2，A_3 是三个事件，如果满足等式

$$P(A_1A_2)=P(A_1)P(A_2),$$
$$P(A_1A_3)=P(A_1)P(A_3),$$
$$P(A_2A_3)=P(A_2)P(A_3),$$
$$P(A_1A_2A_3)=P(A_1)P(A_2)P(A_3),$$

则称 A_1，A_2，A_3 为相互独立的事件.

注　若事件 A_1，A_2，A_3 仅满足定义中前三个等式，则称 A_1，A_2，A_3 是两两独立的. 由此可知，A_1，A_2，A_3 相互独立，则 A_1，A_2，A_3 是两两独立的. 但反之则不一定成立.

例 13.21　设一个盒中装有四张卡片，四张卡片上依次标有下列各组字母：

$$XXY,\ XYX,\ YXX,\ YYY,$$

从盒中任取一张卡片，用 A_i 表示"取到的卡片第 i 位上的字母为 X" $(i=1,2,3)$的事件. 求证：A_1，A_2，A_3 两两独立，但 A_1，A_2，A_3 并不相互独立.

证　易求出

$$P(A_1)=\frac{1}{2},\quad P(A_2)=\frac{1}{2},\quad P(A_3)=\frac{1}{2},$$
$$P(A_1A_2)=\frac{1}{4},\quad P(A_1A_3)=\frac{1}{4},\quad P(A_2A_3)=\frac{1}{4},$$

故 A_1，A_2，A_3 是两两独立的.

但 $P(A_1A_2A_3)=0$，而 $P(A_1)P(A_2)P(A_3)=\frac{1}{8}$，故

$$P(A_1A_2A_3)\neq P(A_1)P(A_2)P(A_3).$$

因此，A_1，A_2，A_3 不是相互独立的.

定义 13.9　对 n 个事件 $A_1,A_2,\cdots,A_n$，若以下 2^n-n-1 个等式成立：

$$\begin{cases} P(A_iA_j)=P(A_i)P(A_j) & (1\leqslant i<j\leqslant n), \\ P(A_iA_jA_k)=P(A_i)P(A_j)P(A_k) & (1\leqslant i<j<k\leqslant n), \\ \quad\cdots\cdots & \\ P(A_1A_2\cdots A_n)=P(A_1)P(A_2)\cdots P(A_n), & \end{cases}$$

则称 $A_1,A_2,\cdots,A_n$ 是相互独立的事件.

由定义可知：

（1）若事件 $A_1,A_2,\cdots,A_n$ $(n\geqslant 2)$相互独立，则其中任意 k $(2\leqslant k\leqslant n)$个事件也相互独立.

（2）若 n 个事件 $A_1,A_2,\cdots,A_n$ $(n\geqslant 2)$相互独立，则将 $A_1,A_2,\cdots,A_n$ 中任意多个事件换成它们的对立事件，所得 n 个事件仍相互独立.

在实际应用中，对于事件相互独立性，往往不是根据定义来判断，而是按实际意义来确定.

例 13.22　设高射炮每次击中飞机的概率为 0.2，问至少需要多少门这种高射炮同时独立发射（每门射一次）才能使击中飞机的概率达到 95%以上.

解　设需要 n 门高射炮，A 表示飞机被击中，$A_i(i=1,2,\cdots,n)$表示第 i 门高射炮击中飞机. 则

$$\begin{aligned}P(A)&=P(A_1\cup A_2\cup\cdots\cup A_n)\\&=1-P(\overline{A_1\cup A_2\cup\cdots\cup A_n})=1-P(\overline{A}_1)P(\overline{A}_2)\cdots P(\overline{A}_n)\\&=1-(1-0.2)^n\end{aligned}$$

令$1-(1-0.2)^n\geqslant 0.95$，得$0.8^n\leqslant 0.05$，即

$$n\geqslant 14.$$

即至少需要 14 门高射炮才能有 95%以上的把握击中飞机.

例 13.23　设电路如图 13.9 所示，其中 1，2，3，4，5 为继电器接点，设各继电器接点闭合与否相互独立，且每一继电器闭合的概率为 p，求 L 至 R 为通路的概率.

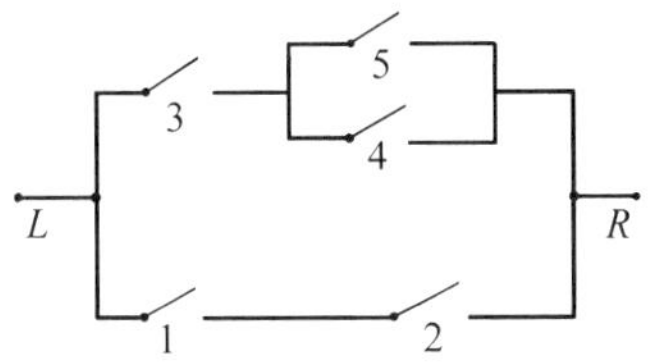

图 13.9

解　设事件 $A_i\left(i=1,2,3,4,5\right)$表示“第 i 个继电器接点闭合”，于是

$$A=(A_1A_2)\cup(A_3A_4)\cup(A_3A_5).$$

设 A 表示“L 至 R 为通路”，则

$$\begin{aligned}P(A)&=P((A_1A_2)\cup(A_3A_4)\cup(A_3A_5))\\&=P(A_1A_2)+P(A_3A_4)+P(A_3A_5)-P(A_1A_2A_3A_4)\\&\quad-P(A_1A_2A_3A_5)-P(A_3A_4A_5)+P(A_1A_2A_3A_4A_5).\end{aligned}$$

由 A_1,A_2,A_3,A_4,A_5 相互独立性可知

$$P(A)=3p^2-2p^4-p^3+p^5.$$

二、伯努利试验

随机现象的统计规律性只有在大量重复试验（在相同条件下）中表现出来. 将一个试验重复独立地进行 n 次，这是一种非常重要的概率模型.

若试验 E 只有两个可能结果：A 及 $\overline{A}$，则称 E 为**伯努利试验**. 设 $P(A)=p\left(0<p<1\right)$，此时 $P(\overline{A})=1-p$. 将 E 独立重复地进行 n 次，则称这一串重复的独立试验为 n **重伯努利试验**.

这里“重复”是指每次试验是在相同的条件下进行，在每次试验中 $P(A)=p$ 保持不变；“独立”是指各次试验的结果互不影响，即若以 C_i 记第 i 次试验的结果，C_i 为 A 或 $\overline{A}$，“独立”是指

$$P(C_1C_2\cdots C_n)=P(C_1)P(C_2)\cdots P(C_n).$$

n 重伯努利试验在实际中有广泛的应用，是研究最多的模型之一. 例如，将一枚硬币抛掷一次，观察出现的是正面还是反面，这是一个伯努利试验. 若将一枚硬币抛 n 次，就是 n 重伯努利试验. 又如抛掷一颗骰子，若 A 表示得到“6 点”，则 $\overline{A}$ 表示得到“非 6 点”，这是一个伯努利试验. 将骰子抛 n 次，就是 n 重伯努利试验. 再如在 N 件产品中有 M 件次品，现从中任取一件，检测其是否是次品，这是一个伯努利试验. 如有放回地抽取 n 次，就是 n 重伯努利试验.

对于伯努利概型关心的是 n 重试验中，A 出现 $k\ (0\leqslant k\leqslant n)$次的概率是多少?用 $P_n(k)$ 表示 n 重伯努利试验中，A 出现 k 次的概率.

由

$$P(A)=p,\quad P(\overline{A})=1-p,$$

又因为

$$\underbrace{AA\cdots A}_{k个}\underbrace{\overline{A}\overline{A}\cdots\overline{A}}_{n-k个}\cup\underbrace{AA\cdots A}_{k-1个}\overline{A}A\overline{A}A\underbrace{\overline{A}\cdots\overline{A}}_{n-k-1个}\cup\cdots\cup\underbrace{\overline{A}\overline{A}\cdots\overline{A}}_{n-k个}\underbrace{AA\cdots A}_{k个}$$

表示 C_n^k 个互不相容事件的并，由独立性可知每一项的概率为 $p^k(1-p)^{n-k}$，再由有限可加性，可得

$$p_n(k)=C_n^k p^k(1-p)^{n-k}\quad (k=0,1,2,\cdots,n).$$

这就是 n 重伯努利试验中 A 出现 k 次的概率计算公式.

例 13.24　设在 N 件产品中有 M 件次品，现进行 n 次有放回的检查抽样，试求抽得 k 件次品的概率.

解　由条件，这是有放回抽样，可知每次试验是在相同条件下重复进行，故本题符合 n 重伯努利试验的条件，令 A 表示“抽到一件次品”的事件. 则以 $p_n(k)$ 表示 n 次有放回抽样中，有 k 次出现次品的概率，由伯努利概型计算公式，可知

$$p_n(k)=C_n^k\left(\frac{M}{N}\right)^k\left(1-\frac{M}{N}\right)^{n-k}\quad (k=0,1,2,\cdots,n).$$

例 13.25　设某个车间里共有 5 台车床，每台车床使用电力是间歇性的，平均起来每小时约有 6 分钟使用电力. 假设车工们工作是相互独立的，求在同一时刻：

（1）恰有两台车床被使用的概率；

（2）至少有三台车床被使用的概率；

（3）至多有三台车床被使用的概率；

（4）至少有一台车床被使用的概率.

解　A 表示“使用电力”即是车床被使用，则

$$P(A)=p=\frac{6}{60}=0.1,\qquad P(\overline{A})=1-p=0.9.$$

故

（1） $p_1=P_5(2)=C_5^2(0.1)^2(0.9)^3=0.0729$；

（2） $p_2=P_5(3)+P_5(4)+P_5(5)=C_5^3(0.1)^3(0.9)^2+C_5^4(0.1)^4(0.9)+(0.1)^5=0.00856$；

（3） $p_3=1-P_5(4)-P_5(5)=1-C_5^4(0.1)^4(0.9)-(0.1)^5=0.99954$；

（4） $p_4=1-P_5(0)=1-(0.9)^5=0.40951$.

例 13.26　一张英语试卷，有 10 道选择填空题，每题有 4 个选择答案，且其中只有一个是正确答案. 某同学投机取巧，随意填写，试问他至少填对 6 道的概率是多大?

解　设 B 表示“他至少填对 6 道”，A 表示“答对”则 $\overline{A}$ 表示“答错”，$P(A)=\dfrac{1}{4}$，故作 10 道题就是 10 重伯努利试验，$n=10$，所求概率为

$$P(B)=\sum_{k=6}^{10}P_{10}(k)=\sum_{k=6}^{10}C_{10}^k\left(\frac{1}{4}\right)^k\left(1-\frac{1}{4}\right)^{10-k}$$

$$=C_{10}^6\left(\frac{1}{4}\right)^6\left(\frac{3}{4}\right)^4+C_{10}^7\left(\frac{1}{4}\right)^7\left(\frac{3}{4}\right)^3+C_{10}^8\left(\frac{1}{4}\right)^8\left(\frac{3}{4}\right)^2+C_{10}^9\left(\frac{1}{4}\right)^9\left(\frac{3}{4}\right)+\left(\frac{1}{4}\right)^{10}$$

$$=0.01973$$

人们在长期实践中总结得出“概率很小的事件在一次试验中实际上几乎是不发生的”(称为实际推断原理)，如本例所说，该同学随意猜测，能在 10 道题中猜对 6 道以上的概率是很小的，在实际中几乎是不会发生的.

习 题 十 三

1. 写出下列随机试验的样本空间及下列事件包含的样本点.

（1）掷一颗骰子，出现奇数点;

（2）掷二颗骰子，事件 A 表示“出现点数之和为奇数，且恰好其中有一个 1 点”，事件 B 表示“出现点数之和为偶数，但没有一颗骰子出现 1 点”;

（3）将一枚硬币抛两次，事件 A 表示“第一次出现正面”，事件 B 表示“至少有一次出现正面”，事件 C 表示“两次出现同一面”.

2. 设 A，B，C 为三个事件，试用 A，B，C 的运算关系式表示下列事件:

（1）A 发生，B，C 都不发生;

（2）A 与 B 发生，C 不发生;

（3）A，B，C 都发生;

（4）A，B，C 至少有一个发生;

（5）A，B，C 都不发生;

（6）A，B，C 不都发生;

（7）A，B，C 至多有 2 个发生;

（8）A，B，C 至少有 2 个发生.

3. 指出下列等式命题是否成立，并说明理由.

（1）$A\cup B=(AB)\cap B$；

（2）$\bar{A}B=A\cup B$；

（3）$\overline{A\cup B}\cap C=\bar{A}\bar{B}C$；

（4）$(AB)(\overline{AB})=\varnothing$；

（5）若 $A\subset B$，则 $A=AB$；

（6）若 $AB=\varnothing$，且 $C\subset A$，则 $BC=\varnothing$；

（7）若 $A\subset B$，则 $\bar{B}\supset\bar{A}$；

（8）若 $B\subset A$，则 $A\cup B=A$.

4. 设 A，B 为随机事件，且 $P(A)=0.7$，$P(A|B)=0.3$，求 $P(\overline{AB})$.

5. 设 A，B 是两事件，且 $P(A)=0.6$，$P(B)=0.7$，求：

（1）在什么条件下 $P(AB)$取到最大值?

（2）在什么条件下 $P(AB)$取到最小值?

6. 设 A，B，C 为三事件，且 $P(A)=P(B)=1/4$，$P(C)=\dfrac{1}{3}$ 且 $P(AB)=P(BC)=0$，$P(AC)=\dfrac{1}{12}$，求 A，B，C 至少有一事件发生的概率.

7. 从 52 张扑克牌中任意取出 13 张，问有 5 张黑桃、3 张红心、3 张方块、2 张梅花的概率是多少?

8. 对一个五人学习小组考虑生日问题，求：

（1）五个人的生日都在星期日的概率；

（2）五个人的生日都不在星期日的概率；

（3）五个人的生日不都在星期日的概率.

9. 从一批由 45 件正品、5 件次品组成的产品中任取 3 件，求其中恰有一件次品的概率.

10. 一批产品共 N 件，其中 M 件正品. 从中随机地取出 $n\ (n<N)$件. 试求其中恰有 $m\ (m\leqslant M)$件正品（记为 A）的概率. 如果：

（1）n 件是同时取出的；

（2）n 件是无放回逐件取出的；

（3）n 件是有放回逐件取出的.

11. 在电话号码簿中任取一电话号码，设后面四个数中的每一个数都是等可能地取自 $0, 1, \cdots, 9$，求后面四个数全不相同的概率.

12. 一个袋内装有大小相同的 7 个球，其中 4 个是白球，3 个是黑球，从中一次抽取 3 个，计算至少有两个是白球的概率.

13. 有甲、乙两批种子，发芽率分别为 0.8 和 0.7，在两批种子中各随机取一粒，求：

（1）两粒都发芽的概率；

（2）至少有一粒发芽的概率；

（3）恰有一粒发芽的概率.

14. 掷一枚均匀硬币直到出现 3 次正面才停止. 试问：

（1）正好在第 6 次停止的概率；

（2）正好在第 6 次停止的情况下，第 5 次也是出现正面的概率.

15. 某地某天下雪的概率为 0.3，下雨的概率为 0.5，既下雪又下雨的概率为 0.1，求：

（1）在下雨条件下下雪的概率；

（2）这天下雨或下雪的概率.

16. 已知一个家庭有 3 个小孩，且其中一个为女孩，求至少有一个男孩的概率（小孩为男为女是等可能的）.

17. 已知 5%的男人和 0.25%的女人是色盲，现随机地挑选一人，此人恰为色盲，问此人是男人的概率（假设男人和女人各占人数的一半）.

18. 两人约定上午 9:00～10:00 在公园会面，求一人要等另一人半小时以上的概率.

19. 从(0, 1)中随机地取两个数，求：

（1）两个数之和小于 6/5 的概率；

（2）两个数之积小于 1/4 的概率.

20. 设 $P(\overline{A})=0.3$，$P(B)=0.4$，$P(A\overline{B})=0.5$，求 $P(B\mid A\cup\overline{B})$.

21. 在一个盒中装有 15 个乒乓球，其中有 9 个新球. 在第一次比赛中任意取出 3 个球，比赛后放回原盒中；第二次比赛同样任意取出 3 个球. 求第二次取出的 3 个球均为新球的概率.

22. 在已有两个球的箱子中再放一白球，然后任意取出一球，若发现这球为白球，试求箱子中原有一白球的概率（箱中原有什么球是等可能的颜色只有黑、白两种）.

23. 某工厂生产的产品中 96%是合格品，检查产品时，一个合格品被误认为是次品的概率为 0.02，一个次品被误认为是合格品的概率为 0.05，求在被检查后认为是合格品产品确是合格品的概率.

24. 某保险公司把被保险人分为三类："谨慎的""一般的""冒失的". 统计资料表明，上述三种人在一年内发生事故的概率依次为 0.05，0.15 和 0.30；如果"谨慎的"被保险人点 20%，"一般的"占 50%，"冒失的"占 30%，现知某被保险人在一年内出了事故，则他是"谨慎的"的概率是多少?

25. 设每次射击的命中率为 0.2，问至少必须进行多少次独立射击才能使至少击中一次的概率不小于 0.9?

26. 三人独立地破译一个密码，他们能破译的概率分别为 $\frac{1}{5}$，$\frac{1}{3}$，$\frac{1}{4}$，求将此密码破译出的概率.

27. 甲、乙、丙三人独立地向同一飞机射击，设击中的概率分别是 0.4，0.5，0.7. 若只有一人击中，则飞机被击落的概率为 0.2；若有两人击中，则飞机被击落的概率为 0.6；

若三人都击中，则飞机一定被击落. 求飞机被击落的概率.

28. 已知某种疾病患者的痊愈率为 25%，为试验一种新药是否有效，把它给 10 个病人服用，且规定若 10 个病人中至少有 4 人治好则认为这种药有效，反之则认为无效，求：

（1）虽然新药有效，且把治愈率提高到 35%，但通过试验被否定的概率；

（2）新药完全无效，但通过试验被认为有效的概率.

29. 一架升降机开始时有 6 位乘客，并等可能地停于十层楼的每一层. 试求下列事件的概率：

（1）A =“某指定的一层有两位乘客离开”；

（2）B =“没有两位及两位以上的乘客在同一层离开”；

（3）C =“恰有两位乘客在同一层离开”；

（4）D =“至少有两位乘客在同一层离开”.

30. 一列火车共有 n 节车厢，有 k $(k \geqslant n)$ 个旅客上火车并随意地选择车厢. 求每一节车厢内至少有一个旅客的概率.

第十四章　随机变量及其分布

第一节　随机变量基本概念

第十三章中讨论的随机事件中有些是直接用数量来标识的. 例如，抽样检验灯泡质量试验中灯泡的寿命，而有些则不是直接用数量来标识的，如性别抽查试验中所抽到的性别. 为了更深入地研究各种与随机现象有关的理论和应用问题，我们有必要将样本空间的元素与实数对应起来. 即将随机试验的每个可能的结果 e 都用一个实数 X 来表示. 例如，在性别抽查试验中用实数“1”表示“出现男性”，用“0”表示“出现女性”. 显然，一般来讲此处的实数 X 值将随 e 的不同而变化，它的值因 e 的随机性而具有随机性，称这种取值具有随机性的变量为随机变量.

定义 14.1　设随机试验的样本空间为 Ω，如果对 Ω 中每一个元素 e，有一个实数 $X(e)$ 与之对应，这样就得到一个定义在 Ω 上的实值单值函数 $X = X(e)$，称为随机变量.

随机变量的取值随试验结果而定，在试验之前不能预知它取什么值，只有在试验之后才知道它的确切值；而试验的各个结果出现有一定的概率，故随机变量取各值有一定的概率. 这些性质显示了随机变量与普通函数之间有着本质的差异. 再者，普通函数是定义在实数集或实数集的一个子集上的，而随机变量是定义在样本空间上的（样本空间的元素不一定是实数），这也是二者的差别.

本书中以大写字母如 X，Y，Z，W，… 表示随机变量，以小写字母如 x，y，z，w，… 表示实数.

为了研究随机变量的概率规律，由于随机变量 X 的可能取值不一定能逐个列出，所以在一般情况下需研究随机变量落在某区间 $(x_1,x_2]$ 中的概率，即求 $P\{x_1 < X \leqslant x_2\}$，由于 $P\{x_1 < X \leqslant x_2\} = P\{X \leqslant x_2\} - P\{X \leqslant x_1\}$，所以要研究 $P\{x_1 < X \leqslant x_2\}$ 就归结为研究形如 $P\{X \leqslant x\}$ 的概率问题了. 不难看出，$P\{X \leqslant x\}$ 的值常随不同的 x 而变化，它是 x 的函数，称该函数为**分布函数**.

定义 14.2　设 X 是随机变量，x 为任意实数，函数

$$F(x) = P\{X \leqslant x\}$$

称为 X 的分布函数.

对于任意实数 $x_1, x_2 (x_1 < x_2)$，有

$$\begin{aligned} P\{x_1 < X \leqslant x_2\} &= P\{X \leqslant x_2\} - P\{X \leqslant x_1\} \\ &= F(x_2) - F(x_1). \end{aligned} \tag{14.1}$$

因此，若已知 X 的分布函数，就能知道 X 落在任一区间 $(x_1,x_2]$ 上的概率. 从这个意义上说，分布函数完整地描述了随机变量的统计规律性.

如果将 X 看成是数轴上的随机点，那么，分布函数 $F(x)$ 在 x 处的函数值表示 X 在区间 $(-\infty,x]$ 上的概率. 分布函数具有以下基本性质.

（1） $F(x)$ 为单调不减的函数.

事实上，由式（14.1），对于任意实数 $x_1,x_2(x_1<x_2)$，有

$$F(x_2)-F(x_1)=P\{x_1<X\leqslant x_2\}\geqslant 0.$$

（2） $0\leqslant F(x)\leqslant 1$，且 $\lim\limits_{x\to+\infty}F(x)=1$，常记作 $F(+\infty)=1$； $\lim\limits_{x\to-\infty}F(x)=0$，常记作

$$F(-\infty)=0.$$

从几何上说明这两个式子. 当区间端点 x 沿数轴无限向左移动（ $x\to-\infty$ ）时，则“ X 落在 x 左边” 这一事件趋于不可能事件，故其概率 $P\{X\leqslant x\}=F(x)$ 趋于 0；又若 x 无限向右移动（ $x\to+\infty$ ）时，事件“X 落在 x 左边”趋于必然事件，从而其概率 $P\{X\leqslant x\}=F(x)$ 趋于 1.

（3） $F(x+0)=F(x)$，即 $F(x)$为右连续.

反之可证明，任一满足这三个性质的函数，一定可以作为某个随机变量的分布函数. 概率论主要是利用随机变量来描述和研究随机现象，而利用分布函数就能很好地表示各事件的概率. 例如

$$P\{x>a\}=1-P\{x\leqslant a\}=1-F(a),$$
$$P\{x<a\}=F(a-0),$$
$$P\{x=a\}=F(a)-F(a-0).$$

在引进随机变量和分布函数后我们就能利用高等数学的许多结果和方法来研究随机现象，它们是概率论的两个基本而重要的概念.

第二节　离散型随机变量及其分布

如果随机变量所有可能的取值为有限个或可列无穷多个，则称这种随机变量为**离散型随机变量**.

容易知道，要掌握一个离散型随机变量 X 的统计规律，必须且只需知道 X 的所有可能取的值以及取每一个可能值的概率.

设离散型随机变量 X 所有可能的取值为 $x_k\ (k=1,2,\cdots)$，X 取各个可能值的概率，即事件$\{X=x_k\}$的概率

$$P\{x=x_k\}=p_k\quad(k=1,2,\cdots).\tag{14.2}$$

称式（14.2）为离散型随机变量 X 的**概率分布**或**分布律**. 分布律也常用下面形式来表示.

X	x_1	x_2	x_3	$\cdots$	x_k	$\cdots$
p_k	p_1	p_2	p_3	$\cdots$	p_k	$\cdots$

由概率的性质容易推得，任一离散型随机变量的分布律$\{p_k\}$，都具有下述两个基本性质.

（1）非负性：

$$p_k \geqslant 0\ (k=1,2,\cdots); \tag{14.3}$$

（2）规范性：

$$\sum_{k=1}^{\infty} p_k = 1. \tag{14.4}$$

反之，任意一个具有以上性质的数列$\{p_k\}$，一定可以作为某一个离散型随机变量的分布律.

例 14.1　设一汽车在开往目的地的道路上需通过 4 盏信号灯，每盏灯以 0.6 的概率允许汽车通过，以 0.4 的概率禁止汽车通过（设各盏信号灯的工作相互独立）. 以 X 表示汽车首次停下时已经通过的信号灯盏数，求 X 的分布律.

解　以 p 表示每盏灯禁止汽车通过的概率，显然 X 的可能取值为 0，1，2，3，4，易知 X 的分布律为

X	0	1	2	3	4
p_k	p	$(1-p)p$	$(1-p)^2 p$	$(1-p)^3 p$	$(1-p)^4$

或写成

$$P\{X=k\}=(1-p)^k p \quad (k=0,1,2,3)$$

$$P\{X=4\}=(1-p)^4$$

将 $p=0.4, 1-p=0.6$ 代入上式，所得结果如下

X	0	1	2	3	4
p_k	0.4	0.24	0.144	0.086 4	0.129 6

下面介绍几种常见的离散型随机变量的概率分布.

一、两点分布

若随机变量 X 只可能取 x_1 与 x_2 两值，它的分布律是

$$P\{X=x_1\}=1-p \quad (0<p<1), \quad P\{X=x_2\}=p,$$

则称 X 服从参数为 p 的**两点分布**.

特别地，当 $x_1=0, x_2=1$ 时两点分布也称为 $(0-1)$ 分布，记作 $X \sim (0\text{-}1)$ 分布. 写成分布律表为

X	0	1
p_k	$1-p$	p

对于一个随机试验，若它的样本空间只包含两个元素，即样本空间 $\Omega=\{e_1,e_2\}$，总能在 Ω 上定义一个服从 (0-1) 分布的随机变量

$$X=X(e)=\begin{cases} 0, & e=e_1, \\ 1, & e=e_2. \end{cases}$$

来描述这个试验结果. 因此，两点分布可以作为描述试验只包含两个基本事件的数学模

型. 例如：在打靶中“命中”与“不中”的概率分布；产品抽验中“合格品”与“不合格品”的概率分布；等等. 总之，一个随机试验如果我们只关心某事件 A 出现与否，则可用（0-1）分布来描述.

二、二项分布

若随机变量 X 的分布律为

$$P\{X=k\}=p^k(1-p)^{n-k}\quad (k=0,1,\cdots,n),\tag{14.5}$$

则称 X 服从参数为 n，p 的**二项分布**，记作 $X\sim b(n,p)$.

易知式（14.5）满足式（14.3）、式（14.4）. 事实上，$P\{X=k\}\geqslant 0$ 是显然的；再由二项展开式知

$$\sum_{k=0}^{n}P\{X=k\}=\sum_{k=0}^{n}\mathrm{C}_n^k p^k(1-p)^{n-k}=[p+(1-p)]^n=1.$$

回顾 n 重伯努利试验中事件 A 出现 k 次的概率计算公式

$$P\{X=k\}=\mathrm{C}_n^k p^k(1-p)^{n-k}\quad (k=0,1,\cdots,n)$$

可知，若 $X\sim b(n,p)$，X 就可以用来表示 n 重伯努利试验中事件 A 出现的次数. 因此，二项分布可以作为描述 n 重伯努利试验中事件 A 出现次数的数学模型. 例如：射手射击 n 次中，“中的”次数的概率分布；随机抛掷硬币 n 次，落地时出现“正面”次数的概率分布；从一批足够多的产品中任意抽取 n 件，其中“废品”件数的概率分布等.

不难看出，(0-1) 分布就是二项分布在 $n=1$ 时的特殊情形，故 (0-1) 分布的分布律也可写成

$$P\{X=k\}=p^k q^{1-k}\quad (k=0,1,\quad q=1-p).$$

例 14.2　某大学的校乒乓球队与数学系乒乓球队举行对抗赛. 校队的实力较系队为强，当一个校队运动员与一个系队运动员比赛时，校队运动员获胜的概率为 0.6. 现在校、系双方商量对抗赛的方式，提出三种方案：（1）双方各出 3 人；（2）双方各出 5 人；（3）双方各出 7 人. 三种方案中均以比赛中得胜人数多的一方为胜利. 试问：对系队来说，哪一种方案有利?

解　设系队得胜人数为 X，则在上述三种方案中，系队胜利的概率为

（1）$P\{X\geqslant 2\}=\sum\limits_{k=2}^{3}\mathrm{C}_3^k(0.4)^k(0.6)^{3-k}\approx 0.352$；

（2）$P\{X\geqslant 3\}=\sum\limits_{k=3}^{5}\mathrm{C}_5^k(0.4)^k(0.6)^{5-k}\approx 0.317$；

（3）$P\{X\geqslant 4\}=\sum\limits_{k=4}^{7}\mathrm{C}_7^k(0.4)^k(0.6)^{7-k}\approx 0.290$.

因此第一种方案对系队最为有利. 这在直觉上是容易理解的，因为参赛人数越少，系队侥幸获胜的可能性也就越大.

例 14.3　某一大批产品的合格品率为 98%，现随机地从这批产品中抽样 20 次，每

次抽一个产品，问抽得的 20 个产品中恰好有 $k\ (k=1,2,\cdots,20)$ 个为合格品的概率是多少?

解　这是不放回抽样. 由于这批产品的总数很大，而抽出的产品的数量相对于产品总数来说又很小，那么取出少许几件可以认为并不影响剩下部分的合格品率，因而可以当作放回抽样来处理，这样做会有一些误差，但误差不大. 将抽检一个产品看其是否为合格品看成一次试验，显然，抽检 20 个产品就相当于做 20 次伯努利试验，以 X 记 20 个产品中合格品的个数，那么 $X\sim b(20,\ 0.98)$，即

$$P\{X=k\}=C_{20}^{k}(0.98)^{k}(0.02)^{20-k}\quad (k=1,2,\cdots,20).$$

若在例 14.3 中将参数 20 改为 200 或更大，显然此时直接计算该概率就显得相当麻烦. 为此我们给出一个当 n 很大时的近似计算公式.

定理 14.1　（泊松定理）设 $np_n=\lambda$（$\lambda>0$ 是一常数，n 是任意正整数），则对任意一固定的非负整数 k，有

$$\lim_{n\to\infty}C_n^k p_n^k(1-p_n)^{n-k}=\frac{\lambda^k \mathrm{e}^{-\lambda}}{k!}.$$

由于 $\lambda=np_n$ 是常数，当 n 很大时 p_n 必定很小，所以上述定理表明当 n 很大 p 很小时，有以下近似公式

$$C_n^k p^k(1-p)^{n-k}\approx\frac{\lambda^k \mathrm{e}^{-\lambda}}{k!},\tag{14.6}$$

其中：$\lambda=np$.

二项分布的泊松近似，常常被应用于研究稀有事件（即每次试验中事件 A 出现的概率 p 很小），即当伯努利试验的次数 n 很大时，事件 A 发生的次数的分布.

例 14.4　某十字路口有大量汽车通过，假设每辆汽车在这里发生交通事故的概率为 0.001，如果每天有 5 000 辆汽车通过这个十字路口，求发生交通事故的汽车数不少于 2 的概率.

解　设 X 表示发生交通事故的汽车数，则 $X\sim b(n,p)$，此处 $n=5\,000,\ p=0.001$，令 $\lambda=np=5$，即

$$\begin{aligned}P\{X\geqslant 2\}&=1-P\{X<2\}=1-\sum_{k=0}^{1}P\{X=k\}\\&=1-(1-0.001)^{5\,000}-5\,000\times 0.001\times(1-0.001)^{4\,999}\\&\approx 1-\frac{5^0\mathrm{e}^{-5}}{0!}-\frac{5\mathrm{e}^{-5}}{1!}\\&=1-0.006\,74-0.033\,69=0.959\,57.\end{aligned}$$

例 14.5　某人进行射击，设每次射击的命中率为 0.02，独立射击 400 次，试求至少击中两次的概率.

解　将一次射击看成是一次试验. 设击中次数为 X，则 $X\sim b(400,0.02)$，即 X 的分布律为

$$P\{X=k\}=\mathrm{C}_{400}^{k}(0.02)^{k}(1-0.02)^{400-k}\quad (k=1,2,\cdots,400).$$

故所求概率为

$$\begin{aligned}P\{X \geqslant 2\} &= 1 - P\{X = 0\} - P\{X = 1\} \\ &= 1 - (0.98)^{400} - 400(0.02)(0.98)^{399} \\ &\approx -\frac{8^0 \mathrm{e}^{-8}}{0!} - \frac{8\mathrm{e}^{-8}}{1!} \\ &= 0.997\,2.\end{aligned}$$

这个概率很接近 1，可从两方面来讨论这一结果的实际意义. 其一，虽然每次射击的命中率很小（为 0.02），但如果射击 400 次，则击中目标至少两次. 这一事实说明，一个事件尽管在一次试验中发生的概率很小，但只要多次试验，而且每次试验是独立地进行的，那么这一事件的发生几乎是肯定的，这也告诉人们决不能轻视小概率事件. 其二，在 400 次射击中，击中目标的次数超过两次的可能性很大.

三、泊松分布

若随机变量 X 的分布律为

$$P\{X = k\} = \frac{\lambda^k \mathrm{e}^{-\lambda}}{k!} \quad (k = 1, 2, \cdots), \tag{14.7}$$

其中 $\lambda > 0$ 是常数，则称 X 服从参数为 λ 的**泊松分布**，记作 $X \sim \pi(\lambda)$.

易知式（14.7）满足式（14.3）、式（14.4）. 事实上，$P\{X = k\} \geqslant 0$ 是显然的，再由

$$\sum_{k=0}^{\infty} \frac{\lambda^k \mathrm{e}^{-\lambda}}{k!} = \mathrm{e}^{-\lambda} \mathrm{e}^{\lambda} = 1,$$

可知

$$\sum_{k=0}^{\infty} P\{X = k\} = 1.$$

由泊松定理可知，泊松分布可以作为描述大量试验中稀有事件出现的次数 $k=0,1,\cdots$ 的概率分布情况的一个数学模型. 例如：大量产品中抽样检查时得到的不合格品数；一个集团元旦时过生日的人数；一页中印刷错误出现的数目；数字通信中传输数字时发生误码的个数等都近似服从泊松分布. 除此之外，理论与实践说明它也可作为随机变量的概率分布的数学模型. 例如，在任给一段固定的时间间隔内：①由某块放射性物质放射出的 α 质点，到达某个计数器的质点数；②某地区发生交通事故的次数；③来到某公共设施要求给予服务的顾客数（这里的公共设施的意义可以是极为广泛的，诸如售货员、机场跑道、电话交换台、医院等，在机场跑道的例子中，顾客可以相应地想象为飞机）. 泊松分布是概率论中一种很重要的分布.

例 14.6　由某商店过去的销售记录得知，某种商品每月的销售数可以用参数 $\lambda = 5$ 的泊松分布来描述. 为了以 95%以上的把握保证不脱销，问商店在月底至少应进货该种商品多少件?

解　设该商店每月销售这种商品数为 X，月底进货为 a 件，则当 $X \leqslant a$ 时不脱销，故有

$$P\{X \leqslant a\} \geqslant 0.95 .$$

由于 $X \sim \pi(5)$，上式即为

$$\sum_{k=0}^{a} \frac{e^{-5} 5^k}{k!} \geqslant 0.95 .$$

查泊松分布表可知

$$\sum_{k=0}^{8} \frac{e^{-5} 5^k}{k!} \approx 0.9319 < 0.95 ,$$

$$\sum_{k=0}^{8} \frac{e^{-5} 10^k}{k!} \approx 0.9682 > 0.95 .$$

于是，这家商店只要在月底进货这种商品 9 件（假定上个月没有存货），就可以 95%以上的把握保证这种商品在下个月不会脱销.

下面用一般的离散型随机变量讨论其分布函数.

设离散型随机变量 X 的分布律如表 13.1 所示. 由分布函数的定义可知

$$F(x) = P\{X \leqslant x\} = \sum_{x_k \leqslant x} P\{X = x_k\} = \sum_{x_k \leqslant x} p_k .$$

例 14.7　求例 14.1 中 X 的分布函数 $F(x)$.

解　由例 14.1 的分布律知

当 $x < 0$ 时，

$$F(x) = P\{X \leqslant x\} = 0 ;$$

当 $0 \leqslant x < 1$ 时，

$$F(x) = P\{X \leqslant x\} = P\{X = 0\} = 0.4 ;$$

当 $1 \leqslant x < 2$ 时，

$$\begin{aligned} F(x) &= P\{X \leqslant x\} = P\{\{X = 0\} \cup \{X = 1\}\} \\ &= P\{X = 0\} + P\{X = 1\} \\ &= 0.4 + 0.24 = 0.64; \end{aligned}$$

当 $2 \leqslant x < 3$ 时，

$$\begin{aligned} F(x) &= P\{X \leqslant x\} = P\{\{X = 0\} \cup \{X = 1\}\} \\ &= P\{X = 0\} + P\{X = 1\} + P\{X = 2\} \\ &= 0.4 + 0.24 + 0.144 = 0.784; \end{aligned}$$

当 $3 \leqslant x < 4$ 时，

$$\begin{aligned} F(x) &= P\{X \leqslant x\} = P\{\{X = 0\} \cup \{X = 1\} \cup \{X = 2\} \cup \{X = 3\}\} \\ &= 0.4 + 0.24 + 0.144 + 0.0864 = 0.8704; \end{aligned}$$

当 $x \geqslant 4$ 时，

$$\begin{aligned} F(x) &= P\{X \leqslant x\} \\ &= P\{\{X = 0\} \cup \{X = 1\} \cup \{X = 2\} \cup \{X = 3\} \cup \{X = 4\}\} \\ &= 0.4 + 0.24 + 0.144 + 0.0864 + 0.1296 = 1. \end{aligned}$$

综上所述

$$F(x)=P\{X\leqslant x\}=\begin{cases}0, & x<0,\\ 0.4, & 0\leqslant x<1,\\ 0.64, & 1\leqslant x<2,\\ 0.784, & 2\leqslant x<3,\\ 0.870\,4, & 3\leqslant x<4,\\ 1, & x\geqslant 4.\end{cases}$$

$F(x)$ 的图形是一条阶梯状右连续曲线，在 $x=0,1,2,3,4$ 处有跳跃，其跳跃高度分别为 0.4, 0.24, 0.144, 0.086 4, 0.129 6，这条曲线从左至右依次从 $F(x)=0$ 逐步升级到 $F(x)=1$. 对表 13.1 所示的一般的分布律，其分布函数 $F(x)$ 表示一条阶梯状右连续曲线，在 $X=x_k\ (k=1,2,\cdots)$ 处有跳跃，跳跃的高度恰为 $p_k=P\{X=x_k\}$，从左至右，由水平直线 $F(x)=0$，分别按阶高 $p_1,p_2,\cdots$ 升至水平直线 $F(x)=1$.

以上是已知分布律求分布函数. 反过来，若已知离散型随机变量 X 的分布函数 $F(x)$，则 X 的分布律也可由分布函数所确定：

$$p_k=P\{X=x_k\}=F(x_k)-F(x_k-0).$$

第三节　连续型随机变量及其分布

第二节研究了离散型随机变量，这类随机变量的特点是它的可能取值及其相对应的概率能被逐个地列出. 本节我们将要研究的连续型随机变量就不具有这样的性质了. 连续型随机变量的特点是它的可能取值连续地充满某个区间甚至整个数轴. 例如，测量一个工件长度，因为在理论上说这个长度的值 X 可以取区间 $(0,+\infty)$ 上的任何一个值. 此外，连续型随机变量取某特定值的概率总是零（关于这点将在以后说明）. 于是，对于连续型随机变量不能用对离散型随机变量那样的方法进行研究. 先来看一个例子.

例 14.8　一个半径为 2 m 的圆盘靶，设击中靶上任一同心圆盘上的点的概率与该圆盘的面积成正比，并设射击都能中靶，以 X 表示弹着点与圆心的距离，试求随机变量 X 的分布函数.

解　若 $x<0$，因为事件 $\{X\leqslant x\}$ 是不可能事件，所以

$$F(x)=P\{X\leqslant x\}=0.$$

若 $0\leqslant x\leqslant 2$，由题意

$$P\{0\leqslant X\leqslant x\}=kx^2\quad (k\text{ 为常数}),$$

为了确定 k 的值，取 $x=2$，有

$$P\{0\leqslant X\leqslant 2\}=2^2k,$$

但事件 $\{0\leqslant X\leqslant 2\}$ 是必然事件，故

$$P\{0\leqslant X\leqslant 2\}=1,$$

即

$$2^2 k = 1,$$

所以 $k=\dfrac{1}{4}$，则

$$P\{0 \leqslant X \leqslant x\} = \frac{x^2}{4}.$$

于是

$$F(x) = P\{X \leqslant x\} = P\{X < 0\} + P\{0 \leqslant X \leqslant x\} = \frac{x^2}{4}.$$

若 $x \geqslant 2$，由于 $\{X \leqslant 2\}$ 是必然事件，于是

$$F(x) = P\{X \leqslant x\} = 1.$$

综上所述

$$F(x) = \begin{cases} 0, & x < 0, \\ \dfrac{1}{4}x^2, & 0 \leqslant x < 2, \\ 1, & x \geqslant 2. \end{cases}$$

它的图形是一条连续曲线，如图 14.1 所示.

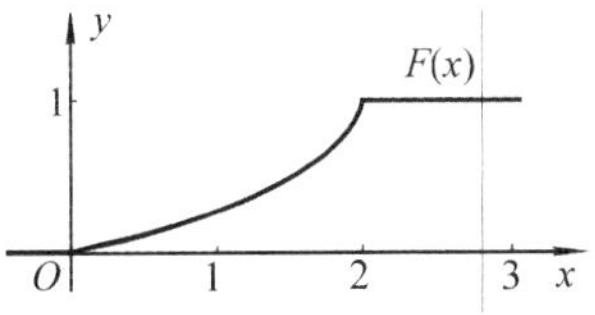

图 14.1

另外，容易看到本例中 X 的分布函数 $F(x)$ 还可写成如下形式：

$$F(x) = \int_{-\infty}^{x} f(t)\mathrm{d}t,$$

其中

$$f(t) = \begin{cases} \dfrac{1}{2}t, & 0 < t < 2, \\ 0, & \text{其他}. \end{cases}$$

这就是说，$F(x)$ 恰好是非负函数 $f(t)$ 在区间 $(-\infty, x]$ 上的积分，这种随机变量 X 称为连续型随机变量. 一般有如下定义.

定义 14.3　若对随机变量 X 的分布函数 $F(x)$，存在非负函数 $f(x)$，使对于任意实数 x 有

$$F(x) = \int_{-\infty}^{x} f(t)\mathrm{d}x, \tag{14.8}$$

则称 X 为连续型随机变量，其中 $f(x)$ 称为 X 的概率密度函数，简称概率密度或密度函数.

由式（14.8）知道连续型随机变量 X 的分布函数 $F(x)$ 是连续函数. 由分布函数的性质 $F(-\infty)=0$，$F(+\infty)=1$ 及 $F(x)$ 单调不减，知 $F(x)$ 是一条位于直线 $y=0$ 与 $y=1$ 之间的单调不减的连续（但不一定光滑）曲线.

由定义 14.3 可知，$f(x)$ 具有以下性质.

（1）非负性：$f(x) \geqslant 0$；

（2）规范性：$\int_{-\infty}^{+\infty} f(x) \mathrm{d}x = 1$；

（3）$P\{x_1 < X \leqslant x_2\} = F(x_2) - F(x_1) = \int_{x_1}^{x_2} f(x) \mathrm{d}x \quad (x_1 \leqslant x_2)$；

（4）若 $f(x)$ 在 x 点处连续，则有 $F'(x) = f(x)$.

由性质（2）可知，介于曲线 $y = f(x)$ 与 $y = 0$ 之间的面积为 1. 由性质（3）可知，X 落在区间 $(x_1, x_2]$ 上的概率 $P\{x_1 < X \leqslant x_2\}$ 等于区间 $(x_1, x_2]$ 上曲线 $y = f(x)$ 之下的曲边梯形面积. 由性质（4）可知在 $f(x)$ 的连续点 x 处有

$$f(x) = \lim_{\Delta x \to 0^+} \frac{F(x + \Delta x) - F(x)}{\Delta x} = \lim_{\Delta x \to 0^+} \frac{P\{x < X \leqslant x + \Delta x\}}{\Delta x}.$$

这种形式恰与物理学中线密度定义相类似，这也正是为什么称 $f(x)$ 为概率密度的原因. 同样指出，反过来，任一满足以上性质（1）、性质（2）两个性质的函数 $f(x)$，一定可以作为某个连续型随机变量的密度函数.

前面曾指出对连续型随机变量 X 取任一特定值 a 的概率为零，即

$$P\{X = a\} = 0,$$

事实上，令 $\Delta x > 0$，设 X 的分布函数为 $F(x)$，则由

$$\{X = a\} \subset \{a - \Delta x < X \leqslant a\},$$

得

$$0 \leqslant P\{X = a\} \leqslant P\{a - \Delta x < X \leqslant a\} = F(a) - F(a - \Delta x).$$

由于 $F(x)$ 连续，所以 $\lim\limits_{\Delta x \to 0} F(a - \Delta x) = F(a)$. 当 $\Delta x \to 0$ 时，由夹逼定理得

$$P\{X = a\} = 0,$$

由此很容易推导出

$$P\{a \leqslant X < b\} = P\{a < X \leqslant b\} = P\{a \leqslant X \leqslant b\} = P\{a < X < b\}.$$

即在计算连续型随机变量落在某区间上的概率时，可不必区分该区间端点的情况. 此外还要说明，事件 $\{X = a\}$ “几乎不可能发生”，但并不保证绝不会发生，它是“零概率事件”而不是不可能事件.

例 14.9　设连续型随机变量 X 的分布函数为

$$F(x) = \begin{cases} 0, & x < 0, \\ Ax^2, & 0 \leqslant x < 1, \\ 1, & x \geqslant 1. \end{cases}$$

试求：

（1）系数 A；

（2）X 落在区间 $(0.3, 0.7)$ 内的概率；

（3）X 的密度函数.

解　（1）因 X 为连续型随机变量，故 $F(x)$ 是连续函数，则有

$$1=F(1)=\lim_{x\to 1^-}F(x)=\lim_{x\to 1^-}Ax^2=A,$$

即 $A=1$，于是有

$$F(x)=\begin{cases}0, & x<0,\\ x^2, & 0\leqslant x<1,\\ 1, & x\geqslant 1.\end{cases}$$

（2）$P\{0.3<X<0.7\}=F(0.7)-F(0.3)=(0.7)^2-(0.3)^2=0.4$；

（3）X 的密度函数为

$$f(x)=F'(x)=\begin{cases}2x, & 0\leqslant x<1;\\ 0, & 其他.\end{cases}$$

由定义 14.3 知，改变密度函数 $f(x)$ 在个别点的函数值，不影响分布函数 $F(x)$ 的取值，因此，并不在乎改变密度函数在个别点上的值[比如在 $x=0$ 或 $x=1$ 上 $f(x)$ 的值].

例 14.10　设随机变量 X 具有密度函数

$$f(x)=\begin{cases}kx, & 0\leqslant x<3,\\ 2-\dfrac{x}{2}, & 3\leqslant x\leqslant 4,\\ 0, & 其他.\end{cases}$$

（1）确定常数 k；（2）求 X 的分布函数 $F(x)$；（3）求 $P\left\{1<X\leqslant\dfrac{7}{2}\right\}$.

解　（1）由 $\int_{-\infty}^{\infty}f(x)\mathrm{d}x=1$，得

$$\int_0^3 kx\mathrm{d}x+\int_3^4\left(2-\frac{x}{2}\right)\mathrm{d}x=1,$$

解得 $k=\dfrac{1}{6}$，故 X 的密度函数为

$$f(x)=\begin{cases}\dfrac{x}{6}, & 0\leqslant x<3,\\ 2-\dfrac{x}{2}, & 3\leqslant x\leqslant 4,\\ 0, & 其他.\end{cases}$$

（2）当 $x<0$ 时，$F(x)=P\{X\leqslant x\}=\int_{-\infty}^{x}f(t)\mathrm{d}t=0$；

当 $0\leqslant x<3$ 时，

$$F(x)=P\{X\leqslant x\}=\int_{-\infty}^{x}f(t)\mathrm{d}t=\int_{-\infty}^{0}f(t)\mathrm{d}t+\int_0^x f(t)\mathrm{d}t=\int_0^x\frac{t}{6}\mathrm{d}t=\frac{x^2}{12};$$

当 $3\leqslant x<4$ 时，

$$\begin{aligned}F(x)=P\{X\leqslant x\}&=\int_{-\infty}^{x}f(t)\mathrm{d}t\\&=\int_{-\infty}^{0}f(t)\mathrm{d}t+\int_0^3 f(t)\mathrm{d}t+\int_3^x f(t)\mathrm{d}t\end{aligned}$$

$$= \int_0^3 \frac{t}{6}\,\mathrm{d}t + \int_3^x \left(2-\frac{t}{2}\right)\mathrm{d}t = -\frac{x^2}{4} + 2x - 3;$$

当 $x \geqslant 4$ 时，

$$\begin{aligned} F(x) &= P\{X \leqslant x\} = \int_{-\infty}^x f(t)\mathrm{d}t \\ &= \int_{-\infty}^0 f(t)\mathrm{d}t + \int_0^3 f(t)\mathrm{d}t + \int_3^4 f(t)\mathrm{d}t + \int_4^x f(t)\mathrm{d}t \\ &= \int_0^3 \frac{t}{6}\mathrm{d}t + \int_3^4 \left(2-\frac{t}{2}\right)\mathrm{d}t = 1. \end{aligned}$$

即

$$F(x) = \begin{cases} 0, & x < 0, \\ \dfrac{x^2}{12}, & 0 \leqslant x < 3, \\ -\dfrac{x^2}{4} + 2x - 3, & 3 \leqslant x < 4, \\ 1, & x \geqslant 4. \end{cases}$$

（3）$P\left\{1 < X \leqslant \dfrac{7}{2}\right\} = F\left(\dfrac{7}{2}\right) - F(1) = \dfrac{41}{48}$.

下面介绍三种常见的连续型随机变量.

一、均匀分布

若连续型随机变量 X 具有概率密度

$$f(x) = \begin{cases} \dfrac{1}{b-a}, & a < x < b, \\ 0, & \text{其他}. \end{cases} \tag{14.9}$$

则称 X 在区间 (a,b) 上服从**均匀分布**，记为 $X \sim U(a,b)$. 易知 $f(x) \geqslant 0$ 且

$$\int_{-\infty}^{\infty} f(x)\mathrm{d}x = \int_a^b \frac{1}{b-a}\mathrm{d}x = 1.$$

由式（14.9）可得

（1）$P\{X \geqslant b\} = \int_b^{\infty} 0\mathrm{d}x = 0$ ，$P\{X \leqslant a\} = \int_{-\infty}^a 0\mathrm{d}x = 0$ ，即

$$P\{a < X < b\} = 1 - P\{X \geqslant b\} - P\{X \leqslant a\} = 1;$$

（2）若 $a \leqslant c < d \leqslant b$ ，则

$$P\{c < X < d\} = \int_c^d \frac{1}{b-a}\mathrm{d}x = \frac{d-c}{b-a}.$$

因此，在区间 (a,b) 上服从均匀分布的随机变量 X 的物理意义：X 以概率 1 在区间 (a,b) 内取值，而以概率 0 在区间 (a,b) 以外取值，并且 X 值落入 (a,b) 中任一子区间 (c,d) 中的概率与子区间的长度成正比，而与子区间的位置无关.

由式（14.8）易得 X 的分布函数为

$$F(x)=\begin{cases}0, & x<a,\\ \dfrac{x-a}{b-a}, & a\leqslant x<b,\\ 1, & x\geqslant b.\end{cases} \tag{14.10}$$

密度函数 $f(x)$ 和分布函数 $F(x)$ 的图形分别如图 14.2 和图 14.3 所示.

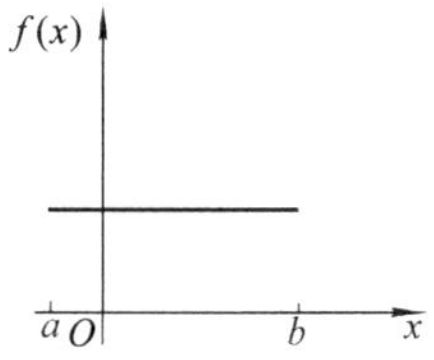

图 14.2

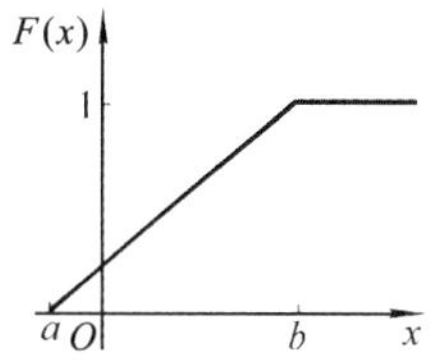

图 14.3

例 14.11　某公共汽车站，公交车每 10 min 有一辆到达，乘客在 10 min 内任一时刻到达公共汽车站是等可能的，求一乘客等待时间超过 8 min 的概率.

解　用 X 表示乘客的等待时间，由题意知 $X\sim U(0,10)$，其概率密度为

$$f(x)=\begin{cases}\dfrac{1}{10}, & 0<x<10,\\ 0, & \text{其他}.\end{cases}$$

则所求的概率为

$$P\{X>8\}=\int_8^{+\infty}f(x)\mathrm{d}x=\int_8^{10}\frac{1}{10}\mathrm{d}x=0.2.$$

二、指数分布

若随机变量 X 的密度函数为

$$f(x)=\begin{cases}\lambda\mathrm{e}^{-\lambda x}, & x>0,\\ 0, & x\leqslant 0.\end{cases} \tag{14.11}$$

其中 $\lambda>0$ 为常数，则称 X 服从参数为 λ 的**指数分布**，记作 $X\sim E(\lambda)$.

显然 $f(x)\geqslant 0$，且 $\int_{-\infty}^{\infty}f(x)\mathrm{d}x=\int_0^{\infty}\lambda\mathrm{e}^{-\lambda x}\mathrm{d}x=1$.

容易得到 X 的分布函数为

$$F(x)=\begin{cases}1-\mathrm{e}^{-\lambda x}, & x>0,\\ 0, & x\leqslant 0.\end{cases}$$

服从指数分布的随机变量 X 具有一个有趣的性质——“无记忆性”：

对于任意 $s,t>0$，有

$$P\{X>s+t\mid X>s\}=P\{X>t\}. \tag{14.12}$$

事实上，

$$P\{X>s+t|X>s\}=\frac{P\{X>s,X>s+t\}}{P\{X>s\}}=\frac{P\{X>s+t\}}{P\{X>s\}}$$
$$=\frac{1-F(s+t)}{1-F(s)}=\frac{\mathrm{e}^{-\lambda(s+t)}}{\mathrm{e}^{-\lambda s}}=\mathrm{e}^{-\lambda t}$$
$$=P\{X>t\}.$$

指数分布在排队论和可靠性理论中有着重要的应用，常用它描述从某时间开始直到某个特定事件发生所需要的等待时间，或是没有明显“衰老”机制的元件的使用寿命.

三、正态分布

若连续型随机变量 X 的概率密度为

$$f(x)=\frac{1}{\sqrt{2\pi}\sigma}\mathrm{e}^{-\frac{(x-\mu)^2}{2\sigma^2}}\quad(-\infty<x<+\infty).\tag{14.13}$$

其中：$\mu,\sigma(\sigma>0)$ 为常数，则称 X 服从参数为 μ,σ 的**正态分布**，记作 $X\sim N(\mu,\sigma^2)$.

显然 $f(x)\geqslant 0$，下面来证明 $\int_{-\infty}^{\infty}f(x)\mathrm{d}x=1$. 令 $\frac{x-u}{\sigma}=t$，得到

$$\int_{-\infty}^{\infty}\frac{1}{\sqrt{2\pi}\sigma}\mathrm{e}^{-\frac{(x-\mu)^2}{2\sigma^2}}\mathrm{d}x=\frac{1}{\sqrt{2\pi}}\int_{-\infty}^{\infty}\mathrm{e}^{-\frac{t^2}{2}}\mathrm{d}t.$$

由微积分的知识可得

$$\int_{-\infty}^{\infty}\mathrm{e}^{-\frac{t^2}{2}}\mathrm{d}t=\sqrt{2\pi}.$$

故

$$\int_{-\infty}^{\infty}\frac{1}{\sqrt{2\pi}\sigma}\mathrm{e}^{-\frac{(x-\mu)^2}{2\sigma^2}}\mathrm{d}x=\frac{1}{\sqrt{2\pi}}\cdot\sqrt{2\pi}=1.$$

正态分布是概率论和数理统计中最重要的分布之一. 在实际问题中大量的随机变量服从或近似服从正态分布. 只要某一个随机变量受到许多相互独立随机因素的影响，而每个个别因素的影响都不能起决定性作用，那么就可以断定随机变量服从或近似服从正态分布. 例如，因人的身高、体重受到种族、饮食习惯、地域、运动等因素影响，但这些因素又不能对身高、体重起决定性作用，所以可以认为身高、体重服从或近似服从正态分布.

参数 μ,σ 的意义将在第十五章中说明. 依据 $f(x)$ 的图形具有如下性质.

（1）曲线关于 $x=\mu$ 对称（图 14.4）.

（2）曲线在 $x=\mu$ 处取到最大值，x 离 μ 越远，$f(x)$ 值越小. 这表明对于同样长度的区间，当区间离 μ 越远，X 落在这个区间上的概率越小.

（3）曲线在 $\mu\pm\sigma$ 处有拐点.

（4）曲线以 x 轴为渐近线.

（5）若固定 μ，当 σ 越小时图形越尖陡（图 14.5），因而 X 落在 μ 附近的概率越大；

若固定σ，μ值改变，则图形沿x轴平移，而不改变其形状（图 14.4）. 故称σ为精度参数，μ为位置参数.

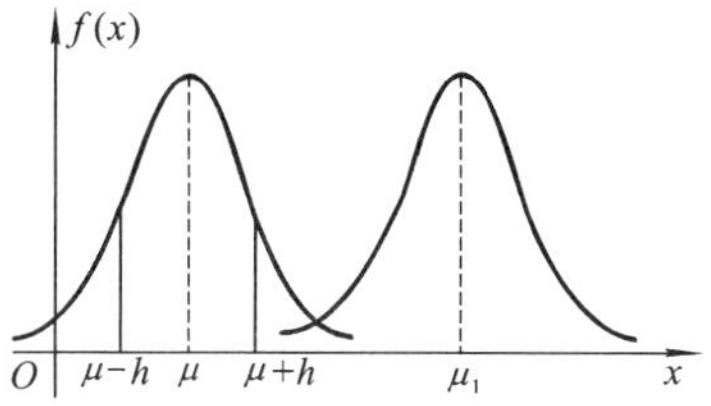

图 14.4

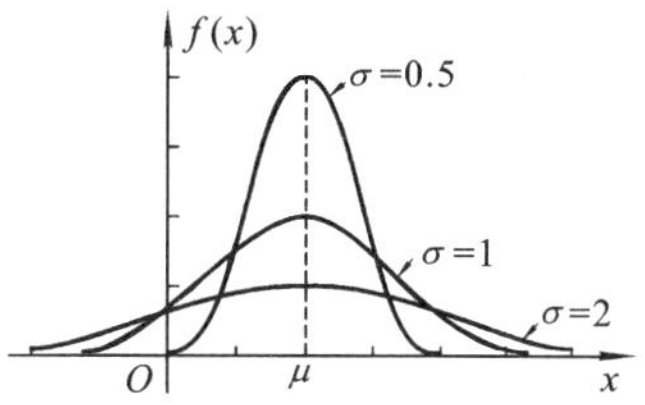

图 14.5

由式（14.13）得X的分布函数

$$F(x)=\frac{1}{\sqrt{2\pi}\sigma}\int_{-\infty}^{x}\mathrm{e}^{-\frac{(t-\mu)^2}{2\sigma^2}}\mathrm{d}t. \tag{14.14}$$

特别地，当$\mu=0,\ \sigma=1$时，称X服从标准正态分布$N(0,1)$，其概率密度和分布函数分别记为$\varphi(x)$和$\Phi(x)$，即

$$\varphi(x)=\frac{1}{\sqrt{2\pi}}\mathrm{e}^{-\frac{x^2}{2}}\quad(-\infty<x<+\infty), \tag{14.15}$$

$$\Phi(x)=\frac{1}{\sqrt{2\pi}}\int_{-\infty}^{x}\mathrm{e}^{-\frac{t^2}{2}}\mathrm{d}t. \tag{14.16}$$

显然，$\varphi(x)$是偶函数，即$\varphi(-x)=\varphi(x)$，从而$\Phi(-x)=1-\Phi(x)$.

$\Phi(x)$的函数值已编制成函数值表可供查用（见附录）.

一般地，若$X\sim N(\mu,\sigma^2)$，则有

$$\frac{X-\mu}{\sigma}\sim N(0,1).$$

事实上，$Z=\dfrac{X-\mu}{\sigma}$的分布函数为

$$P\{Z\leqslant x\}=P\left\{\frac{X-\mu}{\sigma}\leqslant x\right\}=P\{X\leqslant\mu+\sigma x\}$$
$$=\frac{1}{\sqrt{2\pi}\sigma}\int_{-\infty}^{\mu+\sigma x}\mathrm{e}^{-\frac{(t-\mu)^2}{2\sigma^2}}\mathrm{d}t,$$

令$\dfrac{t-\mu}{\sigma}=s$，得

$$P\{Z\leqslant x\}=\frac{1}{\sqrt{2\pi}}\int_{-\infty}^{x}\mathrm{e}^{-\frac{s^2}{2}}\mathrm{d}s=\Phi(x),$$

故

$$Z=\frac{X-\mu}{\sigma}\sim N(0,1).$$

由此可得，若$X\sim N(\mu,\sigma^2)$，则可利用标准正态分布函数$\Phi(x)$，通过查表求得X落在任一区间$(x_1,x_2]$内的概率，即

$$P\{x_1<X\leqslant x_2\}=P\left\{\frac{x_1-\mu}{\sigma}<\frac{X-\mu}{\sigma}\leqslant\frac{x_2-\mu}{\sigma}\right\}$$

$$=P\left\{\frac{X-\mu}{\sigma}\leqslant\frac{x_2-\mu}{\sigma}\right\}-P\left\{\frac{X-\mu}{\sigma}\leqslant\frac{x_1-\mu}{\sigma}\right\}$$
$$=\Phi\left(\frac{x_2-\mu}{\sigma}\right)-\Phi\left(\frac{x_1-\mu}{\sigma}\right).$$

例如，设 $X\sim N(1.5,4)$，可得

$$\begin{aligned}P\{-1<X\leqslant 2\}&=P\left\{\frac{-1-1.5}{2}<\frac{X-1.5}{2}\leqslant\frac{2-1.5}{2}\right\}\\&=\Phi(0.25)-\Phi(-1.25)\\&=\Phi(0.25)-[1-\Phi(1.25)]\\&=0.598\,7-(1-0.894\,4)=0.493\,1.\end{aligned}$$

设 $X\sim N(\mu,\sigma^2)$，由 $\Phi(x)$ 函数表可得

$$P\{\mu-\sigma<X<\mu+\sigma\}=\Phi(1)-\Phi(-1)=2\Phi(1)-1=0.682\,6,$$
$$P\{\mu-2\sigma<X<\mu+2\sigma\}=\Phi(2)-\Phi(-2)=0.954\,4,$$
$$P\{\mu-3\sigma<X<\mu+3\sigma\}=\Phi(3)-\Phi(-3)=0.997\,4.$$

尽管正态变量的取值范围是 $(-\infty,+\infty)$，但它的值落在 $(\mu-3\sigma,\ \mu+3\sigma)$ 内几乎是肯定的事，因此在实际问题中，基本上可以认为有 $P\{|X-\mu|<3\sigma\}\approx 1$，这就是人们所说的“$3\sigma$ 原则”.

例 14.12　公共汽车车门的高度是按成年男子与车门顶碰头的概率在1%以下来设计的. 设男子身高 X 服从 $\mu=170$ cm，$\sigma=6$ cm 的正态分布，即 $X\sim N(170,6^2)$，问车门高度应如何确定?

解　设车门高度为 h cm，按设计要求 $P\{X\geqslant h\}\leqslant 0.01$ 或 $P\{X<h\}\geqslant 0.99$，因为 $X\sim N(170,6^2)$，故

$$P\{X<h\}=P\left\{\frac{X-170}{6}<\frac{h-170}{6}\right\}=\Phi\left(\frac{h-170}{6}\right)\geqslant 0.99,$$

查附录 I 标准正态分布表得

$$\Phi(2.33)=0.990\,1>0.99.$$

故取 $\frac{h-170}{6}=2.33$，即 $h=184$. 设计车门高度为184 cm时，可使成年男子与车门碰头的概率不超过1%.

例 14.13　测量到某一目标的距离时发生的随机误差 X m 具有密度函数

$$f(x)=f(x)=\frac{1}{40\sqrt{2\pi}}e^{-\frac{(x-20)^2}{2\cdot 40^2}}.$$

试求在三次测量中至少有一次误差的绝对值不超过30 m 的概率.

解　X 的密度函数为

$$f(x)=\frac{1}{40\sqrt{2\pi}}e^{-\frac{(x-20)^2}{2\cdot 40^2}},$$

即 $X \sim N(20, 40^2)$，故一次测量中随机误差的绝对值不超过 30 m 的概率为

$$P\{|X| \leqslant 30\} = P\{-30 \leqslant X \leqslant 30\} = \Phi\left(\frac{30-20}{40}\right) - \Phi\left(\frac{-30-20}{40}\right)$$

$$= \Phi(0.25) - \Phi(-1.25) = 0.5981 - (1 - 0.8944) = 0.4931.$$

设 Y 为三次测量中误差的绝对值不超过 30 m 的次数，则 Y 服从二项分布 $b(3, 0.4931)$，故

$$P\{Y \geqslant 1\} = 1 - P\{Y = 0\} = 1 - (0.5069)^3 = 0.8698.$$

为便于今后应用，对于标准正态变量，现引入 α 分位点的定义.

设 $X \sim N(0,1)$，若 z_α 满足条件

$$P\{X > z_\alpha\} = \alpha \quad (0 < \alpha < 1), \tag{14.17}$$

则称点 z_α 为标准正态分布的**上 α 分位点**，例如，由查表可得 $z_{0.05} = 1.645$，$z_{0.001} = 3.16$. 故 1.645 与 3.16 分别是标准正态分布的上 0.05 分位点与上 0.001 分位点.

第四节　随机变量函数的分布

我们常遇到一些随机变量，它们的分布往往难以直接得到（如测量轴承滚珠体积值 Y 等），但是与它们有函数关系的另一些随机变量，其分布却是容易知道的（如滚珠直径测量值 X）. 因此，要研究随机变量之间的函数关系，从而通过这种关系由已知的随机变量的分布求出与其有函数关系的另一个随机变量的分布.

例 14.14　设随机变量 X 具有下表所示的分布律，试求 X^2 的分布律.

X	-1	0	1	1.5	3
P_k	0.2	0.1	0.3	0.3	0.1

解　由于在 X 的取值范围内，事件"$X=0$""$X=1.5$""$X=3$"分别与事件"$X^2=1.5$""$X^2=2.25$""$X^2=9$"等价，所以

$$P\{X^2 = 0\} = P\{X = 0\} = 0.1,$$

$$P\{X^2 = 2.25\} = P\{X = 1.5\} = 0.3,$$

$$P\{X^2 = 9\} = P\{X = 3\} = 0.1.$$

事件"$X^2=1$"是两个互斥事件"$X=-1$"及"$X=1$"的和，其概率为这两事件概率和，即

$$P\{X^2 = 1\} = P\{X = -1\} + P\{X = 1\} = 0.2 + 0.3 = 0.5.$$

于是得 X^2 的分布律如下：

X^2	0	1	2.25	9
p	0.1	0.5	0.3	0.1

例 14.15　设连续型随机变量 X 具有概率密度 $f_X(x)$ $(-\infty < x < +\infty)$. 求 $Y = g(X) = X^2$

的概率密度.

解 先求 Y 的分布函数 $F_Y(y)$，因

$$Y = g(X) = X^2 \geqslant 0,$$

故当 $y \leqslant 0$ 时事件“ $Y \leqslant y$ ”的概率为 0，即

$$F_Y(y) = P\{Y \leqslant y\} = 0,$$

当 $y > 0$ 时，有

$$\begin{aligned} F_Y(y) &= P\{Y \leqslant y\} = P\{X^2 \leqslant y\} = P\{-\sqrt{y} \leqslant X \leqslant \sqrt{y}\} \\ &= \int_{-\sqrt{y}}^{\sqrt{y}} f_X(x)\mathrm{d}x. \end{aligned}$$

将 $F_Y(y)$ 关于 y 求导，即得 Y 的概率密度为

$$f_Y(y) = \begin{cases} \dfrac{1}{2\sqrt{y}}(f_X(\sqrt{y}) + f_X(-\sqrt{y})), & y > 0, \\ 0, & y \leqslant 0. \end{cases}$$

例如，当 $X \sim N(0,1)$，其概率密度为式（14.15），则 $Y = X^2$ 的概率密度为

$$f_Y(y) = \begin{cases} \dfrac{1}{\sqrt{2\pi}} y^{-\frac{1}{2}} \mathrm{e}^{-\frac{y}{2}}, & y > 0, \\ 0, & y \leqslant 0. \end{cases}$$

此时称 Y 服从自由度为 1 的 χ^2 **分布**，即 $Y \sim \chi^2(1)$.

例 14.15 中关键的一步在于将事件“ $Y \leqslant y$ ”由其等价事件“ $-\sqrt{y} \leqslant X \leqslant \sqrt{y}$ ”代替，即将事件“ $Y \leqslant y$ ”转换为有关 X 的范围所表示的等价事件，下面对 $Y = g(X)$，其中 $g(x)$ 为严格单调函数的情况，写出一般的结论.

定理 14.2 设随机变量 X 具有概率密度 $f_X(x)$ $(-\infty < x < +\infty)$，又设函数 $g(x)$处处可导且 $g'(x) > 0$ ［或 $g'(x) < 0$］，则 $Y = g(X)$ 是一个连续型随机变量，其概率密度为

$$f_Y(y) = \begin{cases} f_X(h(y)) \cdot |h'(y)|, & \alpha < x < \beta, \\ 0, & \text{其他}. \end{cases} \tag{14.18}$$

其中 $\alpha = \min\{g(-\infty), g(+\infty)\}$， $\beta = \max\{g(-\infty), g(+\infty)\}$， $h(y)$ 是 $g(x)$ 的反函数.

只证 $g'(x) > 0$ 的情况. 因 $g'(x) > 0$，故 $g(x)$ 在 $(-\infty, +\infty)$ 上严格单调递增，它的反函数 $h(y)$ 存在，且在 (α, β) 严格单调递增且可导. 我们先求 Y 的分布函数 $F_Y(y)$，并通过对 $F_Y(y)$ 求导求出 $f_Y(y)$.

由于 $Y = g(X)$ 在 (α, β) 上取值，故当 $y \leqslant a$ 时， $F_Y(y) = P\{Y \leqslant y\} = 0$；当 $y \geqslant \beta$ 时，$F_Y(y) = P\{Y \leqslant y\} = 1$；当 $a < y < \beta$ 时，

$$F_Y(y) = P\{Y \leqslant y\} = P\{g(X) \leqslant y\} = P\{X \leqslant h(y)\} = \int_{-\infty}^{h(y)} f_X(x)\mathrm{d}x.$$

于是得到概率密度

$$f_Y(y) = \begin{cases} f_X(h(y)) \cdot h'(y), & \alpha < y < \beta, \\ 0, & \text{其他}. \end{cases}$$

对于 $g'(x)<0$ 的情况可以同样证明，即

$$f_Y(y)=\begin{cases} f_X(h(y))\cdot(-h'(y)), & \alpha<y<\beta, \\ 0, & \text{其他}. \end{cases}$$

将上面两种情况合并得

$$f_Y(y)=\begin{cases} f_X(h(y))\cdot|h'(y)|, & \alpha<y<\beta, \\ 0, & \text{其他}. \end{cases}$$

注 若 $f(x)$ 在 $[a,b]$ 之外为零，则只需假设在 (a, b) 上恒有 $g'(x)>0$ （或恒有 $g'(x)<0$ ），此时

$$\alpha=\min\{g(a), g(b)\}, \quad \beta=\max\{g(a), g(b)\}.$$

例 14.16 设随机变量 $X\sim N(\mu,\sigma^2)$. 试证明 X 的线性函数 $Y=aX+b\ (a\neq 0)$ 也服从正态分布.

证 设 X 的概率密度

$$f_X(x)=\frac{1}{\sqrt{2\pi}}\mathrm{e}^{-\frac{(x-\mu)^2}{2\sigma^2}} \quad (-\infty<x<+\infty).$$

再令 $y=g(x)=ax+b$，得 $g(x)$ 的反函数

$$x=h(y)=\frac{y-b}{a}.$$

所以

$$h'(y)=\frac{1}{a}.$$

由式（14.18）$Y=g(X)=aX+b\ (a\neq 0)$ 的概率密度为

$$f_Y(y)=\frac{1}{|a|}f_X\left(\frac{y-b}{a}\right) \quad (-\infty<x<+\infty),$$

即

$$f_Y(y)=\frac{1}{|a|\sigma\sqrt{2\pi}}\mathrm{e}^{-\frac{[y-(b+a\mu)]^2}{2(a\sigma)^2}} \quad (-\infty<x<+\infty),$$

从而

$$Y=aX+b\sim N[a\mu+b, (a\sigma)^2].$$

例 14.17 由统计物理学知道分子运动速度的绝对值 X 服从麦克斯韦分布，其概率密度为

$$f_X(x)=\begin{cases} \dfrac{4x^2}{a^3\sqrt{\pi}}\mathrm{e}^{-\frac{x^2}{a^2}}, & x>0, \\ 0, & x\leqslant 0, \end{cases}$$

其中：$a>0$ 为常数，求分子动能 $Y=\dfrac{1}{2}mX^2$（m为分子质量）的概率密度.

解 已知 $y=g(x)=\dfrac{1}{2}mx^2$，$f(x)$ 只在区间 $(0,+\infty)$ 上非零，且 $g'(x)$ 在此区间恒单调

递增，由式（14.18），得Y的概率密度为

$$\psi(y)=\begin{cases}\dfrac{4\sqrt{2y}}{m^{3/2}a^3\sqrt{\pi}}\mathrm{e}^{-\frac{2y}{ma^2}}, & y>0,\\ 0, & y\leqslant 0.\end{cases}$$

习 题 十 四

1. 一袋中有 5 个乒乓球，编号为 1，2，3，4，5，在其中同时取 3 个，以 X 表示取出的 3 个球中的最大号码，写出随机变量 X 的分布律.

2. 设在 15 个同类型零件中有 2 个为次品，在其中取 3 次，每次任取 1 个，作不放回抽样，以 X 表示取出的次品个数，求：

（1） X 的分布律；

（2） X 的分布函数；

（3） $P\{X\leqslant 12\}, P\{1<X\leqslant 32\}, P\{1\leqslant X\leqslant 32\}, P\{1<X<2\}$.

3. 射手向目标独立地进行了 3 次射击，每次击中率为 0.8，求 3 次射击中击中目标的次数的分布律及分布函数，并求 3 次射击中至少击中 2 次的概率.

4. （1）设随机变量 X 的分布律为

$$P\{X=k\}=a\frac{\lambda^k}{k!},$$

其中：$k=0,1,2,\cdots$，$\lambda>0$ 为常数，试确定常数 a.

（2）设随机变量 X 的分布律为 $P\{X=k\}=\dfrac{a}{N}$ $(k=1,2,\cdots,N)$，试确定常数 a.

5. 甲、乙两人投篮，投中的概率分别为 0.6，0.7，今各投 3 次，求：

（1）两人投中次数相等的概率；

（2）甲比乙投中次数多的概率.

6. 设某机场每天有 200 架飞机在此降落，任一飞机在某一时刻降落的概率为 0.02，且各飞机降落是相互独立的. 试问该机场需配备多少条跑道，才能保证某一时刻飞机需立即降落而没有空闲跑道的概率小于 0.01?（每条跑道只能允许一架飞机降落）

7. 有一汽车站点，每天有大量汽车通过，设每辆车在一天的某时段出事故的概率为 0.000 1，在某天的该时段内有 1 000 辆汽车通过，问出事故的次数不小于二次的概率是多少?（利用泊松定理）

8. 已知在五重伯努利试验中成功的次数 X 满足 $P\{X=1\}=P\{X=2\}$，求概率 $P\{X=4\}$.

9. 设事件 A 在每一次试验中发生的概率为 0.3，当 A 发生不少于 3 次时，指示灯发

出信号，试求：

（1）进行 5 次独立试验，指示灯发出信号的概率；

（2）进行 7 次独立试验，指示灯发出信号的概率.

10. 某公安局在长度为 t 的时间间隔内收到的紧急呼救的次数 X 服从参数为 $\frac{1}{2}t$ 的泊松分布，而与时间间隔起点无关（时间以小时计）. 求：

（1）某一天中午 12 时至下午 3 时没收到呼救的概率；

（2）某一天中午 12 时至下午 5 时至少收到 1 次呼救的概率.

11. 设

$$P\{X=k\}=C_2^k p^k(1-p)^{2-k}\qquad(k=0,1,2),$$

$$P\{Y=m\}=C_4^m p^m(1-p)^{4-m}\qquad(m=0,1,2,3,4)$$

分别为随机变量 X，Y 的概率分布，如果已知 $P\{X\geqslant 1\}=\frac{5}{9}$，试求 $P\{Y\geqslant 1\}$.

12. 某教科书印制了 2 000 册图书，因装订等原因造成错误的概率为 0.001，试求在这 2 000 册图书中恰有 5 册错误的概率.

13. 进行某种试验，成功的概率为 $\frac{3}{4}$，失败的概率为 $\frac{1}{4}$. 以 X 表示试验首次成功所需试验的次数，试写出 X 的分布律，并计算 X 取偶数的概率.

14. 有 2 500 名同一年龄和同社会阶层的人参加保险公司的人寿保险. 在一年中每个人死亡的概率为 0.002，每个参加保险的人在 1 月 1 日须交 12 元保险费，而在死亡时家属可从保险公司领取 2 000 元赔偿金. 求：

（1）保险公司亏本的概率；

（2）保险公司获利分别不少于 10 000 元、20 000 元的概率.

15. 已知随机变量 X 的密度函数为

$$f(x)=Ae^{-|x|},\quad -\infty<x<+\infty,$$

求：（1）A 值；（2）$P\{0<X<1\}$；（3）$F(x)$.

16. 设某种仪器内装有三只同样的电子管，电子管使用寿命 X 的密度函数为

$$f(x)=\begin{cases}\dfrac{100}{x^2}, & x\geqslant 100,\\ 0, & x<100.\end{cases}$$

求：（1）在开始 150 h 内没有电子管损坏的概率；

（2）在这段时间内有一只电子管损坏的概率；

（3）$F(x)$.

17. 在区间 $[0,a]$ 上任意投掷一个质点，以 X 表示这质点的坐标，设这质点落在 $[0,a]$ 中任意小区间内的概率与这小区间长度成正比例，试求 X 的分布函数.

18. 设随机变量 X 在 $[2,5]$ 上服从均匀分布. 现对 X 进行三次独立观测，求至少有两

次的观测值大于 3 的概率.

19. 设顾客在某银行的窗口等待服务的时间 X（以 min 计）服从指数分布 $E(15)$．某顾客在窗口等待服务，若超过 10 min 时他就离开. 他一个月要到银行 5 次，以 Y 表示一个月内他未等到服务而离开窗口的次数，试写出 Y 的分布律，并求 $P\{Y \geqslant 1\}$．

20. 某人乘汽车去火车站乘火车，有两条路可走. 第一条路程较短但交通拥挤，所需时间 X 服从 $N(40,10^2)$；第二条路程较长，但阻塞少，所需时间 X 服从 $N(50,4^2)$．

（1）若动身时离火车开车只有 1 h，问应走哪条路能乘上火车的把握大些?

（2）又若离火车开车时间只有 45 min，问应走哪条路赶上火车把握大些?

21. 设$X \sim N(3,2^2)$：(1) 求$P\{2 < X \leqslant 5\}, P\{-4 < X \leqslant 10\}, P\{|X| > 2\}, P\{X > 3\}$；(2) 确定 c 使 $P\{X > c\} = P\{X \leqslant c\}$．

22. 由某机器生产的螺栓长度 $X \sim N(10.05, 0.06^2)$（单位：cm），规定长度在 10.05 ± 0.12 内为合格品，求一螺栓为不合格品的概率.

23. 一工厂生产的电子管寿命 X（单位：h）服从正态分布 $N(160,\sigma^2)$，若要求 $P\{120 < X \leqslant 200\} \geqslant 0.8$，允许 σ 最大不超过多少?

24. 设随机变量 X 分布函数为

$$F(x)=\begin{cases} A+B\mathrm{e}^{-\lambda t}, & x \geqslant 0, \\ 0, & x<0. \end{cases} \quad (\lambda>0),$$

试求：（1）常数 A,B；（2）$P\{X \leqslant 2\}, P\{X > 3\}$；（3）分布密度 $f(x)$．

25. 设随机变量 X 的概率密度为

$$f(x)=\begin{cases} x, & 0 \leqslant x<1, \\ 2-x, & 1 \leqslant x<2, \\ 0, & \text{其他}. \end{cases}$$

求 X 的分布函数 $F(x)$，并画出 $f(x)$ 及 $F(x)$．

26. 设随机变量 X 的密度函数为

（1）$f(x) = a\mathrm{e}^{-\lambda|x|} \ (\lambda > 0)$；　　（2）$f(x)=\begin{cases} bx, & 0<x<1, \\ \dfrac{1}{x^2}, & 1 \leqslant x<2, \\ 0, & \text{其他}. \end{cases}$

试确定常数 a,b，并求其分布函数 $F(x)$．

27. 求标准正态分布的上 a 分位点时：(1) $a = 0.01$，求 z_a；(2) $a = 0.003$，求 z_a，$z_{\frac{a}{2}}$．

28. 设随机变量 X 的分布律为

X	-2	-1	0	1	3
P_k	1/5	1/6	1/5	1/15	1/130

求 $Y = X^2$ 的分布律.

29. 设$P\{X=k\}=\dfrac{1}{2^k}$ $(k=1,2,\cdots)$，令

$$Y=\begin{cases}1, & \text{当} X \text{取偶数时},\\ -1, & \text{当} X \text{取奇数时}.\end{cases}$$

求随机变量X的函数Y的分布律.

30. 设$X\sim N(0,1)$. 求：

（1）$Y=\mathrm{e}^X$的概率密度；

（2）$Y=2X^2+1$的概率密度；

（3）$Y=|X|$的概率密度.

31. 设随机变量$X\sim U(0,1)$，试求：

（1）$Y=\mathrm{e}^X$的分布函数及密度函数；

（2）$Z=-2\ln X$的分布函数及密度函数.

32. 设随机变量X的密度函数为

$$f(x)=\begin{cases}\dfrac{2x}{\pi^2}, & 0<x<\pi,\\ 0, & \text{其他}.\end{cases}$$

试求$Y=\sin X$的密度函数.

第十五章　随机变量的数字特征

前面讨论了随机变量的分布函数，我们知道分布函数全面地描述了随机变量的统计特性. 但是在实际问题中：一方面由于求分布函数并非易事；另一方面，往往不需要去全面考察随机变量的变化情况而只需知道随机变量的某些特征就够了. 例如，在考察一个班级学生的学习成绩时，只要知道这个班级的平均成绩及其分散程度就可以对该班的学习情况作出比较客观的判断了. 这样的平均值及表示分散程度的量虽然不能完整地描述随机变量，但能更突出地描述随机变量在某些方面的重要特征，称它们为随机变量的数字特征. 本章将讨论随机变量的两个常用数字特征：数学期望和方差.

第一节　数 学 期 望

一、数学期望的定义

粗略地说，数学期望就是随机变量的平均值. 在给出数学期望的概念之前，先看一个例子，要评判一个射手的射击水平，需要知道射手平均命中环数. 设射手 A 在同样条件下进行射击，命中的环数 X 是一随机变量，其分布律如下：

X	10	9	8	7	6	5	0
p_k	0.1	0.1	0.2	0.3	0.1	0.1	0.1

由 X 的分布律可知，若射手 A 共射击 N 次，根据频率的稳定性，所以在 N 次射击中，大约有 $0.1\times N$ 次击中 10 环，$0.1\times N$ 次击中 9 环，$0.2\times N$ 次击中 8 环，$0.3\times N$ 次击中 7 环，$0.1\times N$ 次击中 6 环，$0.1\times N$ 次击中 5 环，$0.1\times N$ 次脱靶. 于是在 N 次射击中，射手 A 击中的环数之和约为

$$\begin{aligned}&10\times 0.1N+9\times 0.1N+8\times 0.2N+7\times 0.3N\\&\quad+6\times 0.1N+5\times 0.1N+0\times 0.1N.\end{aligned}$$

平均每次击中的环数约为

$$\begin{aligned}&\frac{1}{N}(10\times 0.1N+9\times 0.1N+8\times 0.2N+7\times 0.3N+6\times 0.1N+5\times 0.1N+0\times 0.1N)\\&=10\times 0.1+9\times 0.1+8\times 0.2+7\times 0.3+6\times 0.1+5\times 0.1+0\times 0.1\\&=6.7(\text{环}).\end{aligned}$$

由这个问题的启发，得到一般随机变量的“平均数”，应是随机变量所有可能取值与其相应的概率乘积之和，也就是以概率为权数的加权平均值，这就是“数学期望”的概念. 一般地，有如下定义.

定义 15.1　设离散型随机变量 X 的分布律为

$$P\{X=x_k\}=p_k \quad (k=1,2,\cdots),$$

若级数 $\sum_{k=1}^{\infty}x_k p_k$ 绝对收敛，则称级数 $\sum_{k=1}^{\infty}x_k p_k$ 为随机变量 X 的数学期望，记作 $E(X)$. 即

$$E(X)=\sum_{k=1}^{\infty}x_k p_k . \tag{15.1}$$

设连续型随机变量 X 的概率密度为 $f(x)$，若积分

$$\int_{-\infty}^{+\infty}xf(x)\mathrm{d}x$$

绝对收敛，则称积分 $\int_{-\infty}^{+\infty}xf(x)\mathrm{d}x$ 的值为随机变量 X 的数学期望，记作 $E(X)$. 即

$$E(X)=\int_{-\infty}^{+\infty}xf(x)\mathrm{d}x . \tag{15.2}$$

数学期望简称期望，又称为**均值**.

例 15.1　某商店在年末大甩卖中进行有奖销售，抽奖时从奖箱摇出的球的颜色为红、黄、蓝、白、黑五种，其对应的奖金额分别为：10 000 元、1 000 元、100 元、10 元、1 元. 假定奖箱内装有很多球，其中红、黄、蓝、白、黑的比例分别为：0.01%，0.15%，1.34%，10%，88.5%，求每次抽奖抽出的奖金额 X 的数学期望.

解　每次抽奖抽出的奖金额 X 是一个随机变量，易知它的分布律为

X	10 000	1 000	100	10	1
p_k	0.000 1	0.001 5	0.013 4	0.1	0.885

因此

$$\begin{aligned}E(X)&=10\,000\times0.0001+1\,000\times0.0015+100\times0.0134\\&\quad+10\times0.1+1\times0.885=5.725.\end{aligned}$$

可见，平均每次抽奖的奖金额不足 6 元. 这个值在商店做计划预算时是很重要的.

例 15.2　按规定某车站每天 8:00～9:00、9:00～10:00 都有一辆客车到站，但到站的时刻是随机的，且两者到站的时间相互独立. 其分布律如表 15.1 所示.

表 15.1　到站分布律

到站时刻	8:10，9：10	8：30，9：30	8：50，9：50
概率	$\frac{1}{6}$	$\frac{3}{6}$	$\frac{2}{6}$

一旅客 8:20 到车站，求他候车时间的数学期望.

解　设旅客候车时间为 X（单位：min），易知 X 的分布律为

X	10	30	50	70	90
p_k	$\frac{3}{6}$	$\frac{2}{6}$	$\frac{1}{36}$	$\frac{3}{36}$	$\frac{2}{36}$

在表 15.1 中

$$P\{X=70\}=P(AB)=P(A)P(B)=\frac{1}{6}\times\frac{3}{6}=\frac{1}{12},$$

其中：A 为事件“第一班车在 8:10 到站”，B 为事件“第二班车在 9:30 到站”，于是候车时间的数学期望为

$$E(X)=10\times\frac{3}{6}+30\times\frac{2}{6}+50\times\frac{1}{36}+70\times\frac{3}{36}+90\times\frac{2}{36}=27.22\quad(\text{min}).$$

例 15.3　有 5 个相互独立工作的电子装置，它们的寿命 $X_k\ (k=1,2,3,4,5)$ 服从同一指数分布，其概率密度为

$$f(x)=\begin{cases}\dfrac{1}{\theta}\mathrm{e}^{-\frac{x}{\theta}}, & x>0,\\ 0, & x\leqslant 0.\end{cases}$$

（1）若将这 5 个电子装置串联组成整机，求整机寿命 N 的数学期望；

（2）若将这 5 个电子装置并联组成整机，求整机寿命 M 的数学期望.

解　$X_k\ (k=1,2,3,4,5)$ 的分布函数为

$$F(x)=\begin{cases}1-\mathrm{e}^{-\frac{x}{\theta}}, & x>0,\\ 0, & x\leqslant 0.\end{cases}$$

（1）串联的情况.

当 5 个电子装置中有一个损坏时，整机停止工作，所以这时整机寿命为

$$N=\min\{X_1,X_2,X_3,X_4,X_5\}.$$

由于 X_1,X_2,X_3,X_4,X_5 是相互独立的，于是 N 的分布函数为

$$\begin{aligned}F_N(x)&=P\{N\leqslant x\}=1-P\{N>x\}\\&=1-P\{X_1>x,X_2>x,X_3>x,X_4>x,X_5>x\}\\&=1-P\{X_1>x\}\cdot P\{X_2>x\}\cdot P\{X_3>x\}\cdot P\{X_4>x\}\cdot P\{X_5>x\}\\&=1-(1-F_{X_1}(x))\cdot(1-F_{X_2}(x))\cdot(1-F_{X_3}(x))\cdot(1-F_{X_4}(x))\cdot(1-F_{X_5}(x))\\&=1-[1-F(x)]^5\\&=\begin{cases}1-\mathrm{e}^{-\frac{5x}{\theta}}, & x>0,\\ 0, & x\leqslant 0.\end{cases}\end{aligned}$$

因此 N 的概率密度为

$$f_N(x)=\begin{cases}\dfrac{5}{\theta}\mathrm{e}^{-\frac{5x}{\theta}}, & x>0,\\ 0, & x\leqslant 0.\end{cases}$$

则 N 的数学期望为

$$E(N)=\int_{-\infty}^{+\infty}xf_N(x)\mathrm{d}x=\int_{-\infty}^{+\infty}\frac{5x}{\theta}\mathrm{e}^{-\frac{5x}{\theta}}\mathrm{d}x=\frac{\theta}{5}.$$

（2）并联的情况.

当且仅当 5 个电子装置都损坏时，整机才停止工作，所以这时整机寿命为

$$M=\max\{X_1,X_2,X_3,X_4,X_5\}.$$

由于 X_1,X_2,X_3,X_4,X_5 相互独立，类似可得 M 的分布函数为

$$F_M(x)=(F(x))^5=\begin{cases}\left(1-\mathrm{e}^{-\frac{x}{\theta}}\right)^5, & x>0,\\ 0, & x\leqslant 0.\end{cases}$$

因而 M 的概率密度为

$$f_M(x)=\begin{cases}\dfrac{5}{\theta}\left(1-\mathrm{e}^{-\frac{x}{\theta}}\right)^4\mathrm{e}^{-\frac{x}{\theta}}, & x>0,\\ 0, & x\leqslant 0.\end{cases}$$

于是 M 的数学期望为

$$E(M)=\int_{-\infty}^{+\infty}xf_{\max}(x)\mathrm{d}x=\int_0^{+\infty}\frac{5x}{\theta}\left(1-\mathrm{e}^{-\frac{x}{\theta}}\right)\mathrm{d}x=\frac{137}{60}\theta.$$

这说明：5 个电子装置并联连接工作的平均寿命要大于串联连接工作的平均寿命.

例 15.4　设随机变量 X 服从柯西（Cauchy）分布，其概率密度为

$$f(x)=\frac{1}{\pi(1+x^2)},\quad -\infty<x<+\infty,$$

试证 $E(X)$ 不存在.

证　由于

$$\int_{-\infty}^{+\infty}|x|f(x)\mathrm{d}x=\int_{-\infty}^{+\infty}|x|\frac{1}{\pi(1+x^2)}\mathrm{d}x=\infty,$$

故 $E(X)$ 不存在.

二、随机变量函数的数学期望

在实际问题与理论研究中，经常需要求随机变量函数的数学期望. 这时，就可以通过下面的定理来实现.

定理 15.1　设 Y 是随机变量 X 的函数 $Y=g(X)$ （g 是连续函数).

（1）X 是离散型随机变量，它的分布律为 $P(X=x_k)=p_k\ (k=1,2,\cdots,n)$，若 $\sum_{k=1}^{\infty}g(x_k)p_k$ 绝对收敛，则有

$$E(Y)=E(g(X))=\sum_{k=1}^{\infty}g(x_k)p_k. \tag{15.3}$$

（2）X 是连续型随机变量，它的概率密度为 $f(x)$，若 $\int_{-\infty}^{+\infty}g(x)f(x)\mathrm{d}x$ 绝对收敛，则有

$$E(Y)=E(g(X))=\int_{-\infty}^{+\infty}g(x)f(x)\mathrm{d}x. \tag{15.4}$$

定理 15.1 的重要意义在于当求 $E(Y)$ 时，不用知道 Y 的分布而只需知道 X 的分布. 当然，我们也可以由已知的 X 的分布，先求出其函数 $g(X)$ 的分布，再根据数学期望的定义去求 $E(g(X))$，然而，求 $Y=g(X)$ 的分布是不容易的，所以一般不采用后一种方法.

例 15.5　设随机变量 X 的分布律为

X	-1	0	2	3
P	$\frac{1}{8}$	$\frac{1}{4}$	$\frac{3}{8}$	$\frac{1}{4}$

求 $E(X^2)$， $E(-2x+1)$.

解　由式（15.3）得

$$E(X^2)=(-1)^2\times\frac{1}{8}+0^2\times\frac{1}{4}+2^2\times\frac{3}{8}+3^2\times\frac{1}{4}=\frac{31}{8},$$

$$\begin{aligned}E(-2X+1)&=[-2\times(-1)+1]\times\frac{1}{8}+(-2\times 0+1)\times\frac{1}{4}\\&\quad+(-2\times 2+1)\times\frac{3}{8}+(-2\times 3+1)\times\frac{1}{8}=-74.\end{aligned}$$

例 15.6　对球的直径作近似测量，设其值均匀分布在区间$[a, b]$内，求球体积的数学期望.

解　设随机变量 X 表示球的直径，Y 表示球的体积，依题意，X 的概率密度为

$$f(x)=\begin{cases}\dfrac{1}{b-a}, & a\leqslant x\leqslant b,\\ 0, & \text{其他}.\end{cases}$$

球体积 $Y=\frac{1}{6}\pi X^3$，由式（15.4）得

$$\begin{aligned}E(Y)&=E\left(\frac{1}{6}\pi X^3\right)=\int_a^b\frac{1}{6}\pi x^3\frac{1}{b-a}\mathrm{d}x\\&=\frac{\pi}{6(b-a)}\int_a^b x^3\mathrm{d}x=\frac{\pi}{24}(a+b)(a^2+b^2).\end{aligned}$$

例 15.7　设国际市场每年对我国某种出口商品的需求量 X (单位：t)服从区间$[2\,000, 4\,000]$上的均匀分布. 若售出这种商品 1 t，可挣取外汇 3 万元，但如果销售不出而囤积于仓库，则每吨需保管费 1 万元. 问应预备多少吨这种商品，才能使国家的收益最大？

解　设预备这种商品 y t$(2\,000\leqslant y\leqslant 4\,000)$，则收益(万元)为

$$g(X)=\begin{cases}3y, & X\geqslant y,\\ 3X-(y-X), & X<y.\end{cases}$$

则

$$E(g(x))=\int_{-\infty}^{+\infty}g(x)f(x)\mathrm{d}x=\int_{2\,000}^{4\,000}g(x)\cdot\frac{1}{4\,000-2\,000}\mathrm{d}x$$

$$=\frac{1}{2\,000}\int_{2\,000}^{y}(3x-(y-x))\,dx+\frac{1}{2\,000}\int_{y}^{4\,000}3ydx$$
$$=\frac{1}{1\,000}(-y^2+7\,000y-4\times10^6).$$

当 $y=3\,500\,t$ 时，上式达到最大值. 所以预备 3 500 t 此种商品能使国家的收益最大，最大收益为 8 250 万元.

三、数学期望的性质

下面讨论数学期望的几条重要性质.

定理 15.2　设随机变量 X，Y 的数学期望 $E(X)$，$E(Y)$ 存在，有

（1）$E(C)=C$，其中 C 是常数；

（2）$E(CX)=CE(X)$；

（3）$E(X+Y)=E(X)+E(Y)$；

（4）若 X，Y 是相互独立的，则有 $E(XY)=E(X)E(Y)$.

例 15.8　设一电路中电流 I(A)与电阻 $R(\Omega)$是两个相互独立的随机变量，其概率密度分别为

$$g(i)=\begin{cases}2i, & 0\leqslant i\leqslant 1,\\ 0, & 其他;\end{cases}\qquad h(r)=\begin{cases}\dfrac{r^2}{9}, & 0\leqslant r\leqslant 3,\\ 0, & 其他.\end{cases}$$

试求电压 $V=IR$ 的均值.

解　$E(V)=E(IR)$

$$=E(I)E(R)=\left(\int_{-\infty}^{+\infty}ig(i)di\right)\left(\int_{-\infty}^{+\infty}rh(r)dr\right)=\left(\int_0^1 2i^2di\right)\left(\int_0^3\frac{r^3}{9}dr\right)=\frac{3}{2}\,(V).$$

例 15.9　设对某一目标进行射击，命中 n 次才能彻底摧毁该目标，假定各次射击是独立的，并且每次射击命中的概率为 p，试求彻底摧毁这一目标平均消耗的炮弹数.

解　设 X 为 n 次击中目标所消耗的炮弹数，X_k 表示第 k.1 次击中后至 k 次击中目标之间所消耗的炮弹数，这样，X_k 可取值1,2,3,⋯，其分布律为

X_k	1	2	3	⋯	m	⋯
$P\{X_k=m\}$	p	pq	pq^2	⋯	$pq^{m.1}$	⋯

其中：$q=1-p$，X_1 为第一次击中目标所消耗的炮弹数，则 n 次击中目标所消耗的炮弹数为

$$X=X_1+X_2+\cdots+X_n.$$

由性质（3）可得 $E(X)=E(X_1)+E(X_2)+\ldots+E(X_n)=nE(X_1)$.

又

$$E(X_1)=\sum_{k=1}^{\infty}kpq^{k-1}=\frac{1}{p},$$

故

$$E(X)=\frac{n}{p}.$$

四、常用分布的数学期望

1. (0-1)分布

设 X 的分布律为

X	0	1
P	1.p	p

则 X 的数学期望为

$$E(X)=0\times(1-p)+1\times p=p.$$

2. 二项分布

设 X 服从二项分布，其分布律为

$$P\{X=k\}=C_n^k p^k(1-p)^{n-k}\quad (k=0,1,2,\cdots,n;\quad 0<p<1).$$

则 X 的数学期望为

$$E(X)=\sum_{k=0}^{n}kC_n^k p^k(1-p)^{n-k}=\sum_{k=0}^{n}k\frac{n!}{k!(n-k)!}p^k(1-p)^{n-k}$$

$$=np\sum_{k=0}^{n}\frac{(n-1)!}{(k-1)![(n-1)-(k-1)]!}p^{k-1}(1-p)^{[(n-1)-(k-1)]},$$

令 $k-1=t$，则

$$E(X)=np\sum_{t=0}^{n-1}\frac{(n-1)!}{t![(n-1)-t]!}p^t(1-p)^{[(n-1)-t]}=np[p+(1-p)]^{n-1}=np.$$

3. 泊松分布

设 X 服从泊松分布，其分布律为

$$P\{X=k\}=\frac{\lambda^k}{k!}e^{-\lambda}\qquad (k=0,1,2,\cdots;\ \lambda>0).$$

则 X 的数学期望为

$$E(X)=\sum_{k=0}^{\infty}k\frac{\lambda^k}{k!}e^{-\lambda}=\lambda e^{-\lambda}\sum_{k=1}^{\infty}\frac{\lambda^{k-1}}{(k-1)!},$$

令 $k-1=t$，则有

$$E(X)=\lambda e^{-\lambda}\sum_{k=0}^{\infty}\frac{\lambda^t}{t!}=\lambda e^{-\lambda}\cdot e^{\lambda}=\lambda.$$

4. 均匀分布

设 X 服从 $[a,b]$ 上的均匀分布，其概率密度函数为

$$f(x)=\begin{cases}\dfrac{1}{b-a}, & a\leqslant x\leqslant b,\\ 0, & 其他.\end{cases}$$

则 X 的数学期望为

$$E(X)=\int_{-\infty}^{+\infty}xf(x)\mathrm{d}x=\int_a^b\frac{x}{b-a}\mathrm{d}x=\frac{a+b}{2}.$$

5. 指数分布

设 X 服从指数分布，其分布密度为

$$f(x)=\begin{cases}\lambda\mathrm{e}^{-\lambda x}, & x\geqslant 0,\\ 0, & x<0.\end{cases}$$

则 X 的数学期望为

$$E(X)=\int_{-\infty}^{+\infty}xf(x)\mathrm{d}x=\int_{-\infty}^{+\infty}x\lambda\mathrm{e}^{-\lambda x}\mathrm{d}x=\frac{1}{\lambda}.$$

6. 正态分布

设 $X\sim N(\mu,\sigma^2)$，其分布密度为 $f(x)=\dfrac{1}{\sqrt{2\pi}\sigma}\mathrm{e}^{-\frac{(x-\mu)^2}{2\sigma^2}}$，则 X 的数学期望为

$$E(X)=\int_{-\infty}^{+\infty}xf(x)\mathrm{d}x=\frac{1}{\sqrt{2\pi}\sigma}\int_{-\infty}^{+\infty}x\mathrm{e}^{-\frac{(x-\mu)^2}{2\sigma^2}}\mathrm{d}x,$$

令 $\dfrac{x-\mu}{\sigma}=t$，则

$$E(X)=\frac{1}{\sqrt{2\pi}}\int_{-\infty}^{+\infty}(\mu+\sigma t)\mathrm{e}^{-\frac{t^2}{2}}\mathrm{d}t.$$

注意到

$$\frac{\mu}{\sqrt{2\pi}}\int_{-\infty}^{+\infty}\mathrm{e}^{-\frac{t^2}{2}}\mathrm{d}t=\mu,\quad \frac{1}{\sqrt{2\pi}}\int_{-\infty}^{+\infty}\sigma t\mathrm{e}^{-\frac{t^2}{2}}\mathrm{d}t=0,$$

故有 $E(X)=\mu$.

第二节　方　　差

一、方差的定义

数学期望描述随机变量取值的“平均”. 有时仅知道这个平均值还不够. 例如，有 A，B 两名射手，他们每次射击命中的环数分别为 X，Y，已知 X，Y 的分布律为

X	8	9	10
p_k	0.2	0.6	0.2

Y	8	9	10
p_k	0.1	0.8	0.1

由于 $E(X)=E(Y)=9$（环），可见从均值的角度是分不出谁的射击技术更高，故还需考虑其他的因素. 通常的想法：在射击的平均环数相等的条件下进一步衡量谁的射击技术更稳定些. 也就是看谁命中的环数比较集中于平均值的附近，通常人们会采用命中的环数 X 与它的平均值 $E(X)$ 之间的离差 $|X-E(X)|$ 的均值 $E[|X-E(X)|]$ 来度量.

$E[|X-E(X)|]$ 愈小，表明 X 的值愈集中于 $E(X)$ 的附近，即技术稳定；

$E[|X-E(X)|]$ 愈大，表明 X 的值很分散，技术不稳定.

但由于 $E[|X-E(X)|]$ 带有绝对值，运算不便，故通常采用 X 与 $E(X)$ 的离差 $|X-E(X)|$ 的平方平均值 $E\{[X-E(X)]^2\}$ 来度量随机变量 X 取值的分散程度. 此例中，由于

$$E\{[X-E(X)]^2\}=0.2\times(8-9)^2+0.6\times(9-9)^2+0.2\times(10-9)^2=0.4,$$

$$E\{[Y-E(Y)]^2\}=0.1\times(8-9)^2+0.8\times(9-9)^2+0.1\times(10-9)^2=0.2.$$

由此可见 B 的技术更稳定些.

定义 15.2　设 X 是一个随机变量，若 $E\{[X-E(X)]^2\}$ 存在，则称 $E\{[X-E(X)]^2\}$ 为 X 的方差，记作 $D(X)$，即

$$D(X)=E\{[X-E(X)]^2\}. \tag{15.5}$$

称 $\sqrt{D(X)}$ 为随机变量 X 的标准差或均方差，记作 $\sigma(X)$.

根据定义 15.2 可知，随机变量 X 的方差反映了随机变量的取值与其数学期望的偏离程度. 若 X 取值比较集中，则 $D(X)$ 较小，反之，若 X 取值比较分散，则 $D(X)$ 较大.

由于方差是随机变量 X 的函数 $g(X)=[X-E(X)]^2$ 的数学期望. 若离散型随机变量 X 的分布律为 $P\{X=x_k\}=p_k\ (k=1,2,\cdots)$，则有

$$D(X)=\sum_{k=1}^{\infty}[x_k-E(X)]^2p_k. \tag{15.6}$$

若连续型随机变量 X 的概率密度为 $f(x)$，则有

$$D(X)=\int_{-\infty}^{+\infty}[x-E(X)]^2f(x)\mathrm{d}x. \tag{15.7}$$

由此可见，方差 $D(X)$ 是一个常数，它由随机变量的分布唯一确定.

根据数学期望的性质可得

$$\begin{aligned}D(X)&=E[X-E(X)]^2=E\{X^2-2X\cdot E(X)+[E(X)]^2\}\\&=E(X^2)-2E(X)\cdot E(X)+[E(X)]^2\\&=E(X^2)-[E(X)]^2.\end{aligned}$$

于是得到常用计算方差的简便公式

$$D(X)=E(X^2)-[E(X)]^2. \tag{15.8}$$

例 15.10　设有甲、乙两种棉花，从中各抽取等量的样品进行检验，结果如下表：

X	28	29	30	31	32
P	0.1	0.15	0.5	0.15	0.1

Y	28	29	30	31	32
P	0.13	0.17	0.4	0.17	0.13

其中：X，Y 分别表示甲、乙两种棉花的纤维的长度（单位：mm）. 求 $D(X)$ 与 $D(Y)$，且评定它们的质量.

解　由于

$$E(X)=28\times 0.1+29\times 0.15+30\times 0.5+31\times 0.15+32\times 0.1=30,$$
$$E(Y)=28\times 0.13+29\times 0.17+30\times 0.4+31\times 0.17+32\times 0.13=30,$$

故得

$$\begin{aligned}D(X)&=(28-30)^2\times 0.1+(29-30)^2\times 0.15+(30-30)^2\times 0.5\\&\quad+(31-30)^2\times 0.15+(32-30)^2\times 0.1\\&=4\times 0.1+1\times 0.15+0\times 0.5+1\times 0.15+4\times 0.1=1.1,\\D(Y)&=(28-30)^2\times 0.13+(29-30)^2\times 0.17+(30-30)^2\times 0.4\\&\quad+(31-30)^2\times 0.17+(32-30)^2\times 0.13\\&=4\times 0.13+1\times 0.17+0\times 0.4+1\times 0.17+4\times 0.13=1.38.\end{aligned}$$

因为 $D(X)<D(Y)$，所以甲种棉花纤维长度的方差小些，说明其纤维比较均匀，故甲种棉花质量较好.

例 15.11　设随机变量 X 的概率密度为

$$f(x)=\begin{cases}1+x, & -1\leqslant x<0,\\1-x, & 0\leqslant x<1,\\0, & \text{其他}.\end{cases}$$

求 $D(X)$.

解

$$E(X)=\int_{-1}^{0}x(1+x)\mathrm{d}x+\int_{0}^{1}x(1-x)\,\mathrm{d}x=0,$$
$$E(X^2)=\int_{-1}^{0}x^2(1+x)\mathrm{d}x+\int_{0}^{1}x^2(1-x)\mathrm{d}x=\frac{1}{6},$$

于是

$$D(X)=E(X^2)-[E(X)]^2=\frac{1}{6}.$$

二、方差的性质

设随机变量 X 与 Y 的方差存在，则方差有下面几条重要的性质.

（1）设 C 为常数，则 $D(C)=0$；

（2）设 C 为常数，则 $D(CX)=C^2D(X)$；

（3）$D(X\pm Y)=D(X)+D(Y)\pm 2E\{[X-E(X)][Y-E(Y)]\}$；

（4）若 X，Y 相互独立，则 $D(X\pm Y)=D(X)+D(Y)$；

（5）对任意的常数 $C\neq E(X)$，有 $D(X)<E[(X-C)^2]$.

例 15.12　设随机变量 X 的数学期望为方差 $D(X)=\sigma^2(\sigma>0)$，令 $Y=\dfrac{X-E(X)}{\sigma}$，求 $E(Y)$，$D(Y)$.

解　$E(Y)=E\left[\dfrac{X-E(X)}{\sigma}\right]=\dfrac{1}{\sigma}E[X-E(X)]=\dfrac{1}{\sigma}\big[E(X)-E(X)\big]=0,$

$$D(Y)=D\left[\frac{X-E(X)}{\sigma}\right]=\frac{1}{\sigma^2}D[X-E(X)]=\frac{1}{\sigma^2}D(X)=\frac{\sigma^2}{\sigma^2}=1.$$

常称 Y 为 X 的**标准化随机变量**.

例 15.13　设 $X_1,X_2,\cdots,X_n$ 相互独立，且服从同一 (0-1) 分布，分布律为

$$P\{X_i=0\}=1-p,\quad P\{X_i=1\}=p\quad (i=1,2,\cdots,n).$$

证明：$X=X_1+X_2+\cdots+X_n$ 服从参数为 n，p 的二项分布，并求 $E(X)$ 和 $D(X)$.

解　X 所有可能取值为 0, 1, $\cdots$, n，由独立性知 X 以特定的方式（例如前 k 个取 1，后 $n-k$ 个取 0）取 $k\ (0\leqslant k\leqslant n)$ 的概率为 $p^k(1-p)^{n-k}$，而 X 取 k 的两两互不相容的方式共有 C_n^k 种，故

$$P\{X=k\}=C_n^k p^k(1-p)^{n-k}\quad (k=0,1,2,\cdots,n),$$

即 X 服从参数为 n，p 的二项分布.

因

$$E(X_i)=0\times(1-p)+1\times p=p,$$

$$D(X_i)=(0-p)^2\times(1-p)+(1-p)^2\times p=p(1-p)\quad (i=1,2,\cdots,n),$$

故

$$E(X)=E\left(\sum_{i=1}^n X_i\right)=\sum_{i=1}^n E(X_i)=np.$$

由于 $X_1,X_2,\cdots,X_n$ 相互独立，得

$$D(X)=D\left(\sum_{i=1}^n X_i\right)=\sum_{i=1}^n D(X_i)=np(1-p).$$

三、常用分布的方差

1. (0-1) 分布

设 X 服从参数为 p 的 (0-1) 分布，其分布律为

X	0	1
P	$1-p$	p

由例 15.13 可知，

$$D(X)=p(1-p).$$

2. 二项分布

设 X 服从参数为 n,p 的二项分布，由例 15.13 知，

$$D(X)=np(1-p).$$

3. 泊松分布

设 X 服从参数为 λ 的泊松分布，由上一节知 $E(X)=\lambda$，又

$$\begin{aligned}E(X^2)&=E(X(X-1)+X)=E(X(X-1))+E(X)\\&=\sum_{k=0}^{\infty}k(k-1)\frac{\lambda^k}{k!}\mathrm{e}^{-\lambda}+\lambda=\lambda^2\mathrm{e}^{-\lambda}\sum_{k=2}^{\infty}\frac{\lambda^{k-2}}{(k-2)!}+\lambda\\&=\lambda^2\mathrm{e}^{-\lambda}\cdot\mathrm{e}^{\lambda}+\lambda=\lambda^2+\lambda.\end{aligned}$$

从而有

$$D(X)=E(X^2)-(E(X))^2=\lambda^2+\lambda-\lambda^2=\lambda.$$

4. 均匀分布

设 X 服从 $[a,b]$ 上的均匀分布，由上一节知 $E(X)=\dfrac{a+b}{2}$，又

$$E(X^2)=\int_a^b\frac{x^2}{b-a}\mathrm{d}x=\frac{a^2+ab+b^2}{3},$$

所以

$$D(X)=E(X^2)-[E(X)]^2=\frac{1}{3}(a^2+ab+b^2)-\frac{1}{4}(a+b)^2=\frac{(b-a)^2}{12}.$$

5. 指数分布

设 X 服从参数为 λ 的指数分布，由上一节知，$E(X)=\dfrac{1}{\lambda}$，又

$$E(X^2)=\int_a^b x^2\lambda\mathrm{e}^{-\lambda x}\mathrm{d}x=\frac{2}{\lambda^2},$$

所以

$$D(X)=E(X^2)-[E(X)]^2=\frac{2}{\lambda^2}-\left(\frac{1}{\lambda}\right)^2=\frac{1}{\lambda^2}.$$

6. 正态分布

设 $X\sim N(\mu,\sigma^2)$，由上一节知 $E(X)=\mu$，从而

$$D(X)=\int_{-\infty}^{+\infty}(x-E(X))^2f(x)\mathrm{d}x=\int_{-\infty}^{+\infty}(x-\mu)^2\frac{1}{\sqrt{2\pi}\sigma}\mathrm{e}^{-\frac{(x-\mu)^2}{2\sigma^2}}\mathrm{d}x$$

令 $\frac{x-\mu}{\sigma}=t$ 则

$$D(X)=\frac{\sigma^2}{\sqrt{2\pi}}\int_{-\infty}^{+\infty}t^2\mathrm{e}^{-\frac{t^2}{2}}\mathrm{d}t=\frac{\sigma^2}{\sqrt{2\pi}}\left(-t\mathrm{e}^{-\frac{t^2}{2}}\Big|_{-\infty}^{+\infty}+\int_{-\infty}^{+\infty}\mathrm{e}^{-\frac{t^2}{2}}\mathrm{d}t\right)$$

$$=\frac{\sigma^2}{\sqrt{2\pi}}(0+\sqrt{2\pi})=\sigma^2.$$

由此可知：正态分布的概率密度中的两个参数 μ 和 σ 分别是该分布的数学期望和均方差. 因而正态分布完全可由它的数学期望和方差所确定.

若 $X_i \sim N(\mu_i,\sigma_i^2)$ $(i=1,2,\cdots,n)$，且它们相互独立，则它们的线性组合

$$c_1X_1+c_2X_2+\cdots+c_nX_n\ (c_1,c_2,\cdots,c_n \text{ 是不全为零的常数})$$

仍然服从正态分布. 于是由数学期望和方差的性质知

$$c_1X_1+c_2X_2+\cdots+c_nX_n \sim N\left(\sum_{i=1}^{n}c_i\mu_i,\sum_{i=1}^{n}c_i^2\sigma_i^2\right).$$

这是一个重要的结果.

例 15.14 设活塞的直径 X （单位：cm），气缸的直径 Y 满足：

$$X \sim N(22.40,0.03^2),\ Y \sim N(22.50,0.04^2),$$

X，Y 相互独立，任取一只活塞，任取一只气缸，求活塞能装入气缸的概率.

解 按题意需求 $P\{X<Y\}=P\{X-Y<0\}$. 令 $Z=X-Y$，则

$$E(Z)=E(X)-E(Y)=22.40-22.50=-0.10,$$

$$D(Z)=D(X)+D(Y)=0.03^2+0.04^2=0.05^2,$$

即

$$Z \sim N(-0.10,0.05^2),$$

故有

$$P\{X<Y\}=P\{Z<0\}=P\left\{\frac{Z-(-0.10)}{0.05}<\frac{0-(-0.10)}{0.05}\right\}$$

$$=\varPhi\left(\frac{0.10}{0.05}\right)=\varPhi(2)=0.977\,2.$$

习 题 十 五

1. 设随机变量 X 的分布律为

X	-1	0	1	2
p	$\frac{1}{8}$	$\frac{1}{2}$	$\frac{1}{8}$	$\frac{1}{4}$

求 $E(X),E(X^2),E(2X+3)$.

2. 已知 100 个产品中有 10 个次品，求任意取出的 5 个产品中的次品数的数学期望、方差.

3. 设随机变量 X 的分布律为

X	-1	0	1
p	p_1	p_2	p_3

且已知 $E(X)=0.1, E(X^2)=0.9$，求 P_1, P_2, P_3.

4. 袋中有 N 只球，其中的白球数 X 为一随机变量，已知 $E(X)=n$，问从袋中任取 1 球为白球的概率是多少？

5. 设随机变量 X 的概率密度为

$$f(x)=\begin{cases} x, & 0\leqslant x<1, \\ 2-x, & 1\leqslant x\leqslant 2, \\ 0, & \text{其他}. \end{cases}$$

求 $E(X), D(X)$.

6. 设随机变量 X，Y 相互独立，且 $E(X)=E(Y)=3, D(X)=12, D(Y)=16$，求 $E(3X-2Y), D(2X-3Y)$.

7. 设随机变量 X 的概率密度为

$$f(x)=\begin{cases} Cx\mathrm{e}^{-k^2x^2}, & x\geqslant 0, \\ 0, & x<0. \end{cases}$$

求：（1）系数 C；（2）$E(X)$；（3）$D(X)$.

8. 袋中有 12 个零件，其中 9 个合格品，3 个废品. 安装机器时，从袋中一个一个地取出（取出后不放回），设在取出合格品之前已取出的废品数为随机变量 X，求 $E(X), D(X)$.

9. 一工厂生产某种设备的寿命 X（以年计）服从指数分布，概率密度为

$$f(x)=\begin{cases} \dfrac{1}{4}\mathrm{e}^{-\frac{x}{4}}, & x>0, \\ 0, & x\leqslant 0. \end{cases}$$

为确保消费者的利益，工厂规定出售的设备若在一年内损坏可以调换. 若售出一台设备，工厂获利 100 元，而调换一台则损失 200 元，试求工厂出售一台设备赢利的数学期望.

第十六章　大数定律与中心极限定理

第一节　大 数 定 律

在第十二章中已经指出，人们经过长期实践认识知道，虽然个别随机事件在某次试验中可能发生也可能不发生，但是在大量重复试验中却呈现明显的规律性，即随着试验次数的增大，一个随机事件发生的频率在某一固定值附近摆动. 这就是频率具有稳定性. 同时，人们通过实践发现大量测量值的算术平均值也具有稳定性. 这种稳定性就是本节介绍的大数定律的客观背景.

在引入大数定律之前，先证一个重要的不等式——**切比雪夫不等式**.

设随机变量 X 存在有限方差 $D(X)$，则有对任意 $\varepsilon>0$，

$$P\{|X-E(X)|\geqslant\varepsilon\}\leqslant\frac{D(X)}{\varepsilon^2}. \tag{16.1}$$

证　如果 X 是连续型随机变量，设 X 的概率密度为 $f(x)$，则有

$$P\{|X-E(X)|\geqslant\varepsilon\}=\int\limits_{|x-E(X)|\geqslant\varepsilon} f(x)\mathrm{d}x\leqslant\int\limits_{|x-E(X)|\geqslant\varepsilon}\frac{|x-E(X)|^2}{\varepsilon^2}f(x)\mathrm{d}x$$

$$\leqslant\frac{1}{\varepsilon^2}\int_{-\infty}^{+\infty}[x-E(X)]^2f(x)\mathrm{d}x=\frac{D(X)}{\varepsilon^2}.$$

请读者自行证明 X 是离散型随机变量的情况.

切比雪夫不等式也可表示为

$$P\{|X-E(X)|<\varepsilon\}\geqslant 1-\frac{D(X)}{\varepsilon^2}. \tag{16.2}$$

这个不等式在随机变量 X 的分布未知的情况下，给出事件 $\{|X-E(X)|<\varepsilon\}$ 的概率的下限估计，例如，在切比雪夫不等式中，令 $\varepsilon=3\sqrt{D(X)}$，$4\sqrt{D(X)}$ 分别得到

$$P\{|X-E(X)|<3\sqrt{D(X)}\}\geqslant 0.8889,$$

$$P\{|X-E(X)|<4\sqrt{D(X)}\}\geqslant 0.9375.$$

例 16.1　设 X 是掷一颗骰子所出现的点数，若给定 $\varepsilon=1,2$，实际计算 $P\{|X-E(X)|\geqslant\varepsilon\}$，并验证切比雪夫不等式成立.

解　因为 X 的概率函数是 $P\{X=k\}=\dfrac{1}{6}\ (k=1,2,\cdots,6)$，所以

$$E(X)=\frac{7}{2},\qquad D(X)=\frac{35}{12},$$

$$P\left\{\left|X-\frac{7}{2}\right|\geqslant 1\right\}=P\{X=1\}+P\{X=2\}+P\{X=5\}+P\{X=6\}=\frac{2}{3};$$

$$P\left\{\left|X-\frac{7}{2}\right|\geqslant 2\right\}=P\{X=1\}+P\{X=6\}=\frac{1}{3}.$$

当 $\varepsilon=1$ 时，

$$\frac{D(X)}{\varepsilon^2}=\frac{35}{12}>\frac{2}{3};$$

当 $\varepsilon=2$ 时，

$$\frac{D(X)}{\varepsilon^2}=\frac{1}{4}\times\frac{35}{12}=\frac{35}{48}>\frac{1}{3}.$$

可见切比雪夫不等式成立.

例 16.2　设电站供电网有 10 000 盏电灯，夜晚每一盏灯开灯的概率都是 0.7，而假定开、关时间彼此独立，估计夜晚同时开着的灯数在 6 800 与 7 200 之间的概率.

解　设 X 表示在夜晚同时开着的灯的数目，它服从参数为 $n=10\,000, p=0.7$ 的二项分布. 若要准确计算，应该用伯努利公式：

$$P\{6\,800<X<7\,200\}=\sum_{k=6\,801}^{7\,199}\mathrm{C}_{10\,000}^{k}\times 0.7^{k}\times 0.3^{10\,000-k}.$$

如果用切比雪夫不等式估计：

$$E(X)=np=10\,000\times 0.7=7\,000,$$

$$D(X)=npq=10\,000\times 0.7\times 0.3=2\,100,$$

$$P\{6\,800<X<7\,200\}=P\{|X-7000|<200\}\geqslant 1-\frac{2\,100}{200^2}\approx 0.95.$$

可见，虽然有 10 000 盏灯，但是只要有供应 7 200 盏灯的电力就能够以相当大的概率保证够用. 事实上，切比雪夫不等式的估计只说明概率大于 0.95，后面将具体求出这个概率约为 0.999 99. 切比雪夫不等式在理论上具有重大意义，但估计的精确度不高.

切比雪夫不等式作为一个理论工具，在大数定律证明中，可使证明非常简洁.

定义 16.1　设 $Y_1,Y_2,\cdots,Y_n,\cdots$ 是一个随机变量序列，a 是一个常数，若对于任意正数 ε 有

$$\lim_{n\to\infty}P\{|Y_n-a|<\varepsilon\}=1,$$

则称序列 $Y_1,Y_2,\cdots,Y_n,\cdots$ 依概率收敛于 a，记作 $Y_n\xrightarrow{P}a$.

定理 16.1（切比雪夫大数定律）设 $X_1,X_2,\cdots$ 是相互独立的随机变量序列，各有数学期望 $E(X_1),E(X_2),\cdots$ 及方差 $D(X_1),D(X_2),\cdots$，并且对于所有 $i=1,2,\cdots$ 都有 $D(X_i)<l$，其中 l 是与 i 无关的常数，则对任给 $\varepsilon>0$，有

$$\lim_{n\to\infty}P\left\{\left|\frac{1}{n}\sum_{i=1}^{n}X_i-\frac{1}{n}\sum_{i=1}^{n}E(X_i)\right|<\varepsilon\right\}=1. \tag{16.3}$$

证　因 $X_1,X_2,\cdots$ 相互独立，所以

$$D\left(\frac{1}{n}\sum_{i=1}^{n}X_i\right)=\frac{1}{n^2}\sum_{i=1}^{n}D(X_i)<\frac{1}{n^2}\cdot nl=\frac{l}{n}.$$

又因

$$E\left(\frac{1}{n}\sum_{i=1}^{n}X_i\right)=\frac{1}{n}\sum_{i=1}^{n}E(X_i),$$

对于任意$\varepsilon>0$，有

$$P\left\{\left|\frac{1}{n}\sum_{i=1}^{n}X_i-\frac{1}{n}\sum_{i=1}^{n}E(X_i)\right|<\varepsilon\right\}\geqslant 1-\frac{l}{n\varepsilon^2},$$

但是任何事件的概率都不超过 1，即

$$1-\frac{l}{n\varepsilon^2}\leqslant P\left\{\left|\frac{1}{n}\sum_{i=1}^{n}X_i-\frac{1}{n}\sum_{i=1}^{n}E(X_i)\right|<\varepsilon\right\}\leqslant 1,$$

因此

$$\lim_{n\to\infty}P\left\{\left|\frac{1}{n}\sum_{i=1}^{n}X_i-\frac{1}{n}\sum_{i=1}^{n}E(X_i)\right|<\varepsilon\right\}=1.$$

切比雪夫大数定律说明：在相关定理条件下，当 n 充分大时，n 个独立随机变量的平均数这个随机变量的离散程度是很小的. 这意味，经过算术平均以后得到的随机变量 $\dfrac{\sum_{i=1}^{n}X_i}{n}$ 将比较密地聚集在它的数学期望 $\dfrac{\sum_{i=1}^{n}E(X_i)}{n}$ 的附近，它与数学期望之差依概率收敛到0.

定理 16.2 （切比雪夫大数定律的特殊情况）设随机变量 $X_1,X_2,\cdots,X_n,\cdots$ 相互独立，且具有相同的数学期望和方差：$E(X_k)=\mu$，$D(X_k)=\sigma^2$ $(k=1,2,\cdots)$. 作前 n 个随机变量的算术平均 $Y_n=\frac{1}{n}\sum_{k=1}^{n}X_k$ 则对于任意正数 ε 有

$$\lim_{n\to\infty}P\{|Y_n-\mu|<\varepsilon\}=1. \tag{16.4}$$

定理 16.3 （伯努利大数定律）设 n_A 是 n 次独立重复试验中事件 A 发生的次数，P 是事件 A 在每次试验中发生的概率，则对于任意正数 $\varepsilon>0$，有

$$\lim_{n\to\infty}P\left\{\left|\frac{n_A}{n}-p\right|<\varepsilon\right\}=1 \quad 或 \quad \lim_{n\to\infty}P\left\{\left|\frac{n_A}{n}-p\right|\geqslant\varepsilon\right\}=0. \tag{16.5}$$

证　引入随机变量

$$X_k=\begin{cases}0, & 若在第\, k\, 次试验中\, A\, 不发生,\\ 1, & 若在第\, k\, 次试验中\, A\, 发生,\end{cases} \quad (k=1,2,\cdots,n),$$

显然

$$n_A=\sum_{k=1}^{n}X_k.$$

由于 X_k 只依赖于第 k 次试验，而各次试验是独立的. 于是 $X_1,X_2,\cdots$ 是相互独立的；又由于 X_k 服从 (0-1) 分布，故有

$$E(X_k)=p, D(X_k)=p(1-p)\quad (k=1,2,\cdots,n).$$

由定理 16.2 有

$$\lim_{n\to\infty}P\left\{\left|\frac{1}{n}\sum_{k=1}^{n}X_i-p\right|<\varepsilon\right\}=1,$$

即

$$\lim_{n\to\infty}P\left\{\left|\frac{n_A}{n}-p\right|<\varepsilon\right\}=1.$$

伯努利大数定律表明：事件 A 发生的频率 $\frac{n_A}{n}$ 依概率收敛于事件 A 发生的概率 p. 因此，本定律从理论上证明在大量重复独立试验中，事件 A 发生的频率具有稳定性，正因为这种稳定性，概率的概念才有实际意义. 伯努利大数定律还提供了通过试验来确定事件的概率的方法，即既然频率 $\frac{n_A}{n}$ 与概率 p 有较大偏差的可能性很小，于是可以通过做试验确定某事件发生的频率，并把它作为相应概率的估计. 因此，在实际应用中，如果试验的次数很大时，就可以用事件发生的频率代替事件发生的概率.

定理 16.2 中要求随机变量 $X_k\ (k=1,2,\cdots,n)$ 的方差存在. 但在随机变量服从同一分布的场合，并不需要这一要求，我们有以下定理.

定理 16.4 （辛钦大数定律）设随机变量 $X_1,X_2,\cdots,X_n,\cdots$ 相互独立，服从同一分布，且具有数学期望 $E(X_k)=\mu\ (k=1,2,\cdots)$，则对于任意正数 ε，有

$$\lim_{n\to\infty}P\left\{\left|\frac{1}{n}\sum_{k=1}^{n}X_i-\mu\right|<\varepsilon\right\}=1.\tag{16.6}$$

显然，伯努利大数定律是辛钦大数定律的特殊情况，辛钦大数定律在实际中应用很广泛.

这一定律使算术平均值的法则有了理论根据. 如要测定某一物理量 a，在不变的条件下重复测量 n 次，得到观测值 $X_1,X_2,\cdots,X_n$，求得实测值的算术平均值 $\frac{1}{n}\sum_{i=1}^{n}X_i$，根据此定理，当 n 足够大时，取 $\frac{1}{n}\sum_{i=1}^{n}X_i$ 作为 a 的近似值，可以认为所发生的误差是很小的，所以实用上往往用某物体的某一指标值的一系列实测值的算术平均值来作为该指标值的近似值.

第二节　中心极限定理

在客观实际中有许多随机变量，它们是由大量相互独立偶然因素的综合影响所形成的，而每一个因素在总的影响中所起的作用是很小的，但总起来，却对总和有显著影响，这种随机变量往往近似地服从正态分布，这种现象就是中心极限定理的客观背景. 概率

论中有关论证独立随机变量的和的极限分布是正态分布的一系列定理称为中心极限定理，现介绍几个常用的中心极限定理.

定理 16.5（独立同分布的中心极限定理）设随机变量 $X_1,X_2,\cdots,X_n,\cdots$ 相互独立，服从同一分布，且具有相同的数学期望和方差：

$$E(X_k)=\mu,\ D(X_k)=\sigma^2\neq 0\quad (k=1,2,\cdots,n),$$

则随机变量

$$Y_n=\frac{\sum_{k=1}^{n}X_k-E\left(\sum_{k=1}^{n}X_k\right)}{\sqrt{D\left(\sum_{k=1}^{n}X_k\right)}}=\frac{\sum_{k=1}^{n}X_k-n\mu}{\sqrt{n}\sigma}$$

的分布函数 $F_n(x)$ 对于任意 x 满足

$$\lim_{n\to\infty}F_n(x)=\lim_{n\to\infty}P\left\{\frac{\sum_{k=1}^{n}X_k-n\mu}{\sqrt{n}\sigma}\leqslant x\right\}=\int_{-\infty}^{x}\frac{1}{\sqrt{2\pi}}\mathrm{e}^{-\frac{t^2}{2}}\mathrm{d}t.\tag{16.7}$$

根据结论可知，当 n 充分大时，近似地有

$$Y_n=\frac{\sum_{k=1}^{n}X_k-n\mu}{\sqrt{n\sigma^2}}\sim N(0,1).$$

或者当 n 充分大时，近似地有

$$\sum_{k=1}^{n}X_k\sim N(n\mu,n\sigma^2).\tag{16.8}$$

如果用 $X_1,X_2,\cdots,X_n$ 表示相互独立的各随机因素. 假定它们都服从相同的分布（不论服从什么分布），且都有有限的期望与方差（每个因素的影响有一定限度）. 则式（16.8）说明，当 n 充分大时，作为总和 $\sum_{k=1}^{n}X_k$ 这个随机变量便近似地服从正态分布.

例 16.3　一个螺丝钉重量是一个随机变量，期望值是 1 两，标准差是 0.1 两. 求一盒（100 个）同型号螺丝钉的重量超过 10.2 斤的概率.

解　设一盒重量为 X，盒中第 i 个螺丝钉的重量为 $X_i\ (i=1,2,\cdots,100)$，$X_1, X_2, \cdots, X_{100}$ 相互独立

$$E(X_i)=1,\quad \sqrt{D(X_i)}=0.1,$$

则有 $X=\sum_{i=1}^{100}X_i$，且

$$E(X)=100E(X_i)=100\,(\text{两}),\ \sqrt{D(X_i)}=1\,(\text{两}).$$

根据定理 16.5，有

$$P\{X>102\}=P\left\{\frac{X-100}{1}>\frac{102-100}{1}\right\}=1-P\{X-100\leqslant 2\}$$

$$\approx 1-\Phi(2)=1-0.977\,250=0.022\,750.$$

例 16.4　对敌人的防御地进行 100 次轰炸，每次轰炸命中目标的炸弹数目是一个随机变量，其期望值是 2，方差是 1.69. 求在 100 次轰炸中有 180 颗到 220 颗炸弹命中目标的概率.

解　令第 i 次轰炸命中目标的炸弹数为 X_i，100 次轰炸中命中目标炸弹数 $X=\sum_{i=1}^{100}X_i$，应用定理 16.5，X 渐近服从正态分布，期望值为 200，方差为 169，标准差为 13. 所以

$$P\{180\leqslant X\leqslant 220\}=P\{|X-200|\leqslant 20\}=P\left\{\left|\frac{X-200}{13}\right|\leqslant\frac{20}{13}\right\}$$
$$\approx 2\Phi(1.54)-1=0.876\,44 .$$

定理 16.6　（李雅普诺夫定理）设随机变量 $X_1,X_2,\cdots$ 相互独立，它们具有数学期望和方差：

$$E(X_k)=\mu,\ D(X_k)=\sigma^2\neq 0\ \ (k=1,2,\cdots,n),$$

记 $B_n^2=\sum_{k=1}^{n}\sigma_k^2$，若存在正数 δ，使得当 $n\to\infty$ 时，

$$\frac{1}{B_n^{2+\delta}}\sum_{k=1}^{n}E\{|X_k-\mu_k|^{2+\delta}\}\to 0,$$

则随机变量

$$Z_n=\frac{\sum_{k=1}^{n}X_k-E\left(\sum_{k=1}^{n}X_k\right)}{\sqrt{D\left(\sum_{k=1}^{n}X_k\right)}}=\frac{\sum_{k=1}^{n}X_k-\sum_{k=1}^{n}\mu_k}{B_n}$$

的分布函数 $F_n(x)$ 对于任意 x，满足

$$\lim_{n\to\infty}F_n(x)=\lim_{n\to\infty}P\left\{\frac{\sum_{k=1}^{n}X_k-\sum_{k=1}^{n}\mu_k}{B_n}\leqslant x\right\}=\int_{-\infty}^{x}\frac{1}{\sqrt{2\pi}}\mathrm{e}^{-\frac{t^2}{2}}\mathrm{d}t . \qquad (16.9)$$

这个定理说明，随机变量

$$Z_n=\frac{\sum_{k=1}^{n}X_k-\sum_{k=1}^{n}\mu_k}{B_n}.$$

当 n 很大时，近似地服从正态分布 $N(0,1)$. 因此，当 n 很大时，则有

$$\sum_{k=1}^{n}X_k=B_nZ_n+\sum_{k=1}^{n}\mu_k$$

近似地服从正态分布 $N\left(\sum_{k=1}^{n}\mu_k,B_n^2\right)$. 这表明无论随机变量 $X_k\ (k=1,2,\cdots)$ 具有怎样的分布，只要满足定理条件，则当 n 很大时，它们的和 $\sum_{k=1}^{n}X_k$ 就近似地服从正态分布. 而在许多实际问题中，所考虑的随机变量可以表示多个独立的随机变量之和，因而它们常近似服从正态分布. 这就是为什么正态随机变量在概率论与数理统计中占有重要地位的主要

原因.

下面介绍另一个中心极限定理.

定理 16.7 设随机变量 X 服从参数为 n，$p(0<p<1)$的二项分布，则

（1）（拉普拉斯定理）局部极限定理：当 $n\to\infty$时有

$$P\{X=k\}\approx\frac{1}{\sqrt{2\pi npq}}\mathrm{e}^{-\frac{(k-np)^2}{2npq}}=\frac{1}{\sqrt{npq}}\Phi\left(\frac{k-np}{\sqrt{npq}}\right) \tag{16.10}$$

其中：$p+q=1$；$k=0,1,2,\cdots,n$；$\Phi(x)=\dfrac{1}{\sqrt{2\pi}}\mathrm{e}^{-\frac{x^2}{2}}$.

（2）（棣莫弗-拉普拉斯定理）积分极限定理：对于任意的 x，恒有

$$\lim_{n\to\infty}P\left\{\frac{X-np}{\sqrt{np(1-p)}}\leqslant x\right\}=\int_{-\infty}^{x}\frac{1}{\sqrt{2\pi}}\mathrm{e}^{-\frac{t^2}{2}}\mathrm{d}t. \tag{16.11}$$

这个定理表明，二项分布以正态分布为极限. 当 n 充分大时，我们可以利用上两式来计算二项分布的概率.

例 16.5 10 部机器独立工作，每部停机的概率为 0.2，求 3 部机器同时停机的概率.

解 10 部机器中同时停机的数目 X 服从二项分布

$$n=10,\ p=0.2,\ np=2,\sqrt{npq}\approx1.265.$$

（1）直接计算：$P\{X=3\}=C_{10}^3\times0.2^3\times0.8^7\approx0.2013$；

（2）若用局部极限定理近似计算：

$$P\{X=3\}=\frac{1}{\sqrt{npq}}\Phi\left(\frac{k-np}{\sqrt{npq}}\right)=\frac{1}{1.265}\Phi\left(\frac{3-2}{1.265}\right)$$

$$=\frac{1}{1.265}\Phi(0.79)=0.2308.$$

（2）的计算结果与（1）相差较大，这是由于 n 不够大.

例 16.6 应用定理 16.3 计算第一节例 16.2 的概率.

解 $np=7\,000$，$\sqrt{npq}\approx45.83$.

$$\begin{aligned}P\{6\,800<X<7\,200\}&=P\{|X-7\,000|<200\}\\&=P\left\{\left|\frac{X-7000}{45.83}\right|<4.36\right\}=2\Phi(4.36)-1\\&=0.999\,99\end{aligned}$$

例 16.7 产品为废品的概率为 $p=0.005$，求 10 000 件产品中废品数不大于 70 的概率.

解 10 000 件产品中的废品数 X 服从二项分布，

$$n=10000,\ p=0.005,\ np=50,\ \sqrt{npq}\approx7.053.$$

$$P\{X\leqslant70\}=\Phi\left(\frac{70-50}{7.053}\right)=\Phi(2.84)=0.9977.$$

正态分布和泊松分布虽然都是二项分布的极限分布，但后者以 $n\to\infty$，同时 $p\to0$，

$np \to \lambda$ 为条件，而前者则只要求 $n \to \infty$ 这一条件. 一般地，对于 n 很大，p（或 q）很小的二项分布（$np \leqslant 5$）用正态分布来近似计算不如用泊松分布计算精确.

例 16.8 每颗炮弹命中飞机的概率为 0.01，求 500 发炮弹中命中 5 发的概率.

解 500 发炮弹中命中飞机的炮弹数目 X 服从二项分布

$$n = 500,\ p = 0.01,\ np = 5,\ \sqrt{npq} \approx 2.2$$

下面用三种方法计算并加以比较：

（1）用二项分布公式计算：

$$P\{X = 5\} = C_{500}^{5} \times 0.01^{5} \times 0.99^{495} = 0.176\,35.$$

（2）用泊松公式计算，直接查表可得

$$np = \lambda = 5,\ k = 5,\ P_5(5) \approx 0.175\,467.$$

（3）用拉普拉斯局部极限定理计算：

$$P\{X = 5\} = \frac{1}{\sqrt{npq}} \varPhi\left(\frac{5 - np}{\sqrt{npq}}\right) \approx 0.179\,3.$$

可见后者不如前者精确.

习 题 十 六

1. 一颗骰子连续掷 4 次，点数总和记为 X. 估计 $P\{10 < X < 18\}$.

2. 假设一条生产线生产的产品合格率是 0.8. 要使一批产品的合格率达到在 76%与 84%之间的概率不小于 90%，问这批产品至少要生产多少件?

3. 某车间有同型号机床 200 部，每部机床开动的概率为 0.7，假定各机床开动与否互不影响，开动时每部机床消耗电能 15 个单位. 问至少供应多少单位电能才可以 95%的概率保证不致因供电不足而影响生产.

4. 一加法器同时收到 20 个噪声电压 $V_k\ (k = 1, 2, \cdots, 20)$，设它们是相互独立的随机变量，且都在区间 $(0,10)$ 上服从均匀分布. 记 $V = \sum_{k=1}^{20} V_k$，求 $P\{V > 105\}$ 的近似值.

5. 有一批建筑房屋用的木柱，其中 80%的长度不小于 3 m. 现从这批木柱中随机取出 100 根，问其中至少有 30 根短于 3 m 的概率是多少?

6. 某药厂生产的某种药品对于医治一种疑难的血液病的治愈率为 0.8. 医院检验员任意抽查 100 个服用此药品的病人，如果其中多于 75 人治愈，就接受此断言，否则就拒绝这一断言.

（1）若实际上此药品对这种疾病的治愈率是 0.8，问接受这一断言的概率是多少?

（2）若实际上此药品对这种疾病的治愈率是 0.7，问接受这一断言的概率是多少?

7. 用拉普拉斯中心极限定理近似计算从一批废品率为 0.05 的产品中，任取 1 000 件，其中有 20 件废品的概率.

8. 设有 30 个电子器件. 它们的使用寿命 $T_1, \cdots, T_{30}$ 服从参数 $\lambda=0.1$（单位：h^{-1}）的指数分布，其使用情况是第一个损坏第二个立即使用，以此类推. 令 T 为 30 个器件使用的总计时间，求 T 超过 350 h 的概率.

9. 参加家长会的家长人数是一个随机变量，设其中一个学生无家长参加、1 名只有一位家长参加、1 名学生有 2 名家长来参加家长会的概率分别为 0.05，0.8，0.15. 若学校共有 400 名学生，设各学生参加会议的家长数相互独立，且服从同一分布. 求：

（1）参加会议的家长数 X 超过 450 的概率?

（2）有 1 名家长来参加会议的学生数不多于 340 的概率.

10. 在某保险公司里有 10 000 人参加保险，每人每年付 12 元保险费，在一年内一个人死亡的概率为 0.006，死亡者其家属可向保险公司领得 1 000 元赔偿费. 求：

（1）保险公司没有利润的概率为多大;

（2）保险公司一年的利润不少于 60 000 元的概率为多大?

数学家简介 2

参 考 文 献

华东师范大学数学系, 2011. 数学分析(上册). 4 版. 北京: 高等教育出版社.

李书刚, 2017. 线性代数. 3 版. 北京: 科学出版社

同济大学数学教研室, 2014. 高等数学(上册). 7 版. 北京: 高等教育出版社.

同济大学数学教研室, 2014. 高等数学(下册). 7 版. 北京: 高等教育出版社.

王松桂, 张忠占, 程维虎, 等, 2011. 概率论与数理统计. 3 版. 北京: 科学出版社.

习 题 答 案

习 题 八

1. （1）$D=24$;　　（2）$D=12$.

2. （1）$D=0$；（2）$D=-4abcdef$；（3）$D=abcd+ab+ad+cd+1$；

（4）$D=160$.

3. 证明略.

4. （1）$D_n=(x+n-1)(x-1)^{n-1}$；（2）$D_n=-2(n-2)!$.

（3）$D_n=x^n+(-1)^{n+1}y^n$.

5. $D_n=(a_1a_2\cdots a_n)^{n-1}\prod\limits_{1\leqslant j<i\leqslant n}\left(\dfrac{b_i}{a_i}-\dfrac{b_j}{a_j}\right)$.

6. 3.

7. （1）$x_1=1,\quad x_2=2,\quad x_3=2,\quad x_4=-1$；

（2）$x_1=\dfrac{1507}{665},\ x_2=-\dfrac{229}{133},\ x_3=\dfrac{37}{35},\ x_4=-\dfrac{79}{133},\ x_5=\dfrac{212}{665}$.

8. $\mu=0$ 或 $\lambda=1$ 时，方程组有非零解.

9. $(a+1)^2=4b$.

习 题 九

1. （1）$\begin{pmatrix}3&2&-1&0\\-3&-2&1&0\\6&4&-2&0\\9&6&-3&0\end{pmatrix}$；　（2）$\begin{pmatrix}5\\-3\\-1\end{pmatrix}$；　（3）10；　（4）$\sum\limits_{i=1}^{3}\sum\limits_{j=1}^{3}a_{ij}x_ix_j$.

2. （1）$\begin{pmatrix}5&5&4\\9&10&3\\4&-1&-1\end{pmatrix}$；　（2）$\begin{pmatrix}5&9&2\\5&8&-1\\2&3&-1\end{pmatrix}$；

（3）$\begin{pmatrix}-20&-20&-7\\-36&-31&-12\\-7&4&4\end{pmatrix}$；　（4）$\begin{pmatrix}-20&-36&-7\\-20&-31&4\\-7&-12&4\end{pmatrix}$.

3. （1）以 3 阶矩阵为例，取 $\boldsymbol{A}=\begin{bmatrix}0&0&1\\0&0&0\\0&0&0\end{bmatrix}$， $\boldsymbol{A}^2=0$，但 $\boldsymbol{A}\neq 0$；

（2）令 $\boldsymbol{A}=\begin{bmatrix}1&-1&0\\0&0&0\\0&0&1\end{bmatrix}$，则 $\boldsymbol{A}^2=\boldsymbol{A}$，但 $\boldsymbol{A}\neq 0$ 且 $\boldsymbol{A}\neq\boldsymbol{E}$；

（3）令 $\boldsymbol{A}=\begin{bmatrix}1&1&0\\0&1&1\\-1&0&1\end{bmatrix}\neq\boldsymbol{0}$，$\boldsymbol{Y}=\begin{bmatrix}2\\1\\1\end{bmatrix}$，$\boldsymbol{X}=\begin{bmatrix}1\\2\\0\end{bmatrix}$. 则 $\boldsymbol{AX}=\boldsymbol{AY}$，但 $\boldsymbol{X}\neq\boldsymbol{Y}$.

4. $\boldsymbol{A}^k=\begin{pmatrix}1&k\lambda\\0&1\end{pmatrix}$.

5. 证明略.

6. 证明略.

7. （1）$\begin{pmatrix}1&2\\3&1\end{pmatrix}^{-1}=\begin{pmatrix}-\frac{1}{5}&\frac{2}{5}\\\frac{3}{5}&-\frac{1}{5}\end{pmatrix}$； （2）$\begin{pmatrix}1&-1&-1\\2&-1&-3\\3&2&-5\end{pmatrix}^{-1}=\begin{pmatrix}\frac{11}{3}&-\frac{7}{3}&\frac{2}{3}\\\frac{1}{3}&-\frac{2}{3}&\frac{1}{3}\\\frac{7}{3}&-\frac{5}{3}&\frac{1}{3}\end{pmatrix}$；

（3）$\begin{pmatrix}1&0&0&0\\1&2&0&0\\2&1&3&0\\1&2&1&4\end{pmatrix}^{-1}=\begin{pmatrix}1&0&0&0\\-\frac{1}{2}&\frac{1}{2}&0&0\\-\frac{1}{2}&-\frac{1}{6}&\frac{1}{3}&0\\\frac{1}{8}&-\frac{5}{24}&-\frac{1}{12}&\frac{1}{4}\end{pmatrix}$.

8. （1）$\boldsymbol{X}=\begin{pmatrix}0&6\\-1&2\end{pmatrix}$； （2）$\boldsymbol{X}=\begin{pmatrix}1&1\\\frac{1}{4}&0\end{pmatrix}$.

9. $x_1=-\frac{3}{5},x_2=\frac{3}{5},x_1=\frac{7}{5}$.

10. $\begin{cases}x_1=\frac{1}{3}y_1-\frac{1}{3}y_2,\\x_2=\frac{1}{3}y_1+\frac{1}{3}y_2-\frac{1}{3}y_3,\\x_3=\qquad\frac{1}{3}y_2+\frac{1}{3}y_3.\end{cases}$

11. $X=\begin{pmatrix} -1 & \frac{3}{2} \\ -1 & 2 \\ -2 & 1 \end{pmatrix}$.

12. 32.

13. $B=\begin{pmatrix} 3 & -8 & -6 \\ 2 & -9 & -6 \\ -2 & 12 & 9 \end{pmatrix}$.

14. $A^{-1}=\frac{1}{2}(A-E),(A+2E)^{-1}=-\frac{1}{4}(A-3E)$.

15. 证明略.

16. 证明略.

17. $|A|=30, A^{-1}=\begin{pmatrix} \frac{1}{3} & 0 & 0 \\ 0 & \frac{1}{5} & \frac{1}{5} \\ 0 & -\frac{2}{5} & \frac{1}{10} \end{pmatrix}$.

习 题 十

1. （1）$\begin{pmatrix} 1 & 0 & -\frac{3}{5} & 0 \\ 0 & 1 & -\frac{1}{5} & -1 \\ 0 & 0 & 0 & 0 \end{pmatrix}$；　（2）$\begin{pmatrix} 1 & 0 & \frac{1}{2} & \frac{3}{2} \\ 0 & 1 & -\frac{1}{2} & -\frac{1}{2} \\ 0 & 0 & 0 & 0 \end{pmatrix}$；

（3）$\begin{pmatrix} 1 & 0 & 0 & 1 \\ 0 & 1 & 0 & 2 \\ 0 & 0 & 1 & -2 \end{pmatrix}$；　（4）$\begin{pmatrix} 1 & 0 & -1 & 0 & 4 \\ 0 & 1 & -1 & 0 & 3 \\ 0 & 0 & 0 & 1 & -3 \\ 0 & 0 & 0 & 0 & 0 \end{pmatrix}$.

2. （1）$\begin{pmatrix} -\frac{2}{9} & \frac{4}{9} & \frac{1}{9} \\ \frac{2}{3} & -\frac{1}{3} & -\frac{1}{3} \\ \frac{1}{9} & -\frac{2}{9} & -\frac{5}{9} \end{pmatrix}$；　（2）$\begin{pmatrix} 1 & 1 & -2 & -4 \\ 0 & 1 & 0 & -1 \\ -1 & -1 & 3 & 6 \\ 2 & 1 & -6 & -10 \end{pmatrix}$.

3. （1）$\begin{pmatrix} 10 & 2 \\ -15 & -3 \\ 12 & 4 \end{pmatrix}$；（2）$\begin{pmatrix} 2 & -1 & -1 \\ -4 & 7 & 4 \end{pmatrix}$.

4. $\begin{pmatrix} 0 & 1 & -1 \\ -1 & 0 & 1 \\ 1 & -1 & 0 \end{pmatrix}$.

5. $\boldsymbol{X}=\begin{pmatrix} 2 & -1 & 0 \\ 1 & 3 & -4 \\ 3 & 2 & -1 \end{pmatrix}$.

6. （1）$R=2,\begin{vmatrix} 1 & 1 \\ 1 & 2 \end{vmatrix}\neq 0$；（2）$R=3,\begin{vmatrix} 3 & 2 & -1 \\ 2 & -1 & -3 \\ 7 & 0 & -8 \end{vmatrix}\neq 0$；

（3）$R=3,\begin{vmatrix} 2 & -1 & 1 \\ 1 & 1 & 1 \\ 2 & -3 & -1 \end{vmatrix}\neq 0$.

7. $k=-3$.

8. $\lambda=3$时，$R=2$；$\lambda\neq 3$时，$R=3$.

9. 利用等价矩阵具有相同的标准形.

10. （1）$\begin{pmatrix} x_1 \\ x_2 \\ x_3 \\ x_4 \end{pmatrix}=c_1\begin{pmatrix} \frac{3}{2} \\ \frac{3}{2} \\ 1 \\ 0 \end{pmatrix}+c_2\begin{pmatrix} -\frac{3}{4} \\ \frac{7}{4} \\ 0 \\ 1 \end{pmatrix}$；（2）$\begin{pmatrix} x_1 \\ x_2 \\ x_3 \\ x_4 \end{pmatrix}=c_1\begin{pmatrix} 2 \\ 1 \\ 0 \\ 0 \end{pmatrix}+c_2\begin{pmatrix} \frac{2}{7} \\ 0 \\ -\frac{5}{7} \\ 1 \end{pmatrix}$；

（3）只有零解；（4）$\begin{pmatrix} x \\ y \\ z \\ w \end{pmatrix}=c_1\begin{pmatrix} \frac{3}{17} \\ \frac{19}{17} \\ 1 \\ 0 \end{pmatrix}+c_2\begin{pmatrix} -\frac{13}{17} \\ -\frac{20}{17} \\ 0 \\ 1 \end{pmatrix}$.

11. （1）无解；（2）$\begin{pmatrix} x_1 \\ x_2 \\ x_3 \\ x_4 \end{pmatrix}=c_1\begin{pmatrix} 3 \\ 3 \\ 2 \\ 0 \end{pmatrix}+c_2\begin{pmatrix} -3 \\ 7 \\ 0 \\ 4 \end{pmatrix}+\begin{pmatrix} 1 \\ 0 \\ 0 \\ 0 \end{pmatrix}$；

（3）$\begin{pmatrix} x \\ y \\ z \end{pmatrix} = c\begin{pmatrix} -2 \\ 1 \\ 1 \end{pmatrix} + \begin{pmatrix} -1 \\ 2 \\ 0 \end{pmatrix}$；　　（4）$\begin{pmatrix} x_1 \\ x_2 \\ x_3 \\ x_4 \end{pmatrix} = c\begin{pmatrix} 1 \\ 0 \\ -1 \\ 2 \end{pmatrix} + \begin{pmatrix} \frac{31}{6} \\ \frac{2}{3} \\ -\frac{7}{6} \\ 0 \end{pmatrix}$.

12. $\boldsymbol{x} = (x_1, x_2, x_3, x_4)^{\mathrm{T}}$，　$\begin{cases} x_1 - 2x_3 + 2x_4 = 0 \\ x_2 + 2x_3 - 3x_4 = 0 \end{cases}$.

13. （1）当 $\lambda \neq 0$ 且 $\lambda \neq -3$，有唯一解；（2）$\lambda = 0$ 时无解；

（3）$\lambda = -3$ 时有无穷多解，通解为 $\begin{pmatrix} x \\ y \\ z \end{pmatrix} = c\begin{pmatrix} 1 \\ 1 \\ 1 \end{pmatrix} + \begin{pmatrix} -1 \\ -2 \\ 0 \end{pmatrix}$.

14. 提示：利用方程组有唯一解的充分必要条件.

15. （1）当 $a = -8, b = -2$ 时，$R(A) = R(A,b) = 2$，方程组有无穷多解，且

$$\begin{pmatrix} x \\ y \\ z \\ w \end{pmatrix} = c_1\begin{pmatrix} 4 \\ -2 \\ 1 \\ 0 \end{pmatrix} + c_2\begin{pmatrix} -1 \\ -2 \\ 0 \\ 1 \end{pmatrix} + \begin{pmatrix} -1 \\ 1 \\ 0 \\ 0 \end{pmatrix};$$

（2）当 $a \neq -8, b = -2$ 时，$R(A) = R(A,b) = 3$，方程组有无穷多解，且

$$\begin{pmatrix} x \\ y \\ z \\ w \end{pmatrix} = c_1\begin{pmatrix} -1 \\ -2 \\ 0 \\ 1 \end{pmatrix} + \begin{pmatrix} -1 \\ 1 \\ 0 \\ 0 \end{pmatrix}.$$

16. 提示：利用矩阵的标准形.

习 题 十 一

1. $(1,0,-1)$，$(0,5,2)$，$(-3,-3,1)$.

2. （1）不正确；　（2）不正确；　（3）不正确.

3. （1）线性无关；（2）线性相关；（3）线性无关.

4～8. 证明略.

9. 当 $k = 1$ 时，$\boldsymbol{\alpha}_1, \boldsymbol{\alpha}_2, \boldsymbol{\alpha}_3$ 的秩为 2，$\boldsymbol{\alpha}_1, \boldsymbol{\alpha}_3$ 为其一极大无关组；

当 $k \neq 1$ 时，$\boldsymbol{\alpha}_1, \boldsymbol{\alpha}_2, \boldsymbol{\alpha}_3$ 线性无关，秩为 3，极大无关组为其本身.

10. $\boldsymbol{\beta}_3 = (2,2,0)$.

11. （1）秩为 2，一个极大线性无关组为 $\boldsymbol{\alpha}_1^{\mathrm{T}}, \boldsymbol{\alpha}_2^{\mathrm{T}}$；

（2）秩为 2，一个极大线性无关组为 $\boldsymbol{\alpha}_1^{\mathrm{T}},\boldsymbol{\alpha}_2^{\mathrm{T}}$.

12. （1）$\left(-\dfrac{7}{2},\dfrac{1}{2},1\right)^{\mathrm{T}}$；（2）$\left(-\dfrac{3}{2},\dfrac{7}{2},1,0\right)^{\mathrm{T}},(-1,-2,0,1)^{\mathrm{T}}$；

（3）$(-2, 0, 1, 0, 0)^{\mathrm{T}}, (-1, -1, 0, 1, 0)^{\mathrm{T}}$.

13. （1）$\begin{cases} x_1=-1, \\ x_2=-2, \\ x_3=2. \end{cases}$ （2）$x=\begin{bmatrix}0\\1\\0\\0\end{bmatrix}+k_1\begin{bmatrix}-\frac{1}{2}\\1\\0\\0\end{bmatrix}+k_2\begin{bmatrix}\frac{1}{2}\\0\\1\\0\end{bmatrix}$ $(k_1,k_2\in\mathbf{R})$；（3）方程组无解.

***14.** V_1 是向量空间.

***15.** 证明略.

***16.** $\alpha_1,\alpha_2,\alpha_4$ 是一组基，其维数是 3 维.

***17.** 证明略.

习 题 十 二

1. （1）$\lambda_1=1,\lambda_2=3$, $p_1=\begin{pmatrix}1\\1\end{pmatrix}, p_2=\begin{pmatrix}-1\\1\end{pmatrix}$；

（2）$\lambda_1=2,\lambda_2=\lambda_3=-1$, $p_1=\begin{pmatrix}1\\1\\1\end{pmatrix}, p_2=\begin{pmatrix}-1\\1\\0\end{pmatrix}, p_3=\begin{pmatrix}-1\\0\\1\end{pmatrix}$；

（3）$\lambda_1=0,\lambda_2=-1,\lambda_3=9$, $p_1=\begin{pmatrix}-1\\-1\\1\end{pmatrix}, p_2=\begin{pmatrix}1\\-1\\0\end{pmatrix}, p_3=\begin{pmatrix}1\\1\\2\end{pmatrix}$；

（4）$\lambda_1=\lambda_2=1,\lambda_3=\lambda_4=-1$, $p_1=\begin{pmatrix}0\\1\\1\\0\end{pmatrix}, p_2=\begin{pmatrix}1\\0\\0\\1\end{pmatrix}, p_3=\begin{pmatrix}0\\-1\\1\\0\end{pmatrix}, p_4=\begin{pmatrix}-1\\0\\0\\1\end{pmatrix}$.

2～3. 证明略.

4. 360.

5. 14.

6. 证明略.

7. $x=0,y=1$.

8. -1.

9. （1）$a=-3,b=0,\lambda=-1$；（2）不能.

10. $\boldsymbol{A}^{100}=\begin{pmatrix}1 & 0 & 5^{100}-1\\0 & 5^{100} & 0\\0 & 0 & 5^{100}\end{pmatrix}$.

11. 能对角化，$\boldsymbol{P}=\begin{pmatrix}-2&0&-1\\1&0&1\\0&1&1\end{pmatrix}$.

12. （1）$\boldsymbol{P}=\begin{pmatrix}0&1&0\\ \frac{1}{\sqrt{2}}&0&\frac{1}{\sqrt{2}}\\ \frac{-1}{\sqrt{2}}&0&\frac{1}{\sqrt{2}}\end{pmatrix}$，$\boldsymbol{P}^{-1}\boldsymbol{AP}=\begin{pmatrix}1&&\\&2&\\&&5\end{pmatrix}$；

（2）$\boldsymbol{P}=\begin{pmatrix}-\frac{1}{2}&\frac{1}{\sqrt{2}}&\frac{1}{\sqrt{2}}&\frac{1}{\sqrt{2}}\\ \frac{1}{2}&\frac{1}{\sqrt{2}}&0&0\\ \frac{1}{2}&0&\frac{1}{\sqrt{2}}&0\\ \frac{1}{2}&0&0&\frac{1}{\sqrt{2}}\end{pmatrix}$，$\boldsymbol{P}^{-1}\boldsymbol{AP}=\begin{pmatrix}-2&&&\\&2&&\\&&2&\\&&&2\end{pmatrix}$.

13. $\boldsymbol{A}=\begin{pmatrix}3&2&-2\\-1&1&1\\-1&0&2\end{pmatrix}$.

14. $\boldsymbol{A}=\begin{pmatrix}4&1&1\\1&4&1\\1&1&4\end{pmatrix}$.

15. $\begin{pmatrix}-2&-2\\-2&-2\end{pmatrix}$.

16. （1）证明略；（2）非零特征值$\lambda=\sum_{i=1}^{n}a_i^2$，$(p_1,p_2\cdots,p_n)=\begin{pmatrix}a_1&-a_2&\cdots&-a_n\\a_2&a_1&\cdots&0\\ \vdots&\vdots&&\vdots\\a_n&0&\cdots&a_1\end{pmatrix}$.

17. （1）$a=-2$；（2）$\boldsymbol{P}=\begin{pmatrix}\frac{1}{\sqrt{2}}&\frac{1}{\sqrt{6}}&\frac{1}{\sqrt{3}}\\0&-\frac{2}{\sqrt{6}}&\frac{1}{\sqrt{3}}\\ \frac{-1}{\sqrt{2}}&\frac{1}{\sqrt{6}}&\frac{1}{\sqrt{3}}\end{pmatrix}$.

18. （1）$\lambda_3=0, p=\begin{pmatrix}-1\\1\\1\end{pmatrix}$；　（2）$\boldsymbol{A}=\begin{pmatrix}4&2&2\\2&4&-2\\2&-2&4\end{pmatrix}$.

习 题 十 三

1. 略.

2.（1）$A\overline{B}\overline{C}$；（2）$AB\overline{C}$；（3）$ABC$；（4）$A\cup B\cup C$；

（5）$\overline{A\cup B\cup C}$；（6）$\overline{ABC}$；（7）$\overline{AB}\overline{C}$；（8）$AB\cup BC\cup CA$.

3. 略.

4. 0.6.

5.（1）当 $AB=A$ 时，$P(AB)$取到最大值为 0.6;

（2）当 $A\cup B=\Omega$ 时，$P(AB)$取到最小值为 0.3.

6. $\frac{3}{4}$.

7. $P=\mathrm{C}_{13}^5\mathrm{C}_{13}^3\mathrm{C}_{13}^3\mathrm{C}_{13}^2/\mathrm{C}_{52}^{13}$.

8.（1）$\left(\frac{1}{7}\right)^5$；（2）$\left(\frac{6}{7}\right)^5$；（3）$1-\left(\frac{1}{7}\right)^5$.

9. $P=\mathrm{C}_{45}^2\mathrm{C}_5^1/\mathrm{C}_{50}^3$.

10.（1）$P(A)=\mathrm{C}_M^m\mathrm{C}_{N-M}^{n-m}/\mathrm{C}_N^n$；（2）$P(A)=\frac{\mathrm{C}_M^m\mathrm{C}_{N-M}^{n-m}}{\mathrm{C}_N^n}$；

（3）$P(A)=\mathrm{C}_n^m M^m(N-M)^{n-m}/N^n$.

11. $\frac{P_{10}^4}{10^4}$.

12. $\frac{32}{35}$.

13. （1）0.56；（2）0.94；（3）0.38.

14. （1）$\frac{5}{32}$；（2）$\frac{2}{5}$.

15. （1）0.2；（2）0.7.

16. $\frac{6}{7}$.

17. $\frac{10}{21}$.

18. $\frac{1}{4}$.

19.（1）$x+y<\frac{6}{5}$， $p_1=0.68$；

（2）$xy<\frac{1}{4}$， $p_2=\frac{1}{4}+\frac{1}{2}\ln 2$.

20. $\frac{1}{4}$.

21. 0.089.

22. $\frac{1}{3}$.

23. 0.998.

24. 0.057.

25. 至少必须进行 11 次独立射击.

26. 0.6.

27. 0.458.

28.（1）0.513 8；　（2）0.224 1.

29.（1）$P(A)=\frac{C_6^2 9^4}{10^6}$；　（2）$P(B)=\frac{P_{10}^6}{10^6}$；　（3）$P(C)=C_{10}^1 C_6^2 (C_9^1 C_4^3 C_8^1 + C_9^1 + P_9^4)/10^6$；

（4）$P(D)=1-P(B)=1-\frac{P_{10}^6}{10^6}$.

30. $1-P(\bigcup_{i=1}^{n} A_i)=1-C_n^1\left(1-\frac{1}{n}\right)^k+C_n^2\left(1-\frac{2}{n}\right)^i-\cdots+(-1)^{n+1}C_n^{n-1}\left(1-\frac{n-1}{n}\right)^k$.

习 题 十 四

1. 所求分布律为

X	3	4	5
P	0.1	0.3	0.6

2.（1）X 的分布律为

X	0	1	2
P	$\frac{22}{35}$	$\frac{12}{35}$	$\frac{1}{35}$

（2）X 的分布函数为 $F(x)=\begin{cases}0, & x<0,\\ \frac{22}{35}, & 0\leqslant x<1,\\ \frac{34}{35}, & 1\leqslant x<2,\\ 1, & x\geqslant 2.\end{cases}$

（3） $P\left(X\leqslant\frac{1}{2}\right)=F\left(\frac{1}{2}\right)=\frac{22}{35}, P\left(1<X\leqslant\frac{3}{2}\right)=F\left(\frac{3}{2}\right)-F(1)=\frac{34}{35}-\frac{34}{35}=0$；

$P\left(1\leqslant X\leqslant\frac{3}{2}\right)=P(X=1)+P\left(1<X\leqslant\frac{3}{2}\right)=\frac{12}{35}$；

$P(1<X<2)=F(2)-F(1)-P(X=2)=1-\frac{34}{35}-\frac{1}{35}=0.$

3. 设 X 表示击中目标的次数.则 $X=0$，1，2，3.其分布律为

X	0	1	2	3
P	0.008	0.096	0.384	0.512

分布函数为 $F(x)=\begin{cases}0, & x<0,\\ 0.008, & 0\leqslant x<1,\\ 0.104, & 1\leqslant x<2,\\ 0.488, & 2\leqslant x<3,\\ 1, & x\geqslant 3.\end{cases}$

$$P(X\geqslant 2)=P(X=2)+P(X=3)=0.896.$$

4. （1） $a=e^{-\lambda}$；　（2） $a=1$.

5. （1）0.320 76；　（2）0.243

6. 至少应配备 9 条跑道.

7. $P(X\geqslant 2)=1-P(X=0)-P(X=1)=1-e^{-0.1}-0.1\times e^{-0.1}$.

8. $\frac{10}{243}$.

9. （1）0.163 08；　（2）0.352 93.

10. （1） $P(X=0)=e^{-\frac{3}{2}}$；　（2） $P(X\geqslant 1)=1-P(X=0)=1-e^{-\frac{5}{2}}$.

11. 0.802 47.

12. 0.001 8.

13. $P(X=k)=\left(\frac{1}{4}\right)^{k-1}\frac{3}{4}$；

$P(X=2)+P(X=4)+\cdots+P(X=2k)+\cdots=\frac{1}{4}\cdot\frac{3}{4}+\left(\frac{1}{4}\right)^{3}\frac{3}{4}+\cdots+\left(\frac{1}{4}\right)^{2k-1}\frac{3}{4}+\cdots=\frac{1}{5}$.

14. （1） $P(X>15)\approx 1-\sum_{k=0}^{14}\frac{e^{-5}5^{k}}{k!}\approx 0.000\,069$；

（2）P（保险公司获利不少于 10 000） $=P(30\,000-2\,000X\geqslant 10\,000)=P(X\leqslant 10)$

$$\approx\sum_{k=0}^{10}\frac{e^{-5}5^{k}}{k!}\approx 0.986\,305$$

$$P（保险公司获利不少于20\,000）=P(30\,000-2\,000X\geqslant 20\,000)=P(X\leqslant 5)$$
$$\approx\sum_{k=0}^{5}\frac{e^{-5}5^k}{k!}\approx 0.615\,961.$$

15. （1）$A=\frac{1}{2}$；（2）$p(0<X<1)=\frac{1}{2}\int_0^1 e^{-x}dx=\frac{1}{2}(1-e^{-1})$；（3）$F(x)=\begin{cases}\frac{1}{2}e^x, & x<0,\\ 1-\frac{1}{2}e^{-x}, & x\geqslant 0.\end{cases}$

16. （1）$\frac{8}{27}$；　（2）$\frac{4}{9}$；　（3）$F(x)=\begin{cases}1-\frac{100}{x}, & x\geqslant 100,\\ 0, & x<0.\end{cases}$

17. $F(x)=\begin{cases}0, & x<0,\\ \frac{x}{a}, & 0\leqslant x\leqslant a,\\ 1, & x>a.\end{cases}$

18. $\frac{20}{27}$.

19. 其分布律为

$P(Y=k)=C_5^k(e^{-2})^k(1-e^{-2})^{5-k}\ (k=0,1,2,3,4,5)$;

$P(Y\geqslant 1)=1-P(Y=0)=1-(1-e^{-2})^5=0.5167.$

20. （1）走第二条路乘上火车的把握大些；（2）走第一条路乘上火车的把握大些.

21. （1）$P(2<X\leqslant 5)=P\left(\frac{2-3}{2}<\frac{X-3}{2}\leqslant\frac{5-3}{2}\right)$

$$=\Phi(1)-\Phi\left(-\frac{1}{2}\right)=\Phi(1)-1+\Phi\left(\frac{1}{2}\right)=0.532\,8$$

$$P(-4<X\leqslant 10)=P\left(\frac{-4-3}{2}<\frac{X-3}{2}\leqslant\frac{10-3}{2}\right)=\Phi\left(\frac{7}{2}\right)-\Phi\left(-\frac{7}{2}\right)=0.999\,6$$

$$P(|X|>2)=P(X>2)+P(X<-2)$$
$$=P\left(\frac{X-3}{2}>\frac{2-3}{2}\right)+P\left(\frac{X-3}{2}<\frac{-2-3}{2}\right)=\Phi\left(\frac{1}{2}\right)+1-\Phi\left(\frac{5}{2}\right)=0.697\,7$$

$$P(X>3)=P\left(\frac{X-3}{2}>\frac{3-3}{2}\right)=1-\Phi(0)=0.5；$$

（2）$c=3$.

22. 0.045 6.

23. $\sigma\leqslant\frac{40}{1.29}=31.25$.

24. （1）$\begin{cases} A=1, \\ B=-1. \end{cases}$

（2）$P(X\leqslant 2)=F(2)=1-e^{-2\lambda}$， $P(X>3)=1-F(3)=1-(1-e^{-3\lambda})=e^{-3\lambda}$；

（3）$f(x)=F'(x)=\begin{cases} \lambda e^{-\lambda x}, & x\geqslant 0, \\ 0, & x<0. \end{cases}$

25. $F(x)=\begin{cases} 0, & x<0, \\ \dfrac{x^2}{2}, & 0\leqslant x<1, \\ -\dfrac{x^2}{2}+2x-1, & 1\leqslant x<2, \\ 1, & x\geqslant 2. \end{cases}$

26. （1）$a=\dfrac{\lambda}{2}$；　　$F(x)=\begin{cases} 1-\dfrac{1}{2}e^{-\lambda x}, & x>0, \\ \dfrac{1}{2}e^{\lambda x}, & x\leqslant 0. \end{cases}$

（2）$b=1$；　　$F(x)=\begin{cases} 0, & x\leqslant 0, \\ \dfrac{x^2}{2}, & 0<x<1, \\ \dfrac{3}{2}-\dfrac{1}{x}, & 1\leqslant x<2, \\ 1, & x\geqslant 2. \end{cases}$

27. （1）$z_\alpha=2.33$；　（2）$z_\alpha=2.75$；$z_{\alpha/2}=2.96$.

28. Y 的分布律为

Y	0	1	4	9
P_k	1/5	7/30	1/5	11/30

29. $P(Y=1)=P(X=2)+P(X=4)+\cdots+P(X=2k)+\cdots$

$$=\left(\frac{1}{2}\right)^2+\left(\frac{1}{2}\right)^4+\cdots+\left(\frac{1}{2}\right)^{2k}+\cdots=\left(\frac{1}{2}\right)\Big/\left(1-\frac{1}{4}\right)=\frac{1}{3};$$

$P(Y=-1)=1-P(Y=1)=\dfrac{2}{3}$.

30. （1）$f_Y(y)=\dfrac{dF_Y(y)}{dy}=\dfrac{1}{y}f_X(\ln y)=\dfrac{1}{y}\dfrac{1}{\sqrt{2\pi}}e^{-\ln^2 y/2}\ (y>0)$；

（2）$f_Y(y)=\dfrac{d}{dy}F_Y(y)=\dfrac{1}{4}\sqrt{\dfrac{2}{y-1}}\left[f_X\left(\sqrt{\dfrac{y-1}{2}}\right)+f_X\left(-\sqrt{\dfrac{y-1}{2}}\right)\right]$

$$=\frac{1}{2}\sqrt{\frac{2}{y-1}}\frac{1}{\sqrt{2\pi}}e^{-(y-1)/4},\quad y>1.$$

（3） $f_Y(y)=\dfrac{\mathrm{d}}{\mathrm{d}y}F_Y(y)=f_X(y)+f_X(-y)=\dfrac{2}{\sqrt{2\pi}}\mathrm{e}^{-y^2/2}$， $y>0$

31. （1）分布函数为 $F_Y(y)=\begin{cases}0, & y\leqslant 1,\\ \ln y, & 1<y<\mathrm{e},\\ 1, & y\geqslant \mathrm{e},\end{cases}$ 密度函数为 $f_Y(y)=\begin{cases}\dfrac{1}{y}, & 1<y<\mathrm{e},\\ 0, & \text{其他}.\end{cases}$

（2）分布函数为 $F_Z(z)=\begin{cases}0, & z\leqslant 0,\\ 1-\mathrm{e}^{-z/2}, & z>0,\end{cases}$ 密度函数为 $f_Z(z)=\begin{cases}\dfrac{1}{2}\mathrm{e}^{-z/2}, & z>0,\\ 0, & z\leqslant 0.\end{cases}$

32. $f_Y(y)=\begin{cases}\dfrac{2}{\pi\sqrt{1-y^2}}, & 0<y<1,\\ 0, & \text{其他}.\end{cases}$

习 题 十 五

1. （1） $E(X)=\dfrac{1}{2}$；

（2） $E(X^2)=\dfrac{5}{4}$；

（3） $E(2X+3)=4$.

2. $E(X)=0.501$， $D(X)=0.432$.

3. $P_1=0.4, P_2=0.1, P_3=0.5$.

4. $P(A)=\dfrac{n}{N}$.

5. $E(X)=1$， $D(X)=\dfrac{7}{6}$.

6. $E(3X-2Y)=3$； $D(2X-3Y)=192$.

7. （1） $C=2k^2$； （2） $E(X)=\dfrac{\sqrt{\pi}}{2k}$； （3） $\dfrac{4-\pi}{4k^2}$.

8. $E(X)=0.301$； $D(X)=0.322$.

9. 33.64 元.

习 题 十 六

1. $P\{10<X<18\}=P\{|X-14|<4\}\geqslant 1-\dfrac{35/3}{4^2}\approx 0.271$.

2. $n=269$.

3. 2 265 个单位.

4. $P\{V>105\}\approx 0.348$.

5. $P(X \geqslant 30) = 0.006\,2$.

6. （1）$X \sim B(100, 0.8)$,

$$P\left\{\sum_{i=1}^{100} X_i > 75\right\} = 1 - P\{X \leqslant 75\} \approx 1 - \varPhi\left(\frac{75 - 100 \times 0.8}{\sqrt{100 \times 0.8 \times 0.2}}\right)$$

$$= 1 - \varPhi(-1.25) = \varPhi(1.25) = 0.894\,4.$$

（2）$X \sim B(100, 0.7)$,

$$P\left\{\sum_{i=1}^{100} X_i > 75\right\} = 1 - P\{X \leqslant 75\} \approx 1 - \varPhi\left(\frac{75 - 100 \times 0.7}{\sqrt{100 \times 0.7 \times 0.3}}\right)$$

$$= 1 - \varPhi\left(\frac{5}{\sqrt{21}}\right) = 1 - \varPhi(1.09) = 0.1379.$$

7. $P(X = 20) = 4.5 \times 10^{-6}$.

8. 0.181 4.

9. （1）0.135 7；　（2）0.993 8.

10. （1）0；　（2）0.5.

附录I　标准正态分布表

$$\Phi(x)=\int_{-\infty}^{x}\frac{1}{\sqrt{2\pi}}e^{-\frac{t^2}{2}}dt=P\{X\leqslant x\}$$

x	0.00	0.01	0.02	0.03	0.04	0.05	0.06	0.07	0.08	0.09
0.0	0.500 0	0.504 0	0.508 0	0.512 0	0.516 0	0.519 9	0.523 9	0.527 9	0.531 9	0.535 9
0.1	0.539 8	0.543 8	0.547 8	0.551 7	0.555 7	0.559 6	0.563 6	0.567 5	0.571 4	0.575 3
0.2	0.579 3	0.583 2	0.587 1	0.591 0	0.594 8	0.598 7	0.602 6	0.606 4	0.610 3	0.614 1
0.3	0.617 9	0.621 7	0.625 5	0.629 3	0.633 1	0.636 8	0.640 4	0.644 3	0.648 0	0.651 7
0.4	0.655 4	0.659 1	0.662 8	0.666 4	0.670 0	0.673 6	0.677 2	0.680 8	0.684 4	0.687 9
0.5	0.691 5	0.695 0	0.698 5	0.701 9	0.705 4	0.708 8	0.712 3	0.715 7	0.719 0	0.722 4
0.6	0.725 7	0.729 1	0.732 4	0.735 7	0.738 9	0.742 2	0.745 4	0.748 6	0.751 7	0.754 9
0.7	0.758 0	0.761 1	0.764 2	0.767 3	0.770 3	0.773 4	0.776 4	0.779 4	0.782 3	0.785 2
0.8	0.788 1	0.791 0	0.793 9	0.796 7	0.799 5	0.802 3	0.805 1	0.807 8	0.810 6	0.813 3
0.9	0.815 9	0.818 6	0.821 2	0.823 8	0.826 4	0.828 9	0.835 5	0.834 0	0.836 5	0.838 9
1.0	0.841 3	0.843 8	0.846 1	0.848 5	0.850 8	0.853 1	0.855 4	0.857 7	0.859 9	0.862 1
1.1	0.864 3	0.866 5	0.868 6	0.870 8	0.872 9	0.874 9	0.877 0	0.879 0	0.881 0	0.883 0
1.2	0.884 9	0.886 9	0.888 8	0.890 7	0.892 5	0.894 4	0.896 2	0.898 0	0.899 7	0.901 5
1.3	0.903 2	0.904 9	0.906 6	0.908 2	0.909 9	0.911 5	0.913 1	0.914 7	0.916 2	0.917 7
1.4	0.919 2	0.920 7	0.922 2	0.923 6	0.925 1	0.926 5	0.927 9	0.929 2	0.930 6	0.931 9
1.5	0.933 2	0.934 5	0.935 7	0.937 0	0.938 2	0.939 4	0.940 6	0.941 8	0.943 0	0.944 1
1.6	0.945 2	0.946 3	0.947 4	0.948 4	0.949 5	0.950 5	0.951 5	0.952 5	0.953 5	0.953 5
1.7	0.955 4	0.956 4	0.957 3	0.958 2	0.959 1	0.959 9	0.960 8	0.961 6	0.962 5	0.963 3
1.8	0.964 1	0.964 8	0.965 6	0.966 4	0.967 2	0.967 8	0.968 6	0.969 3	0.970 0	0.970 6
1.9	0.971 3	0.971 9	0.972 6	0.973 2	0.973 8	0.974 4	0.975 0	0.975 6	0.976 2	0.976 7
2.0	0.977 2	0.977 8	0.978 3	0.978 8	0.979 3	0.979 8	0.980 3	0.980 8	0.981 2	0.981 7
2.1	0.982 1	0.982 6	0.983 0	0.983 4	0.983 8	0.984 2	0.984 6	0.985 0	0.985 4	0.985 7
2.2	0.986 1	0.986 4	0.986 8	0.987 1	0.987 4	0.987 8	0.988 1	0.988 4	0.988 7	0.989 0
2.3	0.989 3	0.989 6	0.989 8	0.990 1	0.990 4	0.990 6	0.990 9	0.991 1	0.991 3	0.991 6
2.4	0.991 8	0.992 0	0.992 2	0.992 5	0.992 7	0.992 9	0.993 1	0.993 2	0.993 4	0.993 6
2.5	0.993 8	0.994 0	0.994 1	0.994 3	0.994 5	0.994 6	0.994 8	0.994 9	0.995 1	0.995 2
2.6	0.995 3	0.995 5	0.995 6	0.995 7	0.995 9	0.996 0	0.996 1	0.996 2	0.996 3	0.996 4
2.7	0.996 5	0.996 6	0.996 7	0.996 8	0.996 9	0.997 0	0.997 1	0.997 2	0.997 3	0.997 4
2.8	0.997 4	0.997 5	0.997 6	0.997 7	0.997 7	0.997 8	0.997 9	0.997 9	0.998 0	0.998 1
2.9	0.998 1	0.998 2	0.998 2	0.998 3	0.998 4	0.998 4	0.998 5	0.998 5	0.998 6	0.998 6
3.0	0.998 7	0.999 0	0.999 3	0.999 5	0.999 7	0.999 8	0.999 8	0.999 9	0.999 9	1.000 0

附录 II　泊松分布表

$$P\{x \leqslant x\} = \sum_{k=m}^{\infty} \frac{\lambda^k}{k!} \mathrm{e}^{-\lambda}$$

m	λ													
	0.1	0.2	0.3	0.4	0.5	0.6	0.7	0.8	0.9	1.0	1.5	2.0	2.5	3.0
0	0.904 8	0.818 7	0.740 8	0.670 3	0.606 5	0.548 8	0.496 6	0.449 3	0.406 6	0.367 9	0.223 1	0.135 3	0.082 1	0.049 8
1	0.090 5	0.163 7	0.222 3	0.268 1	0.303 3	0.329 3	0.347 6	0.359 5	0.365 9	0.367 9	0.334 7	0.270 7	0.205 2	0.149 4
2	0.004 5	0.016 4	0.033 3	0.053 6	0.075 8	0.098 8	0.121 6	0.143 8	0.164 7	0.183 9	0.251 0	0.270 7	0.256 5	0.224 0
3	0.000 2	0.001 1	0.003 3	0.007 2	0.012 6	0.019 8	0.028 4	0.038 3	0.049 4	0.061 3	0.125 5	0.180 5	0.213 8	0.224 0
4		0.000 1	0.000 3	0.000 7	0.001 6	0.003 0	0.005 0	0.007 7	0.011 1	0.015 3	0.047 1	0.090 2	0.133 6	0.168 1
5				0.000 1	0.000 2	0.000 3	0.000 7	0.001 2	0.002 0	0.003 1	0.014 1	0.036 1	0.066 8	0.100 8
6							0.000 1	0.000 2	0.000 3	0.000 5	0.003 5	0.012 0	0.027 8	0.050 4
7										0.000 1	0.000 8	0.003 4	0.009 9	0.021 6
8											0.000 2	0.000 9	0.003 1	0.008 1
9												0.000 2	0.000 9	0.002 7
10													0.000 2	0.000 8
11													0.000 1	0.000 2
12														0.000 1

m	λ													
	3.5	4.0	4.5	5	6	7	8	9	10	11	12	13	14	15
0	0.030 2	0.018 3	0.011 1	0.006 7	0.002 5	0.000 9	0.000 3	0.000 1						
1	0.105 7	0.073 3	0.050 0	0.033 7	0.014 9	0.006 4	0.002 7	0.001 1	0.000 4	0.000 2	0.000 1			
2	0.185 0	0.146 5	0.112 5	0.084 2	0.044 6	0.022 3	0.010 7	0.005 0	0.002 3	0.001 0	0.000 4	0.000 2	0.000 1	
3	0.215 8	0.195 4	0.168 7	0.140 4	0.089 2	0.052 1	0.028 6	0.015 0	0.007 6	0.003 7	0.001 8	0.000 8	0.000 4	0.000 2
4	0.188 8	0.195 4	0.189 8	0.175 5	0.133 9	0.091 2	0.057 3	0.033 7	0.018 9	0.010 2	0.005 3	0.002 7	0.001 3	0.000 6
5	0.132 2	0.156 3	0.170 8	0.175 5	0.160 6	0.127 7	0.091 6	0.060 7	0.037 8	0.022 4	0.012 7	0.007 1	0.003 7	0.001 9
6	0.077 1	0.104 2	0.128 1	0.146 2	0.160 6	0.149 0	0.122 1	0.091 1	0.063 1	0.041 1	0.025 5	0.015 1	0.008 7	0.004 8
7	0.038 5	0.059 5	0.082 4	0.104 4	0.137 7	0.149 0	0.139 6	0.117 1	0.090 1	0.064 6	0.043 7	0.028 1	0.017 4	0.010 4
8	0.016 9	0.029 8	0.046 3	0.065 3	0.103 3	0.130 4	0.139 6	0.131 8	0.112 6	0.088 8	0.065 5	0.045 7	0.030 4	0.019 5
9	0.006 5	0.013 2	0.023 2	0.036 3	0.068 8	0.101 4	0.124 1	0.131 8	0.125 1	0.108 5	0.087 4	0.066 0	0.047 3	0.032 4
10	0.002 3	0.005 3	0.010 4	0.018 1	0.041 3	0.071 0	0.099 3	0.118 6	0.125 1	0.119 4	0.104 8	0.085 9	0.066 3	0.048 6
11	0.000 7	0.001 9	0.004 3	0.008 2	0.022 5	0.045 2	0.072 2	0.097 0	0.113 7	0.119 4	0.114 4	0.101 5	0.084 3	0.066 3
12	0.000 2	0.000 6	0.001 5	0.003 4	0.011 3	0.026 4	0.048 1	0.072 8	0.094 8	0.109 4	0.114 4	0.109 9	0.098 4	0.082 8
13	0.000 1	0.000 2	0.000 6	0.001 3	0.005 2	0.014 2	0.029 6	0.050 4	0.072 9	0.092 6	0.105 6	0.109 9	0.106 1	0.095 6
14		0.000 1	0.000 2	0.000 5	0.002 3	0.007 1	0.016 9	0.032 4	0.052 1	0.072 8	0.090 5	0.102 1	0.106 1	0.102 5
15			0.000 1	0.000 2	0.000 9	0.003 3	0.009 0	0.019 4	0.034 7	0.053 3	0.072 4	0.088 5	0.098 9	0.102 5
16				0.000 1	0.000 3	0.001 5	0.004 5	0.010 9	0.021 7	0.036 7	0.054 3	0.071 9	0.086 5	0.096 0
17					0.000 1	0.000 6	0.002 1	0.005 8	0.012 8	0.023 7	0.038 3	0.055 1	0.071 3	0.084 7
18						0.000 2	0.001 0	0.002 9	0.007 1	0.014 5	0.025 5	0.039 7	0.055 4	0.070 6
19						0.000 1	0.000 4	0.001 4	0.003 7	0.008 4	0.016 1	0.027 2	0.040 8	0.055 7
20							0.000 2	0.000 6	0.001 9	0.004 6	0.009 7	0.017 7	0.028 6	0.041 8
21							0.000 1	0.000 3	0.000 9	0.002 4	0.005 5	0.010 9	0.019 1	0.029 9
22								0.000 1	0.000 4	0.001 3	0.003 0	0.006 5	0.012 2	0.020 4
23									0.000 2	0.000 6	0.001 6	0.003 6	0.007 4	0.013 3
24									0.000 1	0.000 3	0.000 8	0.002 0	0.004 3	0.008 3
25										0.000 1	0.000 4	0.001 1	0.002 4	0.005 0
26											0.000 2	0.000 5	0.001 3	0.002 9
27											0.000 1	0.000 2	0.000 7	0.001 7
28												0.000 1	0.000 3	0.000 9
29													0.000 2	0.000 4
30													0.000 1	0.000 2
31														0.000 1